石油石化行业高危作业丛书

临时用电作业

《临时用电作业》编写组 ◎ 编

石油工业出版社

内容提要

本书围绕临时用电作业安全管理，主要介绍临时用电作业管理要求、临时用电作业安全技术、临时用电作业实施、特殊情况下的临时用电、应急处置、临时用电作业常见违章及典型事故案例等内容。

本书适合石油石化行业安全管理专业人员阅读，也可供相关专业人员参考。

图书在版编目（CIP）数据

临时用电作业 /《临时用电作业》编写组编. -- 北京：石油工业出版社，2025.6. --（石油石化行业高危作业丛书）. -- ISBN 978-7-5183-7627-8

Ⅰ . TE687

中国国家版本馆 CIP 数据核字第 2025CW6770 号

出版发行：石油工业出版社
　　　　　（北京安定门外安华里 2 区 1 号楼　100011）
　　　　　网　　址：www.petropub.com
　　　　　编辑部：（010）64523547　　图书营销中心：（010）64523633
经　　销：全国新华书店
印　　刷：北京中石油彩色印刷有限责任公司

2025 年 6 月第 1 版　2025 年 6 月第 1 次印刷
787×1092 毫米　开本：1/16　印张：18.25
字数：326 千字

定价：80.00 元
（如出现印装质量问题，我社图书营销中心负责调换）
版权所有，翻印必究

《临时用电作业》编写组

主　编：高克辉

副主编：王永庆　王振坤

成　员：曲建涛　关利章　曹庆田　于德华　贾　伟
　　　　佟连程　牛胜彬　王　旭　冯志波　张　伟
　　　　郑广琦　王超昔　曹金凤　常志刚　李灵江
　　　　张朋飞　姚延武　杨志鹏　孟祥成　张　涛
　　　　程连谱　王锡川　李　虎

丛书序

习近平总书记强调，生命重于泰山。针对石油石化行业安全生产事故主要特点和突出问题，行业人员要树牢安全发展理念，强化风险防控，层层压实责任，狠抓整改落实，从根本上消除事故隐患，有效遏制重特大事故发生。

石油石化行业是目前全球能源领域最重要的产业之一，对全球经济发展和能源需求有着重要影响。正因为特殊的性质和复杂的工作环境，石油石化行业存在一系列高危作业，给从业人员带来了极大的工作压力和安全风险。在石油石化行业的生产过程中，高危作业不可避免地存在，例如钻井、炼油、储运等环节，涉及高温高压、易燃易爆、有毒有害等危险因素，这些高危作业的从业人员在面临如此危险复杂的因素时，需要具备专业的技能和职业素养。

为坚决贯彻落实习近平总书记关于安全生产重要论述和重要指示批示精神，进一步增强石油石化行业从业者的安全意识，提高技术水平，深化安全管理和风险控制，加强高危作业管理，有效防范遏制各类事故事件的发生，编写了"石油石化行业高危作业丛书"，旨在通过系统性的专业知识分享和实践经验总结，帮助从业人员梳理思路、规范操作，达到预防和控制高危作业风险的目的。

本丛书邀请长期从事石油石化行业高危作业的技术专家和管理人员，结合实践经验和理论研究，对石油石化行业高危作业进行系统性的剖析和解读，汇聚了石油石化各领域专家的智慧和心血。本丛书包括《动火作业》《受限空间作业》《高处作业》《吊装作业》《临时用电作业》等分册。各分册概述高危作业特点、定义及相关制度规范，详细阐述作业管理要求、安全技术、特殊情况处理及应急处置，列举分析常见违章及典型事故案例。

本丛书不仅突出了安全生产管理的重要性，而且注重实践技能培养，帮助读者全面了解石油石化行业高危作业的特点和风险，增强从业人员的安全意识，提高风险防控能力。无论是从事高危作业管理的管理者，还是一线技术人员，本丛书都将成为必不可少的工具书。

中国石油天然气集团有限公司质量健康安全环保部及行业的有关专家，对本丛书的编写给予了指导和支持，在此表示衷心感谢。同时也感谢本丛书的编写单位及编写人员和审稿专家，他们的辛勤努力和专业知识为本丛书的编写提供了坚实的基础。还要感谢石油工业出版社的大力支持，使本丛书得以顺利面世。

期待本丛书能够对广大读者有所启示，成为石油石化行业从业人员学习和实践过程中不可或缺的参考书，为石油石化行业安全生产和健康发展筑牢坚实保障。让我们共同努力，为石油石化行业的安全生产贡献力量！

前言

石油石化行业作为国家能源产业的重要支柱，涉及大量易燃易爆、有毒有害物质，生产流程复杂，工艺条件苛刻，任何一个环节的疏忽都可能引发严重的安全事故，因此安全生产在石油石化行业中占据着至关重要的地位。电力作为工业发展的核心驱动力和机电安装工程不可或缺的要素，在石油石化工程建设行业更是发挥着举足轻重的作用。从生产设备的运转到工艺流程的控制，从办公设施的供电到应急救援的保障，它不仅支撑着企业的日常运营，更是保障生产安全、提高生产效率的关键因素。

然而，在石油石化工程建设中，临时用电作业却伴随着诸多风险。由于临时用电设施通常具有临时性、流动性和多样性等特点，其设计、安装、使用和维护等环节存在如电气设备过载、短路、漏电、触电等风险。此外，临时用电作业环境复杂，可能存在高温、高压、易燃易爆等危险因素，进一步增加了作业的安全风险。为了有效应对这些风险，规范临时用电作业管理，提高作业人员的安全意识和操作技能，编写了本书。本书内容涵盖了临时用电法规标准、临时用电作业管理要求、临时用电作业安全技术、临时用电作业实施、特殊情况下的临时用电、应急处置、临时用电作业常见违章及典型事故案例，以石油石化行业安全生产特点和临时用电作业特点分析为切入点，系统、完整地阐述了临时用电作业全过程管理要点和风险控制要求。书中内容紧密结合实际，具有较强的权威性、针对性和实用性，既可以作为临时用电作业人员的培训教材，也可以作为企业安全管理人员和技术人员的参考用书。

衷心希望本书能够为石油石化行业的安全生产贡献一份力量，帮助广大从业者提高临时用电作业的安全水平，减少事故的发生。本书的编写过程得到了中国石油工程建设有限公司领导、行业专家大力支持和悉心指导，在此致以最诚挚的感谢。此外，还要感谢相关企业和单位的大力支持，为本书的编写提供了丰富的实践案例和数据资料。这些真实的案例和数据不仅增强了本书的实用性和说服力，也为读者提供了宝贵的借鉴和参考。

　　由于临时用电作业涉及的知识面广、技术要求高，且行业发展迅速，新技术、新方法不断涌现，书中难免存在一些不足之处。书中对于某些复杂问题的探讨可能还不够深入，对于一些前沿技术应用的介绍可能还不够全面。此外，由于时间和精力的限制，在案例收集和整理方面可能还存在一些遗漏，未能涵盖所有类型的违章及典型事故案例。本书只是临时用电作业领域的一次初步探索和总结，希望能够为行业内的人员提供一些有益的参考和指导。书中存在的不足之处可能会给读者带来一些困扰，对此深感歉意的同时，真诚地欢迎广大读者和行业专家对本书提出宝贵的意见和建议，以便在今后的修订和完善中加以改进。

目 录

第一章 概述
第一节 石油石化行业特点 ………………………………………………………… 1
第二节 触电 ………………………………………………………………………… 3
第三节 电气火灾 …………………………………………………………………… 10
第四节 临时用电法规标准 ………………………………………………………… 15
参考文献 …………………………………………………………………………… 20

第二章 临时用电作业管理要求
第一节 临时用电作业概述 ………………………………………………………… 21
第二节 临时用电作业安全职责 …………………………………………………… 22
第三节 临时用电作业准备 ………………………………………………………… 26
第四节 临时用电作业许可管理 …………………………………………………… 31
第五节 临时用电作业其他管理要求 ……………………………………………… 35
参考文献 …………………………………………………………………………… 36

第三章 临时用电作业安全技术
第一节 临时用电作业风险辨识方法 ……………………………………………… 38
第二节 临时用电作业风险控制措施 ……………………………………………… 52
第三节 临时用电作业个人防护 …………………………………………………… 94
第四节 临时用电作业环境安全条件 ……………………………………………… 96
参考文献 …………………………………………………………………………… 112

第四章 临时用电作业实施
第一节 临时用电作业实施过程管理 ……………………………………………… 113

第二节 电源 ······ 125
第三节 固定式电动设备 ······ 129
第四节 移动式电动设备 ······ 130
第五节 手持电动工具 ······ 131
第六节 现场照明灯具 ······ 134
第七节 监督检查 ······ 135
参考文献 ······ 139

第五章 特殊情况下的临时用电

第一节 易燃易爆环境临时用电 ······ 140
第二节 潮湿环境临时用电 ······ 153
第三节 带电作业 ······ 155
第四节 其他环境下临时用电 ······ 170

第六章 应急处置

第一节 应急救援装备 ······ 177
第二节 应急救援准备与实施 ······ 187
第三节 触电事故的处置与急救 ······ 200
第四节 电气火灾事故应急救援准备与实施 ······ 206
第五节 人员急救 ······ 213
参考文献 ······ 227

第七章 临时用电作业常见违章及典型事故案例

第一节 常见临时用电作业违章 ······ 228
第二节 临时用电作业事故案例分析 ······ 272

第一章 概　述

第一节 石油石化行业特点

石油石化行业是我国的支柱产业，在国民经济中占据重要地位，对稳定经济具有重要作用，石油化工产品作为基础能源和基础材料被广泛应用于各个领域。石油石化行业涵盖范围广泛，上游主要是油气勘探和开采行业；中游为油气和石油化工产品加工制造过程；下游则涉及农业、能源、交通、纺织、轻工、建材等和人民日常生活息息相关的服务。石油石化行业还是一个资本密集、技术密集的行业，具有产品多样化、产业链条完整等特点。同时，它也面临着国际化竞争激烈，具有环保压力大、安全要求高等挑战。

一、石油石化行业安全生产特点

安全生产在石油石化企业生产运行中有着举足轻重的地位，涉及员工健康安全和企业经济财产安全，也关乎企业稳定和社会发展大局。石油石化行业安全生产有以下特点：

（1）物料危险性大。

石油石化生产过程中所使用的原材料、辅助材料、半成品和成品，如液态烃、乙烯、原油、天然气等，绝大多数是易燃易爆物质，一旦泄漏，易发生燃烧、爆炸事故。一些物料是高毒物质，如苯、甲苯、硫化氢、氯气等，这些物料处置不当或发生泄漏，容易导致人员伤亡。

（2）生产工艺复杂，运行条件要求高。

生产过程中，需要经过许多物理、化学反应过程，一些过程控制条件苛刻，如高温、高压、低温、真空等，增加了生产过程中的不确定性和危险性。特别是在减压蒸馏、催化裂化、焦化等加工过程，物料温度已超过其自燃点。这些苛刻条件，对石油石化生产设备的制造、维护及人员素质都提出了严格要求，任何一个小的失误就可能导致严重后果。

（3）装置大型化，生产规模大，连续性强。

石油石化装置正向大型化发展，单套装置的加工处理能力不断扩大，自动化程度高。只要某一部位、某一环节发生故障或操作失误，就会牵一发而动全身。装置大型化将带来系统内危险物料贮存量上升，增加风险。同时，生产过程联系性强，在一些大型一体化装置区，装置之间相互关联，物料互供关系密切，一个装置的产品往往是另一装置的原材料，局部问题往往会影响到全局。

（4）装置技术密集、资金密集。

石油石化装置由于技术复杂，设备制造、安装成本高，装置资本密集，发生事故时损失巨大。如1989年10月美国菲利普斯石油公司德克萨斯工厂发生爆炸，财产损失高达8.12亿美元；1998年英国西方石油公司北海采油平台事故直接经济损失达3亿美元。2001年巴西海上半潜式采油平台事故损失5亿多美元。

（5）点多线长面广，危险源多、风险大。

大型石油企业的业务范围广泛，覆盖了油气勘探开发、储运、炼油化工、油气贸易和工程技术服务等全产业链。点多线长面广，其作业点遍布全国各地甚至海外，不仅存在火灾爆炸、油气泄漏等事故风险，还有海外绑架、恐怖袭击等社会风险，同时面临着自然灾害、公共卫生风险。

（6）环境和社会影响大。

石油石化事故对环境和社会的影响是复杂且深远的。环境方面，油气泄漏会对生态系统造成严重破坏，影响生物多样性和生态平衡；社会方面，事故会导致人员伤亡、经济损失、心理健康问题及社会结构的变化。因此，企业在追求经济效益的同时，也需注重环境保护和社会责任，以减少石油石化事故对环境和社会的负面影响。

以上特点决定了石油石化企业在安全生产方面需要采取多种措施，以确保施工生产过程的安全和稳定。

二、石油石化行业临时用电作业特点

石油石化行业的发展离不开石油石化建设项目，项目施工期电气设备、机具的使用，均需要临时用电提供电能。在炼化企业检维修作业期间，也需要临时用电提供电能。另外，在油气勘探开发、油气储运、油气销售、装备制造等领域，一些临时性作业也需要临时用电。所以临时用电安全成为石油石化企业安全的重要环节。石油石化行业临时用电作业特点如下：

（1）用电环境恶劣。

临时用电大部分为室外作业或野外作业，夏季高温、冬季低温、雨雪冰冻天气对电气线路、电气设备影响较大，对设备和线路的安全性提出了更高要求。

（2）作业场所风险高。

针对石油化工装置检维修作业，以及在已投运装置附近进行的技改作业，由于存在易燃易爆场所，所以火灾、爆炸风险高，对临时用电安全要求严格。

（3）施工用电工器具繁多。

作业现场电气设备、手持电动工具、照明灯具多，用电功率大，针对特殊场所（如易燃易爆场所、受限空间、潮湿场所等），在工器具选用方面安全要求较高。

（4）临时用电规划复杂。

石油石化建设项目一般占地面积较大，面积从几平方千米到几十平方千米不等，临时用电规划比较复杂。

（5）设计和施工方案呈系统化。

现场施工临时用电管理贯穿于项目建设施工全过程，触角延伸至各区域、各专业，且自成一个或多个系统。

临时用电安全是现场施工的必要前提，临时用电的各类问题会影响现场施工的有序进行。科学、合理地规划和设计临时用电系统对建设项目的顺利进行具有重要作用。通过合理的规划和设计，可以有效保障工程施工的顺利进行，提高工程的施工效率，降低施工风险。

综上所述，石油石化行业的临时用电特点主要体现在供电系统容量大、用电环境极端、安全要求高、临时用电规划复杂、施工用电设备多样、安全技术措施严格及设计和施工方案的重要性等方面。

第二节 触 电

一、触电的条件

触电是一种严重的安全事故，其发生通常需要以下几个关键条件：

（1）电源的存在。

必须有能够产生电流的电源，这是触电发生的首要因素。常见的电源包括市电电网、各类电池、发电设备等。

（2）电流回路的形成。

人体成为电流传导路径的一部分，从而构成完整的电流回路。一般来说，电流从电源一端出发，经过导体、人体，再回到电源另一端。

（3）与带电体的接触。

人体直接接触到带电的物体，如裸露的电线、故障的电气设备或老化失修导致绝缘失效的线路等。这种接触可能是由于操作失误、缺乏安全意识、工作环境混乱等多种原因造成的。

（4）足够的电位差。

在接触点之间存在显著的电位差，电位差越大，驱动电流通过人体的力量就越强，触电的可能性和危害程度也就越高。

（5）电流通过人体的路径。

电流流经人体的部位和路径对触电后果有着重要影响。当电流通过心脏、中枢神经系统等重要器官时，往往会造成更为严重的伤害，甚至危及生命。电流通过人体的常见路径主要有以下几种：

① 单手—双脚。电流从一只手进入人体，然后通过双脚流到大地。这种路径可能会经过胸部和心脏区域，危险性较高。

② 双手—双脚。电流同时从两只手进入人体，再经双脚流出。如果电流经过心脏，可能导致严重的心脏骤停。

③ 头部—双脚。电流从头部进入，经过身体到达双脚。这种路径可能影响大脑和神经系统，造成严重后果。

④ 左手—右手。电流在两只手之间流动，可能不经过重要脏器，但仍可能导致手部肌肉痉挛和烧伤。

⑤ 一侧上肢—另一侧下肢。比如电流从左侧上肢进入，从右侧下肢流出。这种路径也可能影响身体内部的器官和组织。举例来说，如果一个人在修理电器时，左手不小心碰到了火线，同时双脚接触地面，电流就可能从左手经过胸部和心脏区域流到双脚，这是非常危险的情况，可能导致心脏骤停。

需要注意的是，无论电流通过人体的路径如何，只要有电流通过，都可能对人体造成不同程度的伤害。

（6）特定的环境因素。

潮湿、高温、多尘等环境条件会降低人体的电阻，使得电流更容易通过人体，从而增加触电的风险。例如，在一个潮湿的工厂车间，一名工人误触了漏电的电动工具，环境潮湿降低了人体电阻，且电动工具与地面存在电位差，电流通过人体构成回路，导致触电事故的发生。

总之，了解触电的条件对于预防触电事故至关重要。在日常生活和工作中，应加强电气设备的维护和管理，严格遵守电气安全操作规程，提高安全防范意识，采取有效的防护措施，以避免触电事故的发生。

二、触电的种类

（一）单相触电

人体的某一部分接触带电体的同时，另一部分又与大地或中性线相接，电流从带电体流经人体到大地（或中性线）形成回路，称为单相触电。

（二）两相触电

人体的不同部分同时接触两相电源时造成的触电，称为两相触电。对于这种情况，无论电网中性点是否接地，人体所承受的线电压将比单相触电时高，危险更大。

（三）跨步电压触电

雷电流入地或电力线（特别是高压线）断散到地时，会在导线接地点及周围形成强电场。当人畜跨进这个区域，两脚之间出现的电位差称为跨步电压。在这种电压作用下，电流从接触高电位的脚流进，从接触低电位的脚流出，从而形成跨步电压触电。跨步电压的大小取决于人体站立点与接地点的距离，距离越小，其跨步电压越大。当距离超过 20m（理论上为无穷远处），可认为跨步电压为零，不会发生触电危险。

（四）接触电压触电

电气设备由于绝缘损坏或其他原因造成接地故障时，如人体两个部分（手和脚）同时接触设备外壳和地面时，人体两部分会处于不同的电位，其电位差即为接触电压。由接触电压造成触电事故称为接触电压触电。在电气安全技术中，接触电压是以站立在距漏电设备接地点水平距离为 0.8m 处的人，手触及的漏电设备外壳距地 1.8m 高时，手脚间的电压差"T"作为衡量基准。接触电压值的大小取决于人体站立点与接地点的距离，距离越远，则接触电压值越大。当距离超过 20m 时，接触电压值最大，即等于漏电设备上的电压；当人体站在接地点与漏电设备接触时，接触电压为零。

（五）感应电压触电

感应电压触电是指当人触及带有感应电压的设备和线路时所造成的触电事故。一些不带电的线路由于大气变化（如雷电活动），会产生感应电荷。停电后一些可能感应电压的设备和线路如果未及时接地，这些设备和线路对地均存在感应电压。

（六）剩余电荷触电

剩余电荷触电是指当人体触及带有剩余电荷的设备时，对人体放电造成的触电事故。带有剩余电荷的设备通常含有储能元件，如并联电容器、电力电缆、电力变压器及大容量电动机等，在退出运行和对其进行用摇表测量等检修后，会带上剩余电荷，因此要及时对其放电。

三、电流对人体的伤害

人体触电有电击和电伤两类：

（1）电击是指电流通过人体时所造成的内伤。

电击可以使肌肉抽搐，内部组织损伤，造成发热发麻、神经麻痹等。严重时将引起昏迷、窒息，甚至心脏停止跳动而死亡。通常说的触电就是电击。触电死亡大部分由电击造成。

（2）电伤是指电流的热效应、化学效应、机械效应及电流本身作用下造成的人体外伤。

常见的电伤有灼伤、烙伤和皮肤金属化等现象。

四、影响电流对人体危害程度的主要因素

触电的危险程度同很多因素有关：通过人体电流的大小；电流通过人体的持续时间；电流通过人体的不同途径；电流的种类与频率的高低；人体电阻的高低。其中，以电流的大小和触电时间的长短为主要因素。

（一）通过人体的电流量对电击伤害的程度有决定性的作用

通过人体的电流越大，人体的生理反应越明显，引起心室颤动所需的时间越短，致命的危险就越大。对于工频交流电，按照通过人体的电流大小不同，人体呈现不同的状态，可将电流划分为三级：

(1)感知电流：引起人感觉的最小电流称为感知电流。人对电流最初的感觉是轻微麻抖和刺痛。

(2)摆脱电流：电流大于感知电流时，发热、刺痛的感觉增强。电流大到一定程度，触电者将因肌肉收缩、发生痉挛而紧抓带电体，不能自行摆脱电源。人触电后能自主摆脱电源的最大电流称为摆脱电流。

(3)致命电流：在较短时间内危及生命的电流称为致命电流。电击致死的主要原因，大都是电流引起心室颤动。心室颤动的电流与通电时间的长短有关。当时间由数秒到数分钟，通过电流达30～50mA时即可引起心室颤动。

（二）电流通过人体的持续时间对人体的影响

通电时间越长，越容易引起心室颤动，电击伤害程度就越大，这是因为：

(1)通电时间越长，能量积累增加，就更易引起心室颤动。

(2)在心脏搏动周期中，有约0.1s的特定相位对电流最敏感。因此，通电时间越长，与该特定相位重合的可能性就越大，引起心室颤动的可能性也越大。

(3)通电时间越长，人体电阻会因皮肤角质层破坏等原因而降低，从而导致通过人体的电流进一步增大，受电击的伤害程度也随之增大。

（三）电流通过人体不同途径的影响

电流流经心脏会引起心室颤动而致死。较大的电流还会使心脏即刻停止跳动，在通电途径中，以从手经胸到脚的通路为最危险，从一只脚到另一只脚危险性较小，电流纵向通过人体比横向通过人体时，更易发生心室颤动，因此危险性更大一些。电流通过中枢神经系统时会引起中枢神经系统失调而造成呼吸抑制，导致死亡。电流通过头部会使人昏迷，严重时会造成死亡，电流通过脊髓时会使人截瘫。

（四）电流种类、电源频率对人体的影响

常用的50～60Hz工频交流电对人体的伤害最为严重，频率偏离工频越远，交流电对人体的伤害越轻。在直流和高频情况下，人体可以耐受更大的电流值，但高压高频电流对人体依然是十分危险的。

（五）人体电阻高低的影响

人体触电时，流过人体的电流（当接触电压一定时）由人体的电阻值决定，人体电阻越小，流过人体的电流越大，也就越危险。人体电阻包括体内电阻和皮肤电

阻。体内电阻基本上不受外界影响，其数值一般不低于 500Ω；皮肤电阻随条件不同而有很大的变化，使人体电阻也在很大范围内有所变化。一般人的平均电阻值是 1000～1500Ω。

五、触电事故规律

为防止触电事故，应当了解触电事故的规律。根据对触电事故的分析，从触电事故的发生率上看，可找到以下规律：

（1）触电事故季节性明显。

统计资料表明，每年二三季度事故多。特别是 6～9 月事故最为集中。主要原因有两点：一是这段时间天气炎热、人体衣单而多汗，触电危险性较大；二是这段时间多雨、潮湿，地面导电性增强，容易构成电击电流的回路，而且电气设备的绝缘电阻降低，容易漏电，触电事故因而增多。

（2）低压设备触电事故多。

国内外统计资料表明，低压触电事故远多于高压触电事故。其主要原因是低压设备远多于高压设备，与之接触的人比与高压设备接触的人多得多，而且都比较缺乏电气安全知识。应当指出，在专业电工中，情况是相反的，即高压触电事故比低压触电事故多。

（3）携带式设备和移动式设备触电事故多。

携带式设备和移动式设备触电事故多的主要原因是这些设备是在人的紧握之下运行，不仅接触电阻小，而且一旦触电就难以摆脱电源；另一方面，这些设备需要经常移动，工作条件差，设备和电源线都容易发生故障或损坏。此外，单相携带式设备的保护零线与工作零线容易接错，也会造成触电事故。

（4）电气连接部位触电事故多。

大量触电事故的统计资料表明，很多触电事故发生在接线端子、缠接接头、压接接头、焊接接头、电缆头、灯座、插销、插座、控制开关、接触器、熔断器等分支线、接户线处。主要是由于这些连接部位机械牢固性较差、接触电阻较大、绝缘强度较低及可能发生化学反应。

（5）错误操作和违章作业造成的触电事故多。

大量触电事故的统计资料表明，有 85% 以上的事故是错误操作和违章作业造成的。其主要原因是安全教育不够、安全制度不严和安全措施不完善、操作者素质低等。

（6）不同行业触电事故不同。

冶金、矿业、建筑、机械行业触电事故多。由于这些行业的生产现场经常伴有潮湿、高温、现场混乱、移动式设备和携带式设备多及金属设备多等不安全因素，以致触电事故多。

（7）不同年龄段的人员触电事故不同。

中青年工人触电事故多。主要是由于这些人是主要操作者，经常接触电气设备；而且这些人经验不足，比较缺乏电气安全知识，责任心不强。

六、触电特性

（一）隐蔽性

隐蔽性是指电流在人体内部流动，其造成的伤害不易直接观察到，往往在触电发生一段时间后，才会显现出症状。

（二）快速性

快速性是指触电瞬间电流就能对人体产生作用，严重情况下能在极短时间内导致生命危险。

（三）不可逆性

不可逆性是指一些严重的触电伤害，如心脏骤停、神经系统永久性损伤等，一旦发生，往往难以完全恢复。

（四）个体差异性

个体差异性是指不同个体对电流的耐受能力不同。年龄、健康状况、身体电阻等因素都会影响个体触电后的反应和伤害程度。例如，一个身体健康的年轻人可能在短暂触电后恢复较好，但对于一个患有心脏病的老年人，同样程度的触电可能会导致严重后果。

（五）环境相关性

环境相关性是指潮湿、高温等环境会降低人体电阻，增加触电的风险和伤害程度。例如，在潮湿的雨季，触电事故更容易发生，且伤害可能更严重。

（六）累积性

累积性是指即使是较小的电流多次通过人体，也可能累积造成身体损伤。

这些特性使得触电事故具有较高的危险性和复杂性，凸显了预防触电和加强安全措施的重要性。

第三节 电气火灾

一、电气火灾的条件

电气火灾的发生通常需要以下几个条件：

（1）过载。

电气设备或线路所通过的电流超过其额定值。长时间的过载会导致电线发热，绝缘老化、损坏，从而引发火灾。例如，过多的电器同时连接在一个插座上，导致线路过载。

（2）短路。

电流未经正常的路径流通，直接在相线与相线、相线与零线之间短接。短路瞬间会产生极大的电流，迅速发热，引发火灾。比如，电线绝缘层破损，使相线与零线相碰。

（3）接触不良。

电气连接部位（如插头与插座、导线连接处等）接触松动或接触面积过小，导致电阻增大，产生局部过热。常见于长期使用后松动的插头或老化的电线接头。

（4）漏电。

电气设备或线路的绝缘性能下降，导致电流泄漏到非带电的金属外壳或其他物体上。漏电电流可能产生热量，引发火灾。例如，老化的洗衣机外壳带电并漏电。

（5）电火花和电弧。

在开关接通或断开、短路、过载等情况下，可能产生电火花和电弧。高温的电火花和电弧容易引燃周围的可燃物。例如，在有易燃气体的场所，开关动作时产生的电弧就可能引发火灾。

（6）电气设备老化。

长期使用的电气设备，其绝缘性能逐渐下降，内部元件老化失效，容易发生故障引发火灾。例如，使用多年的旧空调可能因内部元件老化而发生火灾。

（7）散热不良。

电气设备在运行过程中产生的热量不能及时散发出去，积累到一定程度会使温度升高，引发火灾。例如，被杂物堵塞通风口的配电箱。

（8）环境因素。

周围环境存在易燃、可燃物质，且与电气设备距离较近，容易被电气故障产生的高温或火花引燃。例如，在堆满纸张的仓库中，电气设备发生故障就极易引发火灾。

二、电气火灾的后果

在现代社会的各类建设、生产和活动中，临时用电的需求日益频繁。然而，由于临时用电的特殊性和复杂性，其存在的电气火灾隐患不容忽视。临时用电电气火灾一旦发生，往往会带来严重的后果，对人员生命财产、社会经济和环境造成巨大的损害。因此，深入研究临时用电电气火灾的后果具有重要的现实意义。

（一）临时用电的特点及火灾成因

1. 临时用电的特点

临时用电通常具有时间短、布线不规范、设备移动频繁、环境多变等特点。这些特点使得临时用电系统的稳定性和安全性相对较低。

2. 临时用电电气火灾的成因

（1）电气设备质量不佳。选用了不符合标准或质量低劣的电气设备，如电线电缆绝缘性能差、插座插头接触不良等。

（2）过载与短路。用电负荷超过线路或设备的承载能力，或线路短路导致电流过大，产生高温引发火灾。

（3）违规操作。例如私拉乱接电线、不按照操作规程使用电气设备等。

（4）缺乏维护与管理。对临时用电设备和线路缺乏定期检查、维护和保养，导致设备老化、线路破损等问题未被及时发现和处理。

（二）临时用电电气火灾对人员安全的影响

1. 烧伤与烫伤

电气火灾产生的高温火焰和热辐射可导致人员烧伤、烫伤，严重时危及生命。

2. 有毒气体危害

燃烧过程中会释放出大量有毒气体，如一氧化碳、氰化物等，使人中毒窒息。

3. 触电风险

电气设备和线路在火灾中可能带电，增加了人员触电的危险。

（三）临时用电电气火灾对财产的破坏

1. 直接财产损失

直接财产损失包括电气设备、建筑材料、工具等在火灾中的烧毁和损坏。

2. 间接财产损失

间接财产损失是指由于火灾导致工程停工、生产中断等所带来的经济损失。

以某工厂的临时用电火灾为例，火灾烧毁了大量生产设备和原材料，直接经济损失达数百万元。同时，由于生产停滞，企业还面临订单违约、客户流失等间接损失。

（四）临时用电电气火灾对社会秩序的冲击

1. 交通瘫痪

火灾现场周边道路可能因救援工作而封闭，导致交通拥堵，影响正常出行。

2. 公共服务中断

如电力、通信等公共设施受损，影响周边地区居民的正常生活。

3. 社会恐慌

频繁发生的临时用电电气火灾可能引发社会公众的恐慌，影响社会的稳定和谐。

（五）临时用电电气火灾对环境的危害

1. 空气污染

火灾产生的浓烟和有害气体排放到大气中，造成空气污染。

2. 土壤和水污染

灭火过程中产生的废水和消防药剂可能对土壤和水体造成污染。例如，某施工现场的临时用电火灾后，周边土壤受到灭火废水的污染，需要进行长期的修复工作。

临时用电电气火灾的后果是极其严重的，不仅威胁人员生命安全，造成巨大的财产损失，还对社会秩序和环境产生不良影响。因此，必须高度重视临时用电的安全管理，采取有效的预防措施，加强监管和培训，以降低此类火灾的发生风险，保障社会的稳定和可持续发展。

三、电气火灾过程与危害

临时用电在各类建设施工、活动现场等场景中广泛存在。然而，由于其临时性、不确定性和管理相对薄弱等特点，临时用电容易引发电气火灾，造成严重后果。

（一）临时用电电气火灾的过程

1. 故障形成阶段

在临时用电系统中，常见的故障包括电线破损、插头插座接触不良、过载使用电器等。这些故障可能导致局部过热、电弧放电等现象，为火灾的发生埋下隐患。

2. 阴燃阶段

随着故障部位的温度持续升高，周围的可燃材料开始缓慢受热分解，产生少量烟雾和异味。但在这个阶段，通常没有明显的明火。

3. 明火出现阶段

当可燃材料达到燃点时，明火开始出现。此时，火势会迅速蔓延，如果附近有易燃物，火灾可能在短时间内扩大。

4. 完全燃烧阶段

火势发展到一定程度，形成完全燃烧。高温、浓烟和有毒气体充斥着火灾现场，对人员和财产构成极大威胁。

（二）临时用电电气火灾的危害

1. 人员伤亡

（1）烧伤和烫伤：高温火焰和热辐射可导致人员皮肤烧伤、呼吸道灼伤。

（2）中毒和窒息：火灾产生的浓烟和有毒气体，如一氧化碳、氰化氢等，容易使人中毒和窒息。

（3）触电危险：电气设备和线路在火灾中可能带电，增加了人员触电的风险。

例如，在某建筑工地的临时用电火灾中，多名工人因逃生不及时被烧伤，部分工人吸入有毒气体昏迷。

2. 财产损失

（1）电气设备损坏：包括配电箱、电线电缆、电气工具等直接被烧毁。

（2）施工材料和设施损失：施工现场的建筑材料、施工机械等可能被火灾损毁。

（3）建筑物受损：如果火灾发生在建筑物内部，可能导致建筑物结构受损，需要进行修复或重建。例如，某临时搭建的活动场馆因电气火灾，内部的音响设备、照明设施全部烧毁，场馆建筑也受到严重破坏。

3. 工程延误和经济损失

（1）施工或活动中断：火灾导致临时用电系统瘫痪，施工或活动无法正常进行，造成工程延误。

（2）赔偿和罚款：由于火灾造成的损失，责任方可能需要承担赔偿责任，同时还可能面临相关部门的罚款。

（3）间接经济损失：包括因工程延误导致的合同违约、市场机会丧失等间接经济损失。

4. 社会影响

（1）交通堵塞和公共秩序混乱：火灾现场周边道路可能因救援工作而封闭，导致交通拥堵，影响公众正常出行。

（2）负面舆论和信任危机：严重的临时用电电气火灾事件可能引发社会公众对相关单位安全管理的质疑，影响其声誉和形象。

四、结论

临时用电电气火灾的过程虽然具有一定的阶段性，但发展迅速，危害巨大。为了减少此类火灾的发生及其带来的危害，必须加强对临时用电的规范管理，提高人员的安全意识，严格执行电气安装和使用的标准，定期进行检查和维护，确保临时用电系统的安全可靠。同时，制订有效的应急预案，提高应对火灾的能力，也是降低损失的重要手段。

第四节 临时用电法规标准

一、国家法律、法规

（一）《中华人民共和国电力法》

《中华人民共和国电力法》（以下简称《电力法》）对电力建设、生产、供应和使用等方面进行了规范。

1. 《电力法》中与临时用电作业相关的内容

《电力法》第五十二条：任何单位和个人不得危害发电设施、变电设施和电力线路设施及其有关辅助设施。在电力设施周围进行爆破及其他可能危及电力设施安全的作业的，应当按照国务院有关电力设施保护的规定，经批准并采取确保电力设施安全的措施后，方可进行作业。

《电力法》第五十三条：任何单位和个人不得在依法划定的电力设施保护区内修建可能危及电力设施安全的建筑物、构筑物，不得种植可能危及电力设施安全的植物，不得堆放可能危及电力设施安全的物品。

《电力法》第五十四条：任何单位和个人需要在依法划定的电力设施保护区内进行可能危及电力设施安全的作业时，应当经电力管理部门批准并采取安全措施后，方可进行作业。

2. 《电力法》涉及临时用电作业的法律责任

《电力法》第六十八条：违反本法第五十二条第二款和第五十四条规定，未经批准或者未采取安全措施在电力设施周围或者在依法划定的电力设施保护区内进行作业，危及电力设施安全的，由电力管理部门责令停止作业、恢复原状并赔偿损失。

《电力法》第六十九条：违反本法第五十三条规定，在依法划定的电力设施保护区内修建建筑物、构筑物或者种植植物、堆放物品，危及电力设施安全的，由当地人民政府责令强制拆除、砍伐或者清除。

（二）《中华人民共和国安全生产法》

《中华人民共和国安全生产法》（以下简称《安全生产法》）规定了生产经营单

位的安全生产保障、从业人员的安全生产权利义务、安全生产的监督管理、生产安全事故的应急救援与调查处理等要求。

《安全生产法》第四十三条明确规定，生产经营单位进行爆破、吊装、动火、临时用电，以及国务院应急管理部门会同国务院有关部门规定的其他危险作业，应当安排专门人员进行现场安全管理，确保操作规程的遵守和安全措施的落实。

《安全生产法》第三十条规定，生产经营单位的特种作业人员必须按照国家有关规定经专门的安全作业培训，取得相应资格，方可上岗作业。

《安全生产法》第三十五条规定，生产经营单位应当在有较大危险因素的生产经营场所和有关设施、设备上，设置明显的安全警示标志。

具体到临时用电作业来说，变配电所、配电柜等设施、设备应该设置"当心触电"等警示标志。

《安全生产法》第三十六条规定，安全设备的设计、制造、安装、使用、检测、维修、改造和报废，应当符合国家标准或者行业标准。生产经营单位必须对安全设备进行经常性维护、保养，并定期检测，保证正常运转。维护、保养、检测应当做好记录，并由有关人员签字。

具体到临时用电作业来说，空气断路器、漏电保护装置等设备的选用应符合相关标准，且应进行定期检查、检测。

对违反上述规定的，在《安全生产法》第六章法律责任中，明确了限期改正、罚款、停产停业整顿、追究刑事责任等法律后果。

（三）《中华人民共和国消防法》

《中华人民共和国消防法》（以下简称《消防法》）明确了火灾预防、消防组织、灭火救援、监督检查等方面的内容。

《消防法》第二十七条明确规定，电器产品、燃气用具的产品标准，应当符合消防安全的要求。电器产品、燃气用具的安装、使用及其线路、管路的设计、敷设、维护保养、检测，必须符合消防技术标准和管理规定。

二、国家规范、标准

（一）GB/T 50484—2019《石油化工建设工程施工安全技术标准》

该标准规定了石油化工建设工程施工安全技术方面的要求，包括临时用电、用火作业、高处作业、受限空间作业等方面的安全规定。

在第 4 章"临时用电及临建设施管理"中，对用电管理、变配电及自备电源、配电线路、配电箱、接地与接零、照明用电等安全要求进行了明确规定。

（二）GB 50194—2014《建设工程施工现场供用电安全规范》

该标准规定了供用电设施的设计、施工、验收，发电设施、变电设施、配电设施，配电线路、接地与防雷、电动施工机具，办公、生活用电及现场照明，特殊环境，供用电设施的管理、运行及维护，供用电设施的拆除等要求。

其中强制性条文有 7 条，必须严格执行：

4.0.4　发电机组电源必须与其他电源互相闭锁，严禁并列运行。

8.1.10　保护导体（PE）上严禁装设开关或熔断器。

8.1.12　严禁利用输送可燃液体、可燃气体或爆炸性气体的金属管道作为电气设备的接地保护导体（PE）。

10.2.4　严禁利用额定电压 220V 的临时照明灯具作为行灯使用。

10.2.7　行灯变压器严禁带入金属容器或金属管道内使用。

11.2.3　在易燃、易爆区域内进行用电设备检修或更换工作时，必须断开电源，严禁带电作业。

11.4.2　在潮湿环境中严禁带电进行设备检修工作。

（三）GB 30871—2022《危险化学品企业特殊作业安全规范》

该标准规定了危险化学品企业动火作业、受限空间作业、盲板抽堵作业、高处作业、吊装作业、临时用电作业、动土作业、断路作业等特殊作业的安全要求。

第 10 章"临时用电作业"中，对危险化学品企业在临时用电作业方面做出了明确规定，涵盖了临时用电的定义、在火灾爆炸危险场所的要求、移动电源和外部自备电源的使用、接引和拆除临时用电线路的注意事项、临时用电的保护措施、设备和线路的要求、防爆安全措施、绝缘要求、接地保护、架空线和电缆线路的敷设、配电箱和开关箱的设置、漏电保护器的使用、临时用电的时间限制及转供电和变更用电的规定等内容。

三、行业规范、标准

（一）JGJ/T 46—2024《建筑与市政工程施工现场临时用电安全技术标准》

该标准适用于新建、改建和扩建的工业与民用建筑和市政基础设施施工现场临时用电工程中的电源中性点直接接地的 220V/380V 三相四线制低压电力系统的设计、安装、使用和维修。本标准规定了配电系统、配电装置、配电室及自备柴油发电机组、配电线路、电动建筑机械和手持电动工具、外电线路及电气设备防护、照明、临时用电工程管理等安全要求。

其中强制性条文有 19 条，必须严格执行：

3.2.6 施工现场的临时用电配电系统严禁利用大地作相导体或中性导体。

3.2.9 保护接地导体（PE）必须采用绝缘导体。配电装置和电动机械相连接的保护接地导体（PE）应采用截面面积不小于 2.5mm² 的绝缘多股软铜线。手持式电动工具的保护接地导体（PE）应采用截面面积不小于 1.5mm² 的绝缘多股软铜线。

3.2.10 保护接地导体（PE）上严禁装设开关或熔断器，严禁通过工作电流，且严禁断线。

3.2.11 导体绝缘层颜色标识必须符合下列规定：

1 相导体 L_1（A）、L_2（B）、L_3（C）相序的绝缘层颜色应依次为黄、绿、红色。

2 中性导体（N）的绝缘层颜色应为淡蓝色。

3 保护接地导体（PE）的绝缘层颜色应为绿/黄组合色。

4 上述绝缘层颜色标识严禁混用和互相代用。

3.2.13 城防、人防、隧道等潮湿或条件特别恶劣施工现场的电气设备必须采用 TN 系统。

3.3.5 总配电箱和开关箱中剩余电流动作保护器的极数和线数必须与其负荷侧负荷的相数和线数相一致。

3.3.8 剩余电流动作保护器安装应符合下列规定：

1 剩余电流动作保护器电源侧、负荷侧端子处连接线应正确，不得反接。

2 剩余电流动作保护器灭弧罩应安装牢固，并应在电弧喷出方向留有飞弧距离。

3 剩余电流动作保护器控制回路的铜导线截面面积不得小于 2.5mm²。

4 剩余电流动作保护器端子处中性导体（N）严禁与保护接地导体（PE）连接，不得重复接地或就近与设备金属外露导体连接。

3.4.7 机械做防雷接地时，机械上电气设备锁连接大地保护接地导体（PE）必须同时做重复接地，同一台机械的电气设备的重复接地和防雷接地可共用同一接地体，但接地电阻应符合重复接地电阻的要求。

3.5.3 在 TN 系统中，严禁将中性导体（N）单独再做重复接地。

4.1.2 每台用电设备应有各自专用的开关箱，不得用同一个开关箱直接控制2台及以上用电设备（含插座）。

4.1.10 配电箱的电器安装板上必须分设N端子板和PE端子板。N端子板必须与金属电器安装板绝缘；PE端子板必须与金属电器安装板做电气连接。进出线中的中性导体（N）必须通过N端子板连接；保护接地导体（PE）必须通过PE端子板连接。

4.1.11 配电箱、开关箱内的连接线必须采用铜芯绝缘导线。导线绝缘层的颜色标识应按本标准第3.2.11条的规定配置并排列整齐；线束应有外套绝缘管，导线应与电器端子连接牢固，不得有外露带电部分。

4.2.2 总配电箱应装设电压表、总电流表、电度表及其他需要的仪表。专用电能计量仪表的装设应符合当地供用电管理部门的规定。装设电流互感器时，其二次侧回路必须与保护接地导体（PE）有一个连接点，且不得断开电路。

4.2.4 开关箱必须装设隔离开关、断路器或熔断器，以及剩余电流动作保护器。隔离开关应采用分断时具有可见分断点，并能同时断开电源所有极的隔离电器，并应设置于电源进线端。

5.2.3 发电机组电源与市电线路电源严禁并列运行。

6.2.1 施工现场临时用电宜采用电缆线路。电缆线路应符合下列规定：

1 电缆芯线应包含全部工作导体和保护接地导体（PE）。

2 TN-S系统采用三相四线供电时应选择五芯电缆，采用单相供电时应选择三芯电缆。

3 中性导体（N）绝缘层应是淡蓝色，保护接地导体（PE）绝缘层应是黄/绿组合颜色，不得混用。

6.2.10 在施工程的电缆线路架设应符合下列规定：

1 应采用电缆埋地敷设，严禁穿越脚手架引入……

9.1.1 坑、洞、井、隧道、管廊、厂房、仓库、地下室等自然采光差的场所或需要夜间施工的场所，应设一般照明或混合照明。在某个工作场所内，不得只设局部照明。停电后，操作人员需及时撤离施工现场，必须装设自备电源的应急照明。

9.2.5 照明变压器应使用双绕组型安全隔离变压器。

（二）SH/T 3556—2015《石油化工工程临时用电配电箱安全技术规范》

该标准规定了配电箱分类与分级、配电箱设计与制作、配电箱采购运输及验收，配电箱使用管理等要求。

（三）SY/T 6444—2018《石油工程建设施工安全规范》

该标准旨在规范石油工程建设施工过程中的安全要求，确保施工活动的顺利进行和工作人员的安全。该规程涵盖了现场通用要求、作业通用要求、油气田地面建设工程、油气输送管道建设工程、石油炼化建设工程、现场应急管理等多个方面，为石油工程建设施工提供了全面的安全指导和管理依据。

在5.8"现场临时用电"中，明确了临时用电施工组织设计、临时用电设备及线路、配电箱与开关箱、临时用电作业许可、临时用电检修、自备发电机等安全管理要求。

参 考 文 献

[1] 金玉洁.认识油田开发规律科学合理开发油田［J］.中国化工贸易，2018（1）：50.
[2] 吕进国，付瑞，苏畅.石油行业测井技术的应用现状及发展趋势［J］.石油石化物资采购，2021（22）：15-16.
[3] 平英奇，申方乐，周南，等.大数据技术在油气地质勘探中的应用分析［J］.科技资讯，2019（2）：2.
[4] 陈裕雷.石油炼制中的加氢催化剂及技术分析［J］.化工管理，2021（6）：2.
[5] 姜力维.人身触电事故防范与处理［M］.北京：中国电力出版社，2012.
[6] 曾彦铭.触电急救的原则和方法［J］.农村新技术，2017（8）：61-62.

第二章　临时用电作业管理要求

第一节　临时用电作业概述

一、用电性质的分类

按行业用电性质分为居民类用电、商业服务业类用电、工业类用电和其他用电四个类别。工业类用电是指利用电力作为初始能源从事工业性产品（劳务）的生产经营活动的企业，进行加工和维持功能性活动所需要的一切电力。商业服务业用电（以下简称"商业类用电"）是指在流通过程中，专门从事商品交换和为客户提供商业性、金融性、服务性的有偿服务，并以营利为目的的经营活动所需的电力。城乡居民生活用电（居民类用电）是指城乡居民住宅中正常的居家生活使用的电力（如居家照明、家用电器用电等），但在居民房内的家庭商业性用电、家庭工厂用电除外。其他用电指除居民类用电、商业服务业类用电、工业类用电外的用电。

按用电容量大小划分为居民用电、普通用电、大量用电和高需求用电等四个类别。居民用电指城乡居民住宅中正常的居家生活用电；普通用电适用于低压（380V/220V）供电，或专用配电变压器容量在100kVA及以下的用电。大量用电适用于10kV及以上电压供电，且专用变压器容量在101～3000kVA的用电；高需求用电适用于10kV以上电压供电和最大需量为3001kW及以上的用电。

二、临时用电作业定义与范围

（一）临时用电作业

根据中国石油天然气集团有限公司（以下简称"集团公司"）《临时用电作业安全管理办法》（安全〔2015〕37号），临时用电作业是指在生产或施工区域内，临时性使用非标准配置380V及以下的低电压电力系统的作业。具体是指不超过6个月作业的基建、检维修、技措及日常维护的临时性用电。在实际应用中还应当注意自带发电机（常见的有柴油发电机、工程车等）相关的非永久性用电，也属临时用电范畴。

GB 30871《危险化学品企业特殊作业安全规范》中规定，临时用电指在正式运行的电源上所接的非永久用电。

GB/T 50484《石油化工建设工程施工安全技术标准》中规定，临时用电指为建设工程项目施工提供的、工程施工完毕即行拆除的非永久性用电。

综上所述，临时用电可定义为：适用于工程施工、检维修、设备调试等需短期供电的场合，非永久性接入电力系统，电压一般为380V及以下，使用期限通常不超过3～6个月。

（二）临时用电作业的范围

1. 供电设备安装

安装供电设备，如变压器、发电机组、配电箱等，以确保作业现场有稳定的电力供应。

2. 临时用电系统设置

建立临时用电系统如电缆敷设，电缆槽、电缆桥架安装接地设置等；包括选择合适的电缆、电缆槽、接地装置等，确保电力传输的安全可靠。

3. 临时用电供应

确保作业现场有足够的电力供应，满足作业过程中各项电气设备的需求，如电动工具、起重设备、照明设备等。

4. 临时用电设备安装

安装和调试临时用电设备，如临时照明设备、电动工具、泵站设备等。

5. 临时用电设备维护

定期检查和维护临时用电设备，确保其正常运行，避免发生电气事故。

第二节 临时用电作业安全职责

一、相关单位职责

（一）属地单位

属地单位是临时用电的提供方，对临时用电作业全面负责，主要安全职责包括：

（1）组织开展临时用电作业风险分析。

（2）审核作业条件和安全措施的落实情况，并进行监督检查。

（3）审批临时用电作业许可证。

（4）负责临时用电相关工作的协调。

（二）用电单位

用电单位是使用临时用电线路的单位，对临时用电作业过程安全直接负责。主要安全职责包括：

（1）电工必须按国家现行标准考核合格后持证上岗工作；其他用电人员必须通过相关安全教育培训和技术交底，考核合格后方可上岗工作。

（2）各类用电人员应掌握安全用电基本知识和所用设备的性能，并应符合下列规定：

① 使用电气设备前必须按规定穿戴和配备好相应的劳动防护用品，并应检查电气装置和保护设施，严禁设备带"缺陷"运转。

② 保管和维护所用设备，发现问题及时报告解决。

③ 暂时停用设备的开关箱必须分断电源隔离开关，并应关门上锁。

④ 移动电气设备时，必须经电工切断电源并做妥善处理后进行。

（三）供电单位

供电单位是安装、维护和拆除临时用电线路的单位，主要安全职责是：

（1）派遣电气专业人员完成临时用电线路的安装维护和拆除工作。

（2）参与临时用电作业风险分析。

（3）向用电单位进行安全交底。

（4）负责用电过程中的安全监督检查。

二、申请人与审批人的安全职责

（一）作业申请人

作业申请人是用电单位的作业负责人，对临时用电作业负主要管理责任，主要安全职责包括：

（1）提出申请并办理临时用电作业许可证。

（2）参与临时用电作业风险分析，制订并落实安全措施。

（3）负责临时用电作业前安全培训和安全交底。

（4）参与现场验收和关闭临时用电作业许可证。

（5）当人员、设备发生变更时，及时报告属地单位。

（二）作业审批人

作业审批人是作业所在区域的属地单位电气主管负责人或其授权委托人，对临时用电作业全面负责，主要安全职责包括：

（1）组织开展临时用电作业风险分析，与用电单位、供电单位及其他相关单位沟通作业风险和安全要求。

（2）组织现场核查临时用电安全措施的落实情况。

（3）负责签发和关闭临时用电作业许可证。

（4）指定监护人，明确监护工作要求。

三、临时用电作业相关人员

（一）作业监护人

监护人是批准人指定实施现场安全监护的人员，主要安全职责包括：

（1）对临时用电作业实施现场监护。

（2）熟悉临时用电作业区域、部位状况、工作任务和存在风险。

（3）检查确认作业现场安全措施的落实情况，以及作业人员资质和现场设备的符合性。

（4）保证临时用电作业过程满足安全要求，有权纠正或制止违章行为。

（5）发现人员、工艺、设备或环境安全条件变化等异常情况，以及现场不具备安全作业条件时，及时要求停止作业并立即向现场负责人报告。

（6）熟悉紧急情况下的应急处置规程和救援措施，熟练使用相关消防设备、救护工具等应急器材，可进行紧急情况下的初期处置。

（二）作业人员

作业人员包括用供电单位、用电单位使用临时用电线路的人员，对作业安全负直接责任，主要安全职责包括：

（1）在临时用电作业前确认作业区域、内容和时间。

（2）临时用电作业前，参加相关培训和工作前安全分析，熟知作业过程中的安全风险及控制措施，并严格按照电工作业操作规程规定要求进行作业。

（3）发现异常情况有权停止作业，并立即报告；有权拒绝违章指挥和强令冒险作业。

（4）临时用电作业结束后，负责清理作业现场，确保现场无安全隐患。

（三）用电系统维护人员

用电系统维护人员是持有有效电气作业操作证件的电气工程专业人员，主要安全职责是：

（1）熟悉作业区域的环境、工艺情况和存在的风险。

（2）核实作业现场安全措施的落实情况。

（3）负责变电所回路倒闸操作、安装、拆除变电所内临时接地线路。

（4）对临时用电线路进行监督检查。

四、临时用电作业挂牌与区长制

按照安全生产"四条红线"要求和安全风险评估分级，将评估为高风险的临时用电及带电作业、特殊敏感时段临时用电作业等的高风险作业，实施作业挂牌与区长制。

（一）临时用电作业挂牌

临时用电挂牌是指在进行高危临时用电作业之前，对该作业进行评估，确定其潜在的危险性，以及需要采取的预防和应急措施。将高危临时用电作业进行标识和公示，以提醒相关人员注意和采取必要的安全措施。这种做法通常用于工业和建筑领域，旨在确保高危作业的安全性和可见性。

本书中主要涉及临时用电作业，故在进行电气系统的维修、安装、接线等工作时，由于电气作业涉及触电风险，必须遵循正确的断电程序和个人防护措施，并进行挂牌警示。公示牌安装在现场醒目位置，便于所有人员观看；安装牢固，定期对其进行检查，发现锈蚀、文字脱落、节点松动等情况，及时修补及紧固；在大风、台风季节，加强检查和维护。

（二）临时用电高危作业区长制

临时用电高危作业区域现场挂牌的安全生产"区长"，原则上由以下人员担任：

（1）对于临时用电高危作业区域，由属地负责人或用电单位负责人分别担任临时用电高危作业区域安全生产"区长",形成高危作业区域安全生产"双区长"制。

(2)临时用电高危作业区域安全生产"区长"对本作业区域内的安全生产总负责。主要职责如下:

① 组织开展安全风险识别,掌握作业区域内相关用电设备设施、场所环境和作业过程的风险状况、作业人员资质,以及高危作业实施计划。

② 组织开展作业区域内的隐患排查,及时消除事故隐患。

③ 组织开展作业许可票证查验,现场督促并检查高危作业安全措施和高危作业视频监控落实情况。

④ 组织召开安全分析会议,督促检查作业人员现场安全培训、作业前安全风险分析和安全技术交底。

⑤ 跟踪区域内用电作业进展,跟踪检查临时用电作业方案执行和安全要求落实情况,组织开展临时用电作业关键环节现场安全监督监护。

⑥ 及时协调并处置作业区域内影响安全生产的问题。

⑦ 及时、如实报告作业区域内发生的事故事件和险情。

对临时用电高危作业区域不满足安全生产条件的人员、场所和设备设施,高危作业区域安全生产"区长"应当立即组织整改,超出本人权限范围无法整改的,应当及时向上级有关部门或负责人报告,对确定为临时用电高危作业区域内不具备安全生产条件或安全风险无法保证受控的,应当及时进行停工处理。

(3)临时用电高危作业区域实行安全生产"联防、联管、联责"工作机制,属地单位负责人和用电单位负责人共同承担临时用电高危作业区域安全生产责任。属地单位负责人承担高危作业区域安全监管责任,用电单位负责人承担高危作业区域现场安全主体责任。

第三节 临时用电作业准备

一、临时用电作业票证

(1)临时用电作业实行作业许可管理,必须办理临时用电作业许可证,无有效的作业许可证严禁作业。超过6个月的临时用电,不能视为临时用电,必须严格执行供用电安全规范。

（2）临时用电申请人负责与属地单位进行沟通，准备临时用电作业许可证等相关资料，提出作业申请。

（3）根据作业风险，临时用电作业许可证应由具备相应能力，并能提供、调配、协调风险控制资源的属地单位电气主管人员审批。

（4）临时用电线路和电气设备的设计与选型应满足爆炸危险区域的分类要求。安装、维修、拆除临时用电线路的作业，应由供电单位具有资质的电气专业人员进行，执行国家相关的电气工程安全管理及设计、施工和验收规范。

（5）提前制订应急预案，紧急情况下应急抢险所涉及的临时用电作业，遵循应急管理规程，确保风险控制措施落实到位。

二、临时用电作业方案

施工现场临时用电设备在 5 台及以上或设备总容量在 50kW 及以上的，应编制临时用电施工方案。临时用电施工方案应包括以下内容：

（1）现场勘测。

① 确定电源进线，变电所或配电室、配电装置、用电设备位置及线路走向。

② 进行负荷计算。

③ 选择变压器容量、导线截面、电气的类型和规格。

④ 设计配电系统，绘制临时用电工程图纸，主要包括用电工程总平面图、配电装置布置图、配电系统接线图、接地装置设计图。

⑤ 确定防护措施。

⑥ 制订临时用电线路设备接线、拆除方案。

⑦ 制订安全用电技术措施和电气防火措施。

（2）方案审批。

临时用电施工方案制订或变更时，必须履行编制、审核、批准规程，由专业技术人员组织编制，经技术负责人批准后实施。变更临时用电施工方案时应补充有关图纸资料。临时用电设施完工后由属地单位按照验收规范组织验收，合格后方可投入使用。

三、作业环境要求

（1）干燥环境：临时用电作业应该在干燥的环境中进行，以防止电气设备和电缆受潮或发生漏电。

（2）通风良好：作业现场应有良好的通风，以排出电气设备产生的热量和排放的有害气体，确保空气流通。

（3）防火措施：临时用电作业现场应采取必要的防火措施，如清理易燃物、设置灭火器、遵守禁烟规定等，以预防火灾的发生。

（4）安全距离：电缆和设备应与易燃物、可燃气体、液体等保持安全距离，以防止火灾和事故的发生。

（5）良好照明：作业现场应提供足够的照明，以确保操作人员能够清晰地看到设备、电缆和周围环境，减少操作失误和意外发生的可能性。

（6）足够空间：作业现场应有足够的空间，以容纳电缆、设备和操作人员，并确保操作的方便性和安全性。

（7）清洁整齐：作业现场应保持整洁、清理杂物和垃圾，以减少绊倒和摔倒的风险，并方便操作和紧急疏散。

（8）安全标识：在临时用电作业现场设置必要的安全标识，如禁止通行、高压警示、禁止触摸、挂牌等标识，提醒操作人员和其他人员注意安全事项。

四、设备与工器具要求

（1）移动工具、手持工具等用电设备应有各自的电源开关，实行"一机一闸一保护"，严禁2台或2台以上用电设备使用同一开关（含插座）。

（2）使用电气设备或电动工具作业前，应由电气专业人员对其绝缘进行测试，Ⅰ类工具绝缘电阻不得小于2MΩ，Ⅱ类工具绝缘电阻不得小于7MΩ，合格后方可使用。

（3）使用潜水泵时应确保电动机及接头绝缘良好，潜水泵引出电缆到开关之间不得有接头，并设置非金属材质的提泵拉绳。

（4）使用手持电动工具应满足如下安全要求：

① 设备外观完好，标牌清晰，各种保护罩（板）齐全。

② 在一般作业场所，应使用Ⅱ类工具；若使用Ⅰ类工具时，必须装设额定漏电动作电流不大于15mA、动作时间不大于0.1s的漏电保护器，其负荷线插头应为专用保护插头。

③ 在潮湿作业场所或金属构架上等导电性能良好的作业场所，应使用Ⅱ类或由安全隔离变压器供电的Ⅲ类工具。

④ 在狭窄场所，如锅炉、金属管道内，应使用Ⅲ类工具。若使用Ⅱ类工具必须

装设额定漏电动作电流不大于15mA、动作时间不大于0.1s的漏电保护器。

⑤ Ⅲ类工具的安全隔离变压器，Ⅱ类工具的漏电保护器及Ⅱ、Ⅲ类工具的控制箱和电源联结器等应放在容器外或作业点处，同时应有人监护。

⑥ 电动工具导线必须为护套软线。导线两端连接牢固，中间不许有接头。

⑦ 临时作业、作业场所必须使用安全插座、插头。

⑧ 必须严格按照操作规程使用移动式电气设备和手持电动工具，使用过程中需要移动或停止工作、人员离去或突然停电时，必须断开电源开关或拔掉电源插头。

⑨ 每台设备必须单独与保护导体（PE）可靠连接，保护导体必须采用绝缘导线。保护导体和电焊机等施工用电气设备连接的PE线应为截面不得小于$2.5mm^2$的绝缘多股软铜线；手持电动工具的PE线应为截面不小于$1.5mm^2$的绝缘多股软铜线。

⑩ 所有电气设备的电源线都必须选用橡皮护套铜芯防水软电缆，所选电缆芯数满足TN-S保护接地的要求。

五、申请与审核人员

（一）申请人员

（1）了解规定：熟悉所在地区或组织对临时用电的规定和要求。了解相关的法律法规、标准和指南，确保申请过程和使用符合规定。

（2）确定需求：明确临时用电的具体需求、时间、地点和用途。确定需要供电的设备、电气和电缆长度等信息，并根据需求计算所需的电力容量。

（3）安全评估：进行临时用电的安全评估和风险分析。识别潜在的电气危险和安全风险，并制订相应的控制措施，以保障操作人员和周围环境的安全。

（4）文档准备：准备必要的文件和表格用于申请临时用电。可能需要提供申请表、电路图、电气设备清单、人员防护计划等相关文件。

（5）确保资质：确保申请人员具备相关的电气操作资质和培训证书。根据所在地区或组织的要求，持有合法有效的电工操作证或相关证书。

（6）安全培训：参加必要的安全培训和指导。了解电气安全知识、操作规程和应急处理程序，提高安全意识和应对能力。

（二）审核人员

（1）熟悉规定：审核人员应熟悉所在地区或组织对临时用电的规定和要求。了解相关的法律法规、标准和指南，以便对申请进行准确的审核。

（2）审查申请材料：仔细审查申请人提交的申请材料，包括申请表、电路图、电气设备清单、人员防护计划等。确保申请材料的完整性、准确性和合规性。

（3）安全评估：进行临时用电的安全评估和风险分析。根据申请人提供的信息，评估潜在的电气危险和安全风险，并确保申请中包含了相应的控制措施。

（4）检查合规性：核查申请是否符合所在地区或组织的相关规定和要求。确保申请中涉及的设备、电气、电缆等符合安全标准，并符合电力容量和负荷要求。

（5）审批决策：根据审核结果作出审批决策。根据申请的合规性和安全性，决定是否批准申请，或要求申请人进行修改和补充。

（6）记录和归档：记录审核过程和决策结果，并将相关文件归档。确保审核过程的透明性和可追溯性，以备将来需要查询或参考。

六、监督与监护人员

（1）熟悉规定：了解所在地区或组织对临时用电的规定和要求。熟悉相关的法律法规、标准和指南，确保监督和监护工作符合规定。

（2）学习电气安全知识：了解基本的电气安全知识和操作规程。掌握电气事故和危险的识别、预防和应急处理措施，提高安全意识和应对能力。

（3）审查临时用电计划：作业前仔细审查申请人提交的临时用电计划。核对电缆敷设路径、电源位置、用电设备分布和安全措施等信息，确保计划合理和安全可靠。

（4）检查设备和材料：作业前检查使用的电气设备、电缆和配件是否符合安全标准和规定。确保设备和材料的质量和可靠性，防止使用低质量或不合格的产品。

（5）确保施工安全：监督施工现场的安全措施和操作规范。确保电缆敷设、接线和安装过程中遵守安全程序，防止电气事故和人员伤害。

（6）指导和培训：向施工人员提供必要的指导和培训。确保他们了解临时用电的安全要求和操作规程，并掌握正确的安全操作技能。

（7）安全巡查：定期进行安全巡查，检查临时用电系统的安全性能。发现问题和隐患时，及时采取措施进行修复和改进，确保系统的正常运行和安全性。

（8）紧急响应：了解应急响应计划，包括火灾、漏电和其他紧急情况的处理措施。在发生紧急情况时，迅速采取行动，保障人员和设备的安全。

（9）记录和报告：记录临时用电过程中的关键信息和事件，包括安全巡查结果、问题和隐患、紧急情况处理等。及时向相关部门提交报告，以备将来需要查询或参考。

（10）持续学习和更新知识：持续学习和更新与临时用电安全监督相关的知识和技能。了解最新的安全标准和技术，提高监督和监护人员的专业水平和准确性。

七、作业人员及资质要求

作业人员必须经过相应培训，具备相应能力。电气专业人员应经过专业技术培训，通过国家相应的现行标准考核后持证上岗。

（1）电工必须按国家现行标准考核合格后，持证上岗工作；其他用电人员必须通过相关安全教育培训和技术交底，考核合格后方可上岗工作。

（2）安装、巡检、维修或拆除临时用电设备和线路，必须由电工完成，并应有人监护。电工等级应同工程的难易程度和技术复杂性相适应。

（3）各类用电人员应掌握安全用电基本知识和所用设备的性能，并应符合下列规定：

① 使用电气设备前必须按规定穿戴和配备好相应的劳动防护用品，并应检查电气装置和保护设施，严禁设备带"缺陷"运转。

② 保管和维护所用设备，发现问题及时报告解决。

③ 暂时停用设备的开关箱必须分断电源隔离开关，并应关门上锁。

④ 移动电气设备时，必须经电工切断电源并做妥善处理后进行。

第四节 临时用电作业许可管理

一、作业许可的申请

临时用电单位申请人负责与属地单位进行沟通，准备临时用电作业许可证（表2-1）等相关资料，提出作业申请。

表2-1 临时用电许可证（样表）

编号：

临时用电单位			属地单位		
临时用电用途			用电地点		
（临时用电单位填写）			（供电单位与用电单位共同确认、填写）		
工作电压		电源接入点		作业许可证编号	
用电设备清单			风险识别和消减措施：符合划"√"、识别无此项划"×"		
设备名称	数量	负荷（kW）	□接引点确认　□上锁点确认　□电源接线状态　□焊接设备 □接地　□电缆规格及走向　□电缆及设备外观　□临时照明 □漏电保护　□负荷确认　□电气绝缘状况　□手持电动工具 □防爆区域　□线路架空　□符合防爆要求　□设备防护罩 □线路标志　□穿越保护　□检查临时用电设备电源插头 □一机一闸　□配电箱（盘）开关　□其他： 安全注意事项：		
负荷合计			用电单位确认人：　　　　　　供电单位确认人：		
计量仪表完好，计量方式得到确认。					能源计量人员：
本人已对用电相关资料、情况进行了核实，并对用电设备进行了检查，确认该作业许可证的安全措施已落实。我对本工作及作业人员和设备的安全负责。		本人已同申请单位讨论了安全工作方案，确认该工作许可证的安全措施已落实，符合临时用电相关标准，许可该临时用电。		本人已同申请单位、供电单位讨论了安全工作方案，批准该临时用电。	
用电单位申请人： 　　　年　月　日　时		供电单位审核人： 　　　年　月　日　时		电气主管部门： 　　　年　月　日　时	
用电期限			年　月　日　时至　年　月　日　时		
接线人签名：			电工证号：		
送电时间			年　月　日　时　分	签名：	
				电工证号：	
许可证 许可证 关闭	延期有效期：从　年　月　日　时到　年　月　日　时				
	用电单位申请人：		供电单位审核人：		□许可证到期 □工作完成，现场没有遗留任何隐患 □其他：
	年　月　日　时		年　月　日　时		
	断电时间：　年　月　日　时　分		断电人签名：		电工证号：
	拆线时间：　年　月　日　时　分		拆线人签名：		电工证号：

二、作业许可的批准

临时用电申请许可办理流程如图 2-1 所示。

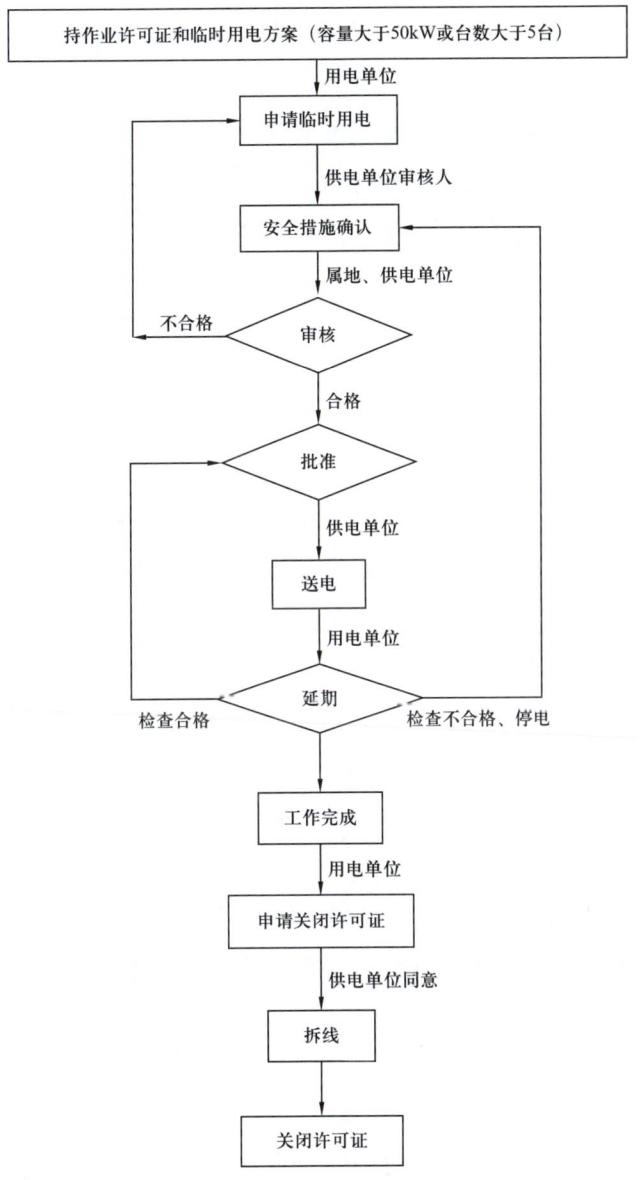

图 2-1　临时用电申请许可办理流程

（1）收到临时用电作业许可申请后，用电批准人应组织用电申请人、相关方及电气专业人员等进行书面审查。审查内容包括：

① 确认作业的详细内容。

② 确认作业单位资质、人员能力等相关文件。

③ 分析、评估周围环境或相邻工作区域间的相互影响，确认临时用电作业应采取的所有安全措施，包括应急措施。

④ 确认临时用电作业许可证期限及延期次数。

⑤ 其他。

（2）书面审查通过后，属地单位批准人应组织用电单位申请人、相关方及电气专业人员等进行现场核查。现场核查内容包括：

① 与临时用电作业有关的设备、工具、材料等。

② 现场作业人员资质、能力符合情况。

③ 安全设施的配套及完好性，急救等应急措施落实情况。

④ 个人防护装备的配备情况。

⑤ 人员培训、沟通情况。

⑥ 其他安全措施落实情况。

（3）书面审查和现场核查通过之后，用电批准人、用电申请人、电气专业人员和相关方均应在许可证上签字。书面审查和现场核查可同时在作业现场进行。

（4）对于书面审查或现场核查未通过的，应对查出的问题记录在案；整改完成后，用电申请人重新申请。

三、作业许可的实施

（1）临时用电作业许可流程主要包括作业申请、作业审批、作业实施和作业关闭等四个环节。

（2）临时用电作业许可证应包括用电单位、属地单位、供电单位、作业地点、作业内容、用电时间、电气专业人员、作业人员、安全措施，以及批准、延期、取消、关闭等基本信息。

（3）临时用电作业许可证应编号，并分别放置于作业现场、属地单位及其他相关方；关闭后的许可证应收回，并保存一年。

（4）临时用电作业许可证是临时用电作业的依据，只限在指定的地点和规定的时间内使用，且不得涂改、代签。

四、作业许可取消与关闭

（1）当发生下列任何一种情况时，现场所有人员都有责任立即停止作业或报告属地单位停止作业，取消临时用电作业许可证，按照控制措施进行应急处置。需要重新恢复作业时，应重新申请办理作业许可：

① 作业环境和条件发生变化而影响到作业安全时。
② 作业内容发生改变。
③ 实际临时用电作业与作业计划的要求不符。
④ 安全控制措施无法实施。
⑤ 发现有可能发生立即危及生命的违章行为。
⑥ 现场发现重大安全隐患。
⑦ 发现有可能造成人身伤害的情况或事故状态时。

（2）临时用电作业结束后，用电单位应及时通知供电单位和属地单位，电气专业人员按规定拆除临时用电线路，并签字确认。用电申请人和用电批准人现场确认无隐患后，在临时用电作业许可证上签字，关闭作业许可。

第五节 临时用电作业其他管理要求

一、临时用电作业许可升级管理要求

节假日、公休日、夜间及其他特殊敏感时期或特殊情况，应当尽量减少特殊和非常规作业数量，确需作业的实行升级管理，可采取审批升级、监护升级、监督升级及措施升级等方式。其中，特殊情况受限空间作业中的临时用电作业、Ⅳ级高处作业中的临时用电作业及情况复杂、风险高的临时用电作业必须有所属单位相关负责人现场带班。

二、临时用电系统全生命周期管理

临时用电作业许可证的期限一般不超过一个班次。需要时，可适当延长作业许可期限，但最长不能超过15d。办理延期后，用电申请人、用电批准人、电气专业人员应重新核查工作区域，确认作业条件和风险未发生变化，所有安全措施仍然有效。

三、临时用电作业不可违背条款

（1）未经批准，临时用电单位不应擅自向其他单位转供电或增加用电负荷，以及变更用电地点和用途。

（2）临时用电一般不超过 15d，特殊情况不应超过 30d；用于动火、受限空间作业的临时用电时间应和相应作业时间一致；用电结束后，用电单位应及时通知供电单位拆除临时用电线路。

四、其他管理要求

（1）临时用电作业实行作业许可管理，必须办理临时用电作业许可证，无有效的作业许可证严禁作业。超过 6 个月的施工用电，不能视为临时用电，必须严格执行建设工程施工现场供用电安全规范。

（2）在运行的生产装置、罐区和具有火灾爆炸危险场所内一般不允许使用临时电源。否则必须在办理临时用电作业许可证的同时，确需时对周围环境进行可燃气体检测分析，执行动火作业安全管理规程、办理动火作业许可证。

（3）临时用电线路和设备应按供电电压等级和容量正确使用。动力和照明线路应分路设置。所有电气元件、设施应符合国家标准和规范的要求。禁止临时用电单位擅自增加用电负荷，变更用电地点、用途。一旦发生此类现象，供电单位应立即停止供电，并通知属地单位收回作业许可证。

（4）临时用电线路及设备应有良好的绝缘，所有临时用电线路应采用耐压等级不低于 500V 的绝缘导线；临时用电线路经过有高温、振动、腐蚀、积水及产生机械损伤等区域，不应有接头，并应采取相应的保护措施。

（5）特殊、非常规作业需要进行临时用电作业的情况下实行"八不准"要求：

① 工作前安全分析未开展不准作业。
② 界面交接、安全技术交底未进行不准作业。
③ 作业人员无有效资格不准作业。
④ 作业许可未在现场审批不准作业。
⑤ 现场安全措施和应急措施未落实不准作业。
⑥ 监护人未在现场不准作业。
⑦ 作业现场出现异常情况不准作业。
⑧ 升级管理要求未落实不准作业。

参 考 文 献

[1] 中华人民共和国国家质量监督检验检疫总局，中国国家标准化管理委员会. 用电安全导则：GB/T 13869—2017 [S]. 北京：中国标准出版社，2017.

[2] 中华人民共和国住房和城乡建设部.低压配电设计规范：GB 50054—2011［S］.北京：中国计划出版社，2011.

[3] 中华人民共和国住房和城乡建设部.建设工程施工现场供用电安全规范：GB 50194—2014［S］.北京：中国计划出版社，2014.

[4] 中华人民共和国住房和城乡建设部.石油化工建设工程施工安全技术标准：GB/T 50484—2019［S］.北京：中国计划出版社，2019.

[5] 中华人民共和国住房和城乡建设部.建筑与市政工程施工现场临时用电安全技术标准：JGJ/T 46—2024［S］.北京：中国建筑工业出版社，2024.

第三章 临时用电作业安全技术

第一节 临时用电作业风险辨识方法

一、风险辨识方法的对比

表 3-1 所列为风险辨识常用的 11 种方法及其适用阶段、优缺点对比。

表 3-1 风险辨识方法对比一览表

风险辨识/分析方法	适用阶段或范围	优势	局限性
工艺危害分析（PHA）	项目前期论证与设计阶段；系统（装置）为主；较复杂的保护系统	系统地分析所有和最初设计意图相背离的偏差；非常适合新技术和工艺；易于归档；针对化工工艺而设计，但可适用于其他工艺类型	要求有准确的模型或图表；分析易跑题；要求参与分析人员有非常成熟的专业经验；部分分析需要数据支持
危险与可操作性分析（HAZOP）	项目设计阶段；系统（装置）为主；较复杂的保护系统		
预先危险性分析（PHA）	项目、工程施工前；系统（装置）为主	系统地分析装置施工过程；可供宏观决策使用	相对比较粗略；需要多专业、有经验的人员参与
工作危害分析（JHA）	作业任务为主；较简单的保护系统	简单易行	要求有准确的模型或图表；对危险程度的确定多凭主观经验判断
工作安全分析（JSA）			通常不适用于较复杂的工作
作业条件危险分析（LEC）		简单易行，危险程度的级别划分比较清楚、醒目	根据经验来确定因素的分值及划分危险程度等级；执行中缺乏统一的标准，因人员组成不同而使结果偏离较大

续表

风险辨识/ 分析方法	适用阶段或范围	优势	局限性
保护层分析法 （LOPA）	项目前期论证与设计阶段； 危险区域、设备或工艺	针对对象非常明确； 可以为工艺设计提供比较完备的建议	取决于危险场景的准确性； 不适宜做场景风险的对比； 计算结果并不是场景风险的精确值
失效模式和影响分析 （FMEA）	项目前期论证与设计阶段； 针对关键设备（动设备、承压设备等）		不质疑设计基础； 要求有准确的资料或图纸
故障树分析 （FTA）	适用于事故调查和事故原因的分析； 危险区域、设备或工艺	便于分析客观存在的风险； 注重各事件或因素之间的相关性，逻辑性强； 分析故障或事件因素的过程易于掌握	可能需要投入大量的精力与费用； 对于概率值的确定需要数据支持； 较复杂，不容易解读，通常需要专家协助
事件树分析 （ETA）			
安全检查表法 （SCL）	第一次评审工艺的阶段； 施工阶段	适用范围广； 无须很多前期培训，并且相对容易应用； 可将工艺与之前的实践进行对比	方法简单，易导致评审不充分； 分析的深度有限； 仅在提出正确的问题时才起作用

通过方法的选取，选用表 3-2 的方法对临时用电作业风险进行辨识。

表 3-2　临时用电作业风险辨识思路

风险辨识/分析方法	辨识思路
预先危险性分析（PHA）	按照临时用电的阶段进行辨识
工作安全分析（JSA）	针对某项具体活动进行辨识
保护层分析法（LOPA）	将临时用电系统视为一个整体进行辨识。结合风险控制措施的制订
失效模式和影响分析（FMEA）	将临时用电系统视为一个关键设施进行辨识。结合风险控制措施的制订
故障树分析（FTA）	以临时用电导致的事故事件为导向进行辨识
事件树分析（ETA）	

二、临时用电作业风险辨识

（一）预先危险性分析

临时用电作业按照作业阶段可以分为：安装阶段、投电阶段、使用阶段、维修阶段、拆除阶段。针对每个阶段存在的风险进行辨识的方法即为预先危险性分析（表3-3）。各阶段需要考虑：

（1）安装过程中可能存在盘柜安装的起重伤害风险，电缆敷设前的电缆沟开挖导致的坍塌或其他伤害风险，电缆架空时的高处坠落风险，电缆头制作或接线时的机械伤害、物体打击和其他伤害风险等。

（2）投电时因系统稳定性和完整性隐患导致的触电和火灾风险。

（3）使用和维修阶段因用户频繁接入、拆除和系统老化或自然环境导致的触电和火灾风险。其中，意外情况下的应急处置可以纳入使用和维修阶段考虑。

（4）拆除阶段要防止电容效应导致的触电风险及高处坠落等作业风险。

表3-3 临时用电作业预先危险性分析

阶段	主要工作	存在的主要风险
安装阶段	盘柜安装，电缆敷设，接线	起重伤害、其他伤害、高处坠落
投电阶段	与电源端连接，送电	触电、火灾
使用阶段	接入或拆除用户端设备，送电	触电、火灾
维修阶段	切断电源，维修	触电
拆除阶段	盘柜和电缆拆除	触电、高处坠落、其他伤害

（二）工作安全分析

工作安全分析方法适用于具体的作业活动，把每个阶段的作业活动当作辨识对象，梳理出作业步骤，再针对每个步骤辨识存在的风险（表3-4）。该方法可以作为预先危险性分析方法运用的补充。

表3-4 临时用电作业工作安全分析

阶段	步骤	存在的风险
安装阶段	①盘柜基础制作	其他伤害
	②盘柜安装	起重伤害、机械伤害、其他伤害

续表

阶段	步骤	存在的风险
安装阶段	③电缆沟制作	其他伤害
	④架空线路槽盒或支架安装	高处坠落
	⑤电缆敷设	其他伤害、高处坠落
	⑥接线	机械伤害、其他伤害
投电阶段	①前端盘柜或电源切断	触电
	②接线	机械伤害、其他伤害
	③从一级至三级逐级送电	触电
使用阶段	①用户设备就位或安装	其他伤害
	②启动前安全检查	
	③送电	触电
	④日常维护	触电、火灾
	⑤断电	触电
维修阶段	①切断电源	触电
	②验电	触电
	③拆除接线、开关或漏保部件（装置）	其他伤害、机械伤害
	④更换开关或漏保、接线	其他伤害、机械伤害
	⑤送电	触电
拆除阶段	①切断电源	触电
	②放电	触电
	③拆除电源端接线	其他伤害
	④拆除电缆及盘柜	其他伤害

（三）故障树 / 事件树分析

结合预先危险性分析和工作安全分析两种方法辨识的结果，可以确定临时用电作业涉及的风险包括：触电、火灾、机械伤害、起重伤害、其他伤害、高处坠落等。现运用故障树或事件树分析这些风险产生的因素，即假定这些事故、故障或事件存在，对构成因素向下分解，直至不能再分解为止。

1. 触电事故风险

从图 3-1 中可以看出，触电事故类型包括电弧灼伤、电流灼伤、皮肤金属化、电气机械性伤害及电击伤。电弧烧伤是由于弧光温度高且人处于影响范围内；电流灼伤是由于电流通过人体产生效应导致器官损伤；皮肤金属化是由于熔化和挥发而成的金属颗粒与人体接触；电气机械性伤害是由于电气产生机械力与人体接触造成损伤；最为复杂的是电击伤，电击伤是由于电流经过人的心脏，首要条件是存在外界电压，人体电阻则受电压影响、体质影响和环境影响有所差异，电压产生的电流如果通过人的心脏，根据电流大小不同产生的后果是不一样的。

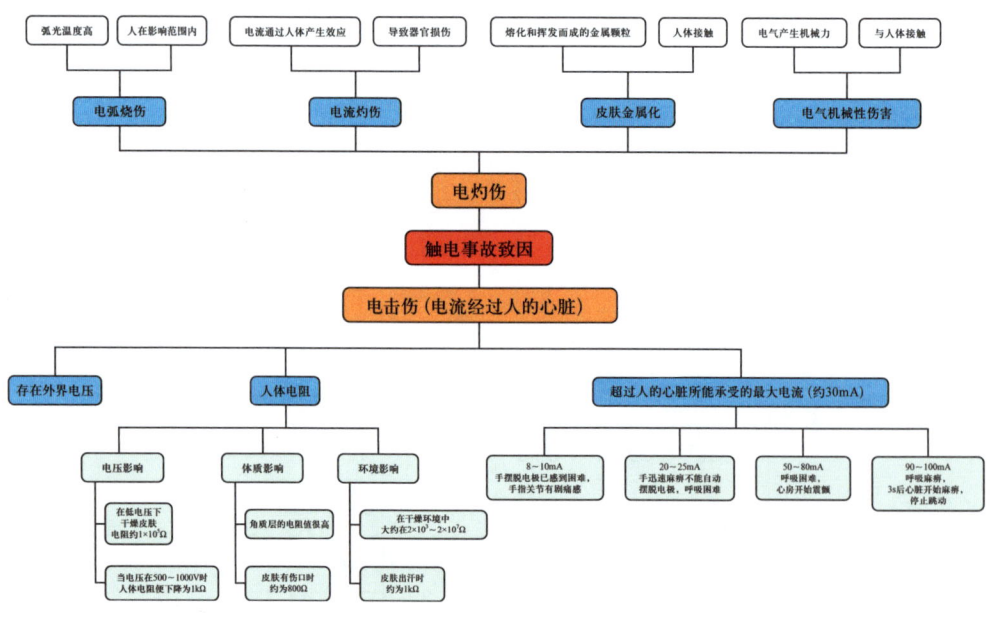

图 3-1　触电事故风险分析

2. 火灾事故风险

火灾事故风险因素即火灾"三要素"（图 3-2）。与临时用电相关的火灾也离不开此"三要素"。燃烧物与配电盘内非金属部件、电缆外皮和电缆路径支撑材料有关，助燃物则为空气，点火源有两个来源，一是与接线部位接触不良，导致电阻增大引起局部发热；二是与临时用电设施系统接触到外部明火有关。

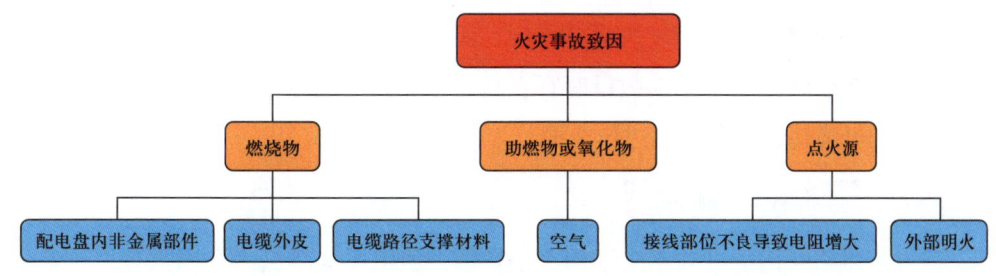

图 3-2 火灾事故风险分析

如果将临时用电系统作为环境因素考虑，则系统本身也是有些特殊环境（如防爆场所或气体泄漏环境）的点火源。作为点火源时，风险因素构成也包括两种情况，一为电阻效应发热导致的着火，二为电弧效应产生的能量释放。

3. 机械伤害事故风险

机械伤害事故多产生于安装、维护和使用阶段使用的设备与工机具，如压线钳、电缆传送机等，是由设备或工机具与人体接触导致的伤害。也包括用电设备突然启动造成的机械力导致的伤害（可归于触电事故），如图 3-3 所示。

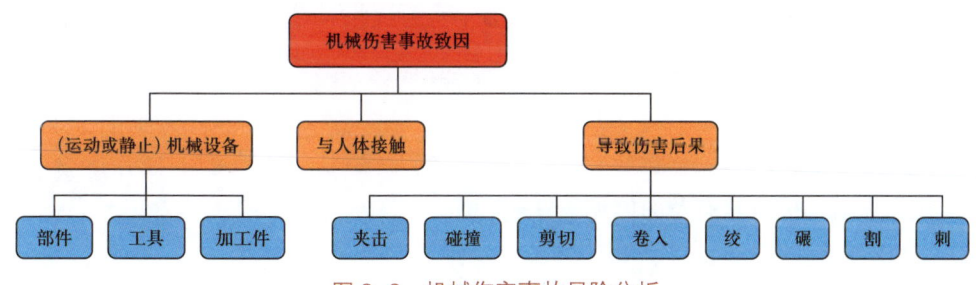

图 3-3 机械伤害事故风险分析

4. 起重伤害事故风险

同样的辨识方法，可以得出起重伤害的风险是由于以下几种情况造成的：

（1）所使用的配合吊装用的起重工具，如吊车、手拉倒链的额定荷载不能满足电缆盘柜、电缆盘的重量导致。

（2）所使用的索具性能不满足。

（3）吊装方法不得当导致超作业半径。

5. 其他伤害事故风险

其他伤害为作业过程中的现场环境未清理或地面不平整导致人员受到的伤害。

6.高处坠落事故风险

高处坠落风险常见于电缆敷设时存在高处作业面、电缆路径存在临边孔洞、盘柜就位前的电缆转角处存在临边作业面。

（四）失效模式和影响分析

该方法将临时用电设施系统视作一个整体，如图3-4中云线所圈部分。该系统具备的功能可这样描述：

① 满足周边环境要求，不能成为危险源。

② 符合安全操作要求，不能导致人员触电。

③ 自身结构稳固，满足一定使用周期及其自然环境。

④ 为终端用户提供可靠电源，电压及输出功率满足要求。

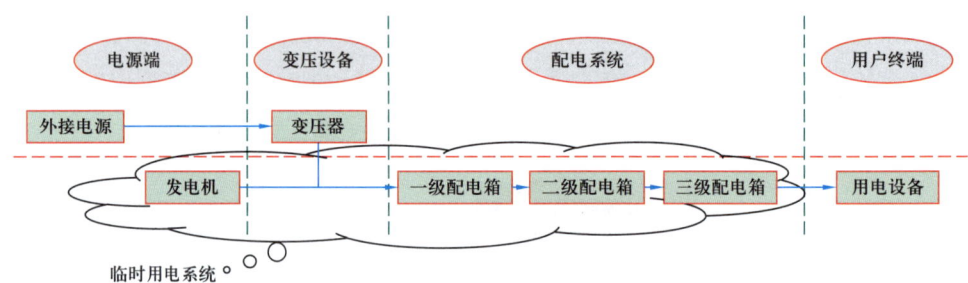

图3-4 临时用电系统示意图

则该系统的失效状态及原因见表3-5。

表3-5 临时用电系统失效模式分析

失效模式				原因分析/风险辨识
成为危险源	电源端	发电机故障导致设备本体起火	电气故障	短路：发电机内部的绕组绝缘损坏，导致相线与相线、相线与零线或相线与地之间直接接触，产生短路电流和大量热量，引发火灾
				过载：发电机所带负载超过其额定容量时，绕组电流增大，使绕组发热超过正常温度，绝缘材料性能下降，进而引发燃烧
				电刷故障：电刷与滑环接触不良会产生电火花，若周围有可燃物质或电刷磨损产生的碳粉积聚，可能会引发火灾

续表

失效模式				原因分析/风险辨识
成为危险源	电源端	发电机故障导致设备本体起火	机械故障	轴承损坏：发电机轴承因长期运行、润滑不良等原因出现损坏，导致转子与定子发生摩擦，产生高温，可能引燃周围的绝缘材料和润滑油
				风扇故障：冷却风扇出现故障，如叶片损坏、风扇电动机不转等，会使发电机散热不良，温度过高，从而引发火灾
			其他因素	外部火源：发电机周围有明火，火星飞溅到发电机上，可能引发火灾
				雷击：发电机若未安装有效的防雷装置，在雷雨天可能遭受雷击，强大的雷电流会使发电机内部的绝缘击穿，产生高温和电弧，引发火灾
		发电机燃料系统泄漏导致起火或爆炸	燃料泄漏	燃油泄漏：燃油系统的管路、接头等部位密封不严，导致燃油泄漏，遇到明火或高温部件容易燃烧
				燃气泄漏：燃气泄漏后遇明火产生火灾或爆炸
		发电机电瓶起火	充电问题	过度充电或充电不当导致起火，或在充放电过程中会产生氢气等可燃气体，如果充电场所通风不好，气体积聚到一定浓度，遇到明火或静电就可能引发爆炸起火。此过程因不属于临时用电系统自身原因，可不视为失效，但须防范
			短路	内部短路：电瓶内部的极板之间如果有杂质或铅屑等导电物质，可能会导致极板间短路，产生大量热量，引发起火
				外部短路：电瓶的正负极如果意外接触到金属物体等导体，形成外部短路，会瞬间产生大电流，使电瓶发热起火
			老化与损坏	极板老化：电瓶使用时间过长，极板会逐渐老化、硫化，导致电瓶性能下降，内阻增大，在充放电过程中容易发热，增加起火风险
				外壳损坏：电瓶受到碰撞、挤压等外力作用，外壳破裂，电解液泄漏，与周围的物质发生化学反应，可能产生明火
		发电机或配电系统前端漏电	绝缘损坏	发电机长期运行，绝缘材料可能会老化、磨损，导致内部绕组与外壳之间的绝缘性能下降，从而引发漏电

续表

失效模式				原因分析/风险辨识
成为危险源	电源端	发电机或配电系统前端漏电	接地不良	接地系统出现问题，如接地线连接不牢固、接地电阻过大等，无法及时将漏电电流导入大地，会使外壳或电缆带电
			受潮	发电机处于潮湿的环境中，或因冷却系统故障等原因导致内部受潮，会使绝缘电阻降低，引起漏电
			过载运行	发电机长时间过载运行，会使绕组发热，加速绝缘老化，甚至可能使绝缘损坏，造成漏电
		发电机尾气排放导致人员中毒和窒息	尾气排放	当尾气排放处附近存在受限空间作业时，易发生废气积聚使人中毒和窒息的事故
	配电系统	盘柜起火	短路故障	绝缘损坏：盘柜内的电线电缆、电气元件长期使用后，绝缘层可能老化、破损，导致不同相的导体接触，引发短路起火
				误操作：工作人员在进行检修或操作时，误将工具或金属物件遗留在盘柜内，造成相间短路
			过载运行	负荷增加：随着用电设备的增多，电气盘柜所承担的负荷逐渐增大，当超过其额定容量时，会使线路和元件发热，引发火灾
				设计不合理：在设计盘柜时，对负载预估不足，选用的电气元件和导线规格过小，无法满足实际用电需求
			接触不良	连接松动：盘柜内的电气元件与导线之间、导线与导线之间的连接点，因长期运行产生振动或安装时未拧紧，导致接触电阻增大，发热起火
				触头磨损：开关、接触器等电气元件的触头，在频繁通断过程中会逐渐磨损，接触面积减小，接触电阻增大，进而引发过热起火
			外部因素	易燃物靠近：盘柜周围堆放有易燃物品，如纸张、杂物等，一旦盘柜内出现明火或高温，容易引燃这些易燃物
				环境恶劣：盘柜处于潮湿、多尘、腐蚀性气体的环境中，会加速电气元件的损坏和绝缘性能的下降，增加起火的风险
			其他原因	电气元件质量问题：使用了质量不合格的电气元件，这些元件在运行过程中可能会出现故障，引发火灾

续表

失效模式				原因分析/风险辨识
成为危险源	配电系统	盘柜起火	其他原因	雷击：在没有有效防雷措施的情况下，盘柜可能遭受雷击，产生过电压，损坏电气元件，引发火灾
		盘柜带电	绝缘问题	绝缘老化：盘柜内的绝缘材料长期使用后，会逐渐老化、变脆，绝缘性能下降，导致漏电
				绝缘损坏：安装过程中不小心损伤绝缘层，或因外力挤压、拉扯等使电线电缆的绝缘破损，使导体与盘柜外壳接触而漏电
			接地系统故障	接地不良：接地极腐蚀、接地线路断路或连接点松动，会使接地电阻增大，无法有效将漏电电流导入大地，导致盘柜外壳带电
				未接地或接地错误：盘柜未按要求进行接地，或接地方式不符合规范，如采用串联接地等错误接法，也会引发漏电隐患
			电气元件故障	元件损坏：如电容器击穿、电机绕组短路等，会使电气设备的外壳带电，进而导致盘柜漏电
				元件受潮：盘柜内的电气元件受潮后，绝缘性能降低，可能引发漏电现象。这可能是由于环境湿度大，或盘柜密封不良，水汽进入所致
			安装与维护不当	安装不规范：在安装电气设备和布线时，未按照规范操作，如电线间距过小、未进行有效隔离等，可能导致漏电
				维护不到位：长期不清理盘柜内的灰尘、杂物，会影响散热，还可能降低绝缘性能；未及时发现并处理电气元件的老化、损坏等问题，也会增加漏电风险
		电缆起火	过载	负荷超过额定值：电缆承载的电流超过其额定电流，会使电缆发热。长时间过载运行，热量不断积累，导致绝缘层老化、损坏，进而引发火灾
				新增负载未考虑电缆容量：在原有电力系统中新增用电设备，没有对电缆的承载能力进行重新评估，使电缆不堪重负
			短路	绝缘损坏：电缆绝缘层因长期受高温、潮湿、腐蚀等环境因素影响，或遭受机械损伤，导致绝缘性能下降，使线芯之间或线芯与外皮之间发生短路，产生电弧，引燃绝缘层和周围的可燃物

续表

失效模式				原因分析/风险辨识
成为危险源	配电系统	电缆起火	短路	电缆头故障：电缆头制作工艺不良，如密封不严、接触不牢等，会导致绝缘性能降低，引发短路
			接触电阻过大	连接点松动：电缆与设备、电缆与电缆之间的连接点松动，接触电阻增大。电流通过时，连接点会产生大量热量，使电缆绝缘层受热损坏，引发火灾
				导体氧化：电缆导体长期暴露在空气中，表面发生氧化，导致接触电阻增大，进而发热起火
			外部因素	火灾蔓延：周围环境发生火灾，火焰或高温热辐射波及电缆，使电缆绝缘层着火
				外力破坏：施工挖掘、车辆碾压等外力作用，使电缆受损，绝缘层破裂，引发短路起火
			其他原因	电缆质量问题：使用了质量不合格的电缆，其绝缘材料性能差、导体电阻不符合要求等，容易在运行中引发故障起火
				散热不良：电缆敷设方式不当，如深埋在地下且未采取散热措施，或敷设在通风不良的桥架、管道中，热量无法及时散发，导致电缆温度过高起火
		电缆绝缘失效	绝缘受损	机械损伤：在电缆敷设或使用过程中，受到外力的挤压、碰撞、穿刺等，致使绝缘层破损，内部导体暴露，从而引发漏电
				自然老化：长时间使用后，电缆的绝缘材料会逐渐老化、变硬、变脆，出现裂纹或剥落，绝缘性能下降，导致漏电
				环境因素：长期处于高温、潮湿、酸碱盐等腐蚀性环境中，会加速电缆绝缘层的损坏，使其失去绝缘性能
			施工质量问题	电缆头制作不规范：制作电缆头时，如果工艺不符合要求，如密封不严，导致水汽进入；或接线不牢固，接触电阻过大，都可能引发漏电
				敷设不当：敷设电缆时，如果弯曲半径过小，会使电缆内部的绝缘层和导体受到损伤；或电缆埋深不足，受到外力破坏的风险增加，进而导致漏电
			接地故障	接地系统不完善：接地极损坏、接地线路断路或接地电阻过大，无法将电缆泄漏的电流及时导入大地，会使电缆外皮带电，造成漏电现象

续表

失效模式				原因分析/风险辨识
成为危险源	配电系统	电缆绝缘失效	接地故障	重复接地不良：在 TN 系统中，若重复接地设置不合理或接触不良，当发生单相接地故障时，会导致非故障相电压升高，增加电缆漏电的可能性
			电生磁与涡流效应	涡流产生的热量会显著增加电缆的温度
			过电压冲击	雷击过电压：电缆线路遭受雷击，产生的瞬间高电压会击穿电缆的绝缘层，造成绝缘损坏，引发漏电
				操作过电压：在电力系统中，进行开关操作、变压器投切等操作时，会产生操作过电压。如果电缆的绝缘水平不足，可能会被过电压击穿，导致漏电
操作不安全	电源端	发电机启动和停机操作不安全	接触发电设备或电缆	电气伤害：操作人员可能会接触到带电设备或线路，存在触电风险
				机械伤害：发电设备在运转中可能对人体造成伤害
				高温伤害：发电设备在运转状态下及电缆通电状态下局部温度过高可能导致烫伤
		发电机应急操作不方便	停机按钮设置	位置过高或不便于发现
			存在障碍物	停机按钮前有障碍物影响操作
	配电系统	配电盘内启动、切断开关不安全	接触盘柜内元件或电缆	电气伤害：操作人员可能会接触到带电设备或线路，存在触电风险
				高温伤害：电缆通电状态下局部温度过高可能导致烫伤
		配电盘应急操作不方便	盘柜上锁	因无钥匙或紧急破拆锁具工具影响操作
			存在障碍物	盘柜前或开关前有障碍物影响操作
结构受损	电源端	发电机固定不稳固、因震动移位	固定不牢	运转导致移位
			基础不稳固	运转导致移位
		发电机遭受外部冲击受损	安装位置不合适	导致受到外力冲击
			未安装防雷电设施	导致受到雷击
		发电机遭受雨水或汛情影响	安装位置不合适	低洼处或未设置排水设施

续表

失效模式			原因分析/风险辨识	
结构受损	配电系统	配电柜不防雨	未安装或老化损坏	受雨水侵入影响运行
		配电柜倾倒或失去保护支撑作用	使用中损坏或老化损坏	内部元件受损影响运行
		电缆外皮破损	使用中损坏或老化损坏	降低电缆使用效能
输出不稳定	电源端	发电机故障导致输出不稳定	电池问题	电池可能因为老化或充电不足导致电力供应不稳定，从而影响发动机的性能和稳定性
			控制系统故障	控制系统出现故障可能导致部分功能无法正常工作，从而影响发电机的稳定性
			软件问题	控制软件可能出现错误，影响到发电机的稳定性
			励磁系统故障	励磁电路的问题或励磁调节器故障都可能导致电压不稳定
			绕组问题	绕组匝间短路或接触不良会影响电压的稳定性
			转速波动	转速不稳定会导致电压波动
			负载变化	突然的负载变化可能会引起电压暂时不稳定
			线圈损坏	发电机内部的线圈如果出现短路、断路或接触不良，都会直接影响其发电能力
			转子故障	转子出现磨损、断裂或失衡等问题，会导致发电机无法正常工作
			定子损坏	定子出现破损、短路等问题，也会影响发电机的发电效果
			轴承损坏	轴承出现磨损或润滑不足，会导致发电机无法正常旋转
			电压调节器失效	电压调节器失效会导致输出电压过高或过低，影响设备的正常运转
		发电机燃料供给不足或外部电源断电	供电线路故障	如供电线路短路、断路或接触不良
			燃油问题	燃油不足、燃油管路堵塞或燃油泵损坏等，都会影响发动机的启动和正常运转，进而影响到发电机的发电能力

续表

失效模式			原因分析/风险辨识	
输出不稳定	配电系统	电缆敷设方式影响输出	电生磁与涡流效应	当电缆盘成圈或8字形通电时，交流电通过电缆会产生变化的磁场。这种变化的磁场会在电缆内部产生感应电动势，进而形成涡流。涡流是一种闭合的旋涡状电流，会导致电缆内部发热
			电缆过长导致损耗过大	电缆越长导致损耗越大

（五）保护层分析

保护层分析（简称LOPA）仍将临时用电设施系统视作一个整体，临时用电系统如果要实现平稳运行，不会形成危险源，则须对该系统设置多层"防护"。辨识保护层失效的因素，也是一种风险辨识的方法。鉴于该方法与失效模式和影响分析方法一样，比较适用于风险控制措施的制订，故将其作为风险控制策略加以论述。

三、临时用电作业风险控制策略

临时用电作业的五个作业阶段，从工艺安全和行为安全的角度可以划分为：安装阶段、投电阶段、维修阶段和拆除阶段均可视为行为安全，使用阶段则可视为工艺安全。

（一）行为安全风险控制策略

如前所述，安装阶段、投电阶段、维修阶段和拆除阶段的所有作业行为后果可归为对人的伤害，包括起重伤害、高处坠落、触电、机械伤害、其他伤害。作业行为又可分为常规作业、非常规作业、应急处置。表3-6为行为安全风险控制策略。

表3-6 临时用电作业行为安全风险控制策略

风险类别	常规作业		非常规作业		应急处置
	管理制度	操作规程	制订方案	作业许可	应急预案
起重伤害；高处坠落；触电；机械伤害；其他伤害	上锁挂牌管理程序；临时用电管理细则	临时用电安装作业操作规程；投电/断电安全操作规程；电气设备操作与维护规程；电气维修安全操作规程	临时用电施工组织设计	吊装作业许可；高处作业许可；临时用电作业许可	创伤急救规程；触电急救规程；创伤急救规程

（二）工艺安全风险控制策略

使用阶段的后果包括火灾、触电，使用阶段安全风险控制策略见表 3-7。

表 3-7　临时用电作业使用阶段安全风险控制策略

初始事件	保护层释义	风险控制策略
工艺设计	本质安全	1. 编制临时用电施工组织设计，经过论证、审批，从本质上保证系统安全； 2. 设备、设施及电缆选型增加产品质量权重； 3. 从选址、基础施工到接地安装，严格遵循设计方案
基本过程控制	作业活动日常控制手段	1. 制订发电机和临时用电使用操作规程及专职电工的岗位检查表； 2. 对维护系统的专职电工和使用人员分别进行培训，熟练掌握操作规程
关键报警和人员干预	作业活动日常控制中发生意外情况的处置（未脱离日常控制）	1. 操作规程须包含常态下的应急处置。当出现可以预料的诸如操作失误、设备故障等意外时，可以依据标准化的操作进行控制； 2. 建立属地负责、直线支持的管理机制。区域负责人定期检查和全员具备隐患发现能力实现风险预警与监测，专职电工负责维修和日常维护
安全仪表功能	用于监测、检测超出日常控制情况的辅助手段，超限预警的最低限度投入	1. 确保漏电保护器性能可靠； 2. 设置输出功率、电压监测装置； 3. 设置火灾探测系统
物理保护（释放设施）	超出日常控制情况的最经济合理的手段	1. 对发电、配电等设备设置硬隔离防护设施并张贴警示标识； 2. 对电缆采取架空、埋地等措施； 3. 设置防电击、电弧伤害的防护用品、绝缘装备
厂区响应	超出日常控制情况，将损失降低到最低的小范围响应（范围大小与影响区域相关）	1. 制订应急处置规程； 2. 培训全员具备触电、火灾风险识别能力及初步处置知识
周边响应		根据系统所处环境，制订专项应急预案。如可能导致的危化品装置火灾事故

第二节　临时用电作业风险控制措施

一、三级配电系统原理与设计

（一）三级配电系统原理

1. 总述

三级配电系统：配电系统应设置总配电箱（柜）、分配电箱（柜）、开关箱，实行三级配电。应具备：电源隔离功能；正常接通与分断电路功能；过载、短路、漏电保护功能。配电柜或总配电箱为第一级配电，分配电箱为第二级配电，开关箱为特殊的第三级配电。详见图3-5。

临时用电规范规定的临时用电系统短路及过载保护有五级，分别是总配电箱内总回路和分回路二级、分配电箱内进线回路和出线回路二级、开关箱内一级。保护电器一般采用低压熔断器和低压断路器两类。漏电保护有二级，分别是总配电箱内总回路或分回路一级、开关箱内一级，保护电器一般是带漏电保护的断路器。从上述可知，临电规范规定的临电系统有三级配电、五级短路及过载保护、二级漏电保护，统称为三级配电二级漏电保护。

2. 临时用电采用三级配电的原因

配电级数需要与用电规模、用电特点相适应，三级配电是临电系统较为合适的配电模式。工业配电系统一般采用配电室一级配电，民用建筑则一般采用三级配电，规模特别大的也有四级。工业配电系统负荷较多、功率较大，区域集中，变配电所能深入负荷中心，在配电室内有汇流母线为各个配电柜配电，相当于分成了一个个独立的总配电箱，对于这些负荷采用一级配电就可以了，而对于远离配电室的多个集中负荷，需要采用至少两级配电。对于施工现场来说，负荷较多、容量有时相差较大、供电区域也相对分散，至少要采用两级配电方式。而开关箱这一级，由于临时用电规范规定临时用电系统末端采用"一机一闸一保护"供电方式，这一级实际上实现的不是对电能进行再分配，而是临时用电规范为了确保末端设备的安全采取的一种特殊安全保护措施，临时用电规范规定开关箱距末级用电设备不大于3m，就是对于用电安全的一种强制性措施。由于施工现场用电人员与末级设备接触频繁，用电设备的特殊环境和用电状况的恶劣，使得末级保护在确保安全用电的位置上十分重要，是必须配置的一级保护。

临时用电规范要求总配电箱应设在靠近电源的区域，分配电箱应设在用电设备或负荷相对集中的区域，这样至少需要包括开关箱在内的三级配电才能满足要求。

一般配电规范和设计都没有对配电级数作强制性规定，而临时用电规范对临时用电系统要求三级配电，主要是针对施工现场的特殊性、用电安全的重要性，从技术上对临时用电设计作了强制性规定。只有从技术、设计、方案实施上确保临时用电的安全，才能从根本上通过临时用电管理等手段实现施工现场的用电安全。

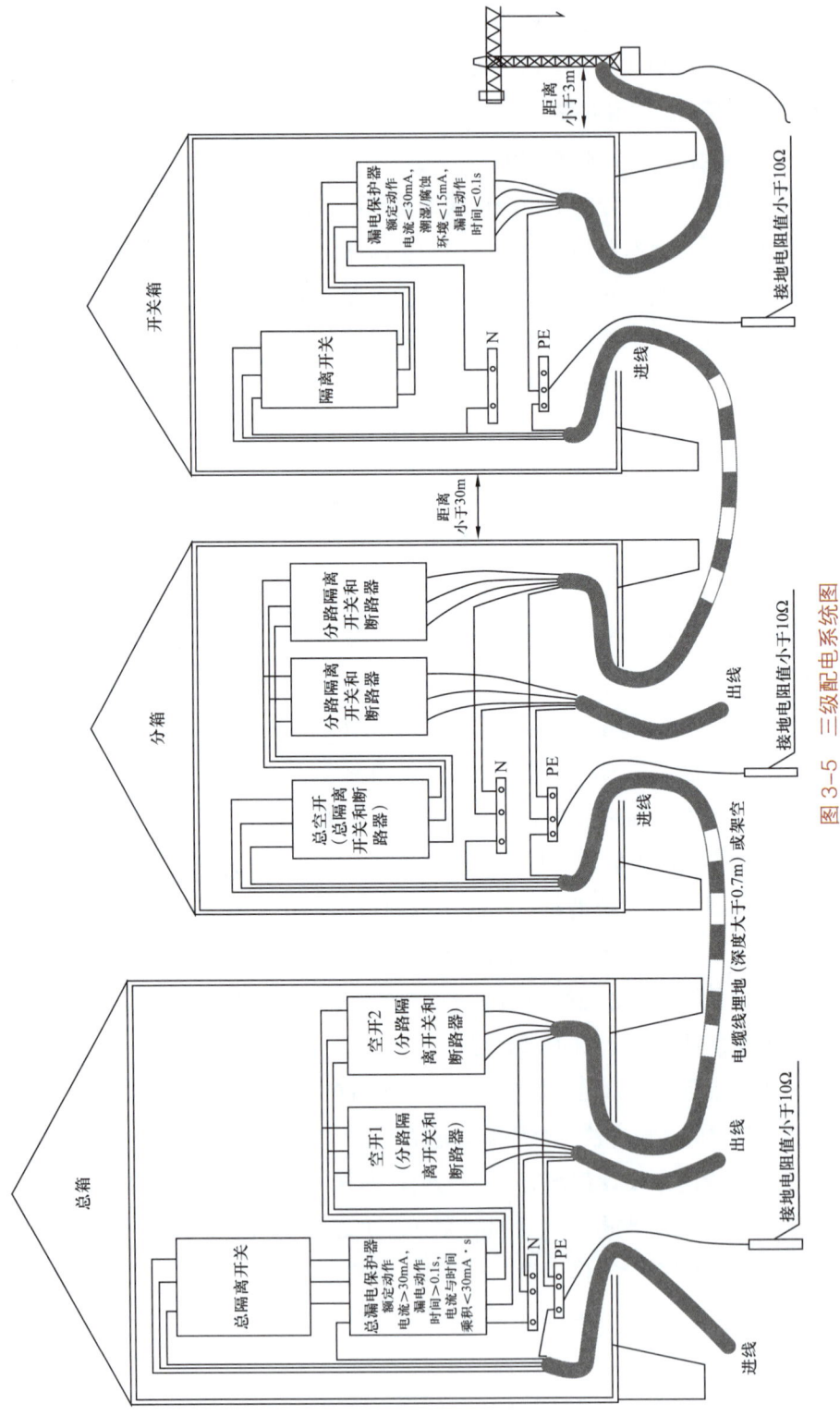

图 3-5 三级配电系统图

临时用电规范对三级配电作了详细的规定，设置了五级短路和过载保护，主要原因有：

（1）施工现场临时用电系统作为一个独立的供配电系统，具有相当的特殊性，总配电箱内必须安装进线总断路器。由于施工现场的特殊性，临时用电规范要求架空线路、室内线路、电缆线路必须有短路保护和过载保护，总配电箱和分配电箱的出线侧需要各安装一级短路和过载保护。由于分配电箱回路可能采用树干式供电，总配电箱内的分路断路器或熔断器不能为分配电箱每个出线回路提供可靠的短路和过载保护，从安全角度考虑，分配电箱进线处也需要安装一级短路和过载保护，为分配电箱每个出线回路提供后备保护。

（2）开关箱内的这一级短路和过载保护是末端设备和线路的主保护，是比一般供电系统多增加的一级特殊保护措施，也是临时用电规范提高施工现场用电安全等级的一个安全措施。对于临时用电的三级配电，五级短路和过载保护可以形成较为完整的保护系统，从末级短路和过载保护开始，上一级保护可以作为下一级的后备保护，对提高临时用电系统短路和过载保护的可靠性十分必要。临时用电规范规定施工现场必须采用TN-S系统，漏电保护是与TN-S系统匹配的保护模式，是临时用电系统必不可少的接地保护系统，对施工现场用电安全至关重要。临时用电设计人员一般是电气专业工程师及其专业水平不高的人员，有很多电气工程师没有经过专门电气设计培训，他们一般接触最多的是施工规范，对设计规范并不熟悉，需要确定临时用电的供电模式和相应细节，临时用电规范提供的确定性供电模式确实为临时用电设计提供了方便，使电气专业水平不高的人员也能设计出符合规定的临时用电方案。施工现场所具有的特殊性在于用电和管理人员专业性不强或是非专业人员，甚至部分人员根本就没有相应的用电知识。施工现场情况千差万别，为了提高临时用电系统的安全及管理水平，临时用电规范的各项规定比较严格，强制部分相对多，更多是从安全的角度进行规定，就高不就低。这样临时用电规范在对具体内容作了严格规定的同时，也使临时用电设计和实施少了些灵活性。

3. 常见供电形式介绍及对比

我国的供电系统一共有5种，分别是IT、TT、TN-C、TN-C-S、TN-S供电系统。它们都有各自的优点和缺点，通过各类型供电系统的介绍及对比（图3-6），就可以了解TN-S系统作为临时用电方案的原因。

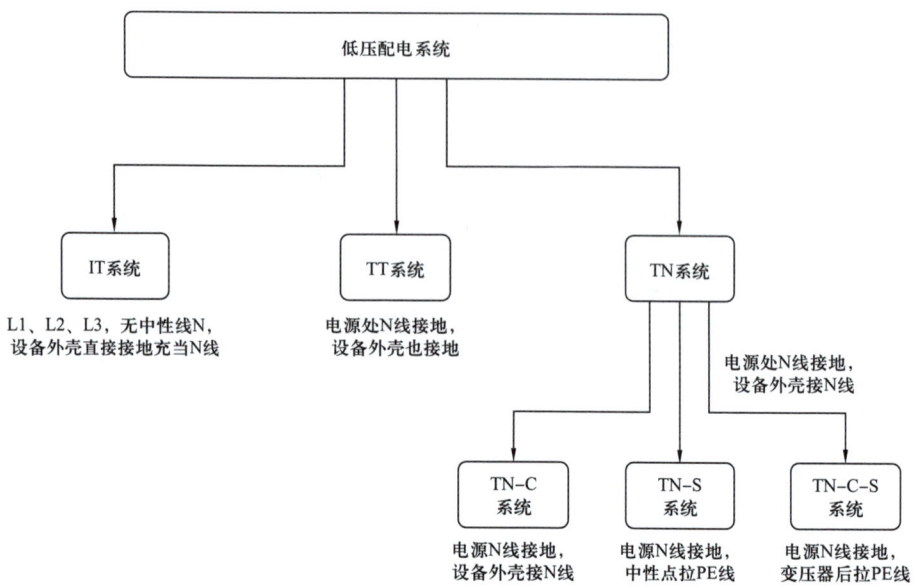

图 3-6　常见供电形式对比图

（1）IT 供电系统（图 3-7）。

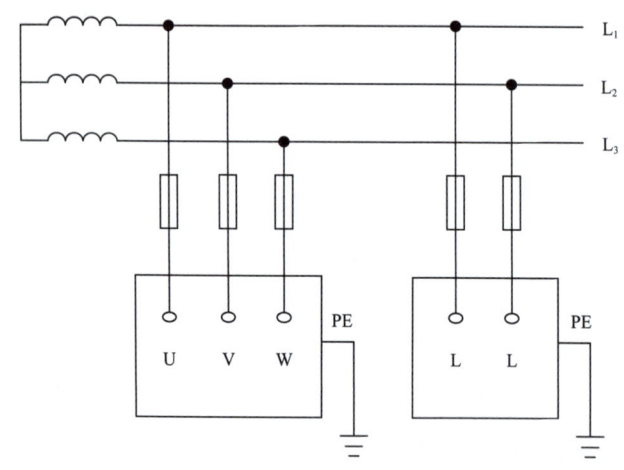

图 3-7　IT 供电系统示意图

在所有的供电系统中，IT 供电系统最为安全可靠。IT 系统特点（不引出中性线）：

① 发生第一次接地故障时，接地故障电流仅为非故障相对地的电容电流，其值很小，外露导电部分对地电压不超过 50V，不需要立即切断故障回路，保证供电的连续性。

② 发生接地故障时，对地电压升高 1.73 倍。

③ 220V 负载需配降压变压器，或由系统外电源专供。

IT方式供电系统第一个字母"I"表示电源侧没有工作接地，或经过高阻抗接地。第二个字母"T"表示负载侧电气设备进行接地保护。IT方式供电系统在供电距离不是很长时，供电的可靠性高、安全性好。运用IT方式供电系统，即使电源中性点不接地，一旦设备漏电，单相对地漏电流仍小，不会破坏电源电压的平衡，所以比电源中性点接地的系统还安全。但是，如果用在供电距离很长时，供电线路对大地的分布电容就不能忽视了。在负载发生短路故障或漏电使设备外壳带电时，漏电电流经大地形成回路，保护设备不一定动作，这是危险的。只有在供电距离不太长时才比较安全。只适用于小范围供电。所以IT供电系统主要用于需要严格连续供电（不能轻易停电）的地方，如医院手术室、地下矿井通风设备、缆车等。

（2）TT供电系统（图3-8）。

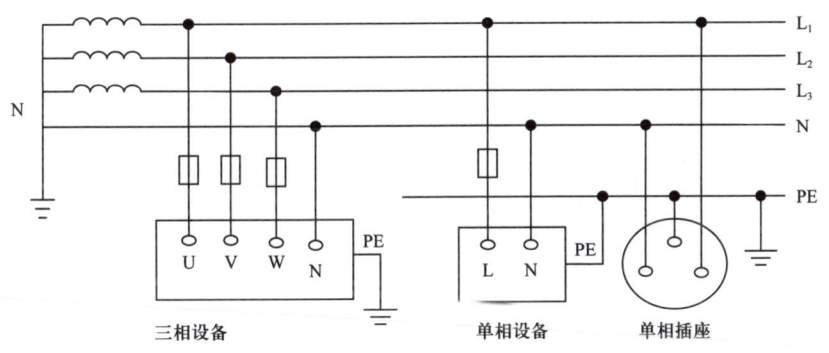

图3-8　TT供电系统示意图

如果遇到供电距离很远，三相不平衡，并且负荷又特别分散的情况时，可以采用TT供电系统。根据用电设备的需要，电源引出三根线（三根火线）或四根线（三根火线+一根中性线）给设备供电。然后在用电设备附近做一个接地装置并引出地线，把设备外壳接在地线上。

当设备发生漏电时，大部分电流顺着地线流向大地，只有少部分电流通过人体，大大减轻人触摸到漏电设备外壳的危险性。这种供电系统的地线虽然能减轻触电危险性，但是并不能完全保证安全，所以所有的用电设备都必须要加装漏电开关。

（3）TN-C供电系统（图3-9）。

对于供电距离远且负荷比较分散的情况，如果还想继续节约成本，那就不要地线，把零线接外壳，这在某些情况下也是可以的。这种供电系统叫TN-C供电系统，也就是常说的接零保护系统。

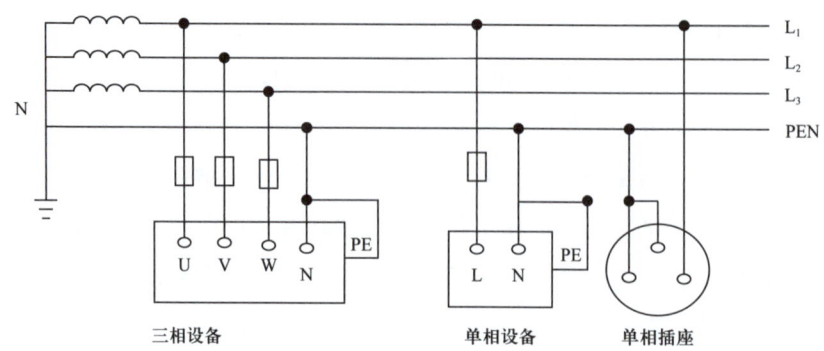

图 3-9 TN-C 供电系统示意图

但是这种系统只适用于三相平衡，并且无易燃易爆的场合。如果三相不平衡，零线 PEN 就会带电，那么外壳就会带电，这是不安全的。一般工厂及小区都达不到要求，所以很少采用这种供电系统。

（4）TN-C-S 供电系统（图 3-10）。

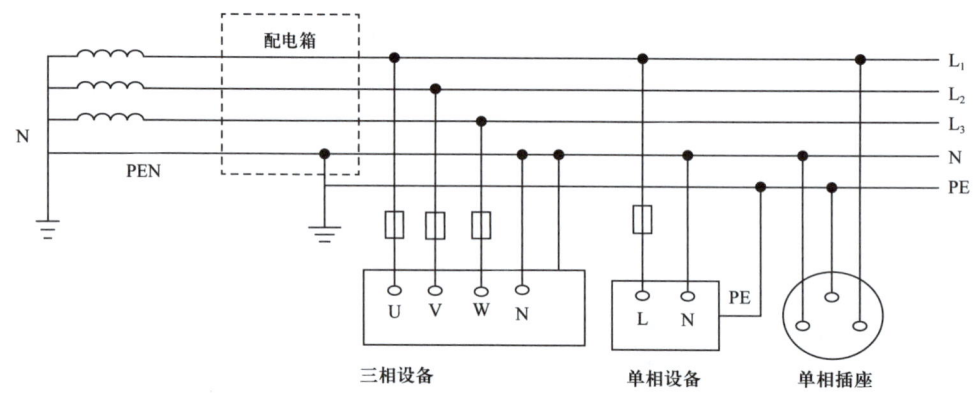

图 3-10 TN-C-S 供电系统示意图

供电距离较近或有专用变压器时采用 TN-S 供电系统，如果供电距离远且负荷比较分散，为了节约成本，可以采用前端是四根线、后端是五根线的供电系统，也就是前端是 TN-C 供电系统，后端是 TN-S 供电系统。

在变压器到总配电箱这一段采用四根线（三根相线 + 一根零线 PEN），然后在总配电箱内把零线 PEN 接地，最后分出中性线 N 和地线 PE，这样就有需要的五根线了。因为变压器到总配电箱这一段比较长的距离采用四根线，比五根线节约了不少成本。

（5）TN-S 供电系统（图 3-11）。

TN-S 供电系统最为安全可靠，应用最为广泛。TN-S 供电系统也就是常说的三相五线供电系统,它是由三根火线+一根中性线+一根地线组成的供电方式。

TN-S系统的最大特征是N线与PE线在系统中性点分开后,不能再有任何电气连接,这一条件一旦破坏,TN-S系统便不再成立。将工作零线与保护零线完全分开,从而克服了TN供电系统的缺陷,所以现在施工现场已经不再使用TN-C系统。

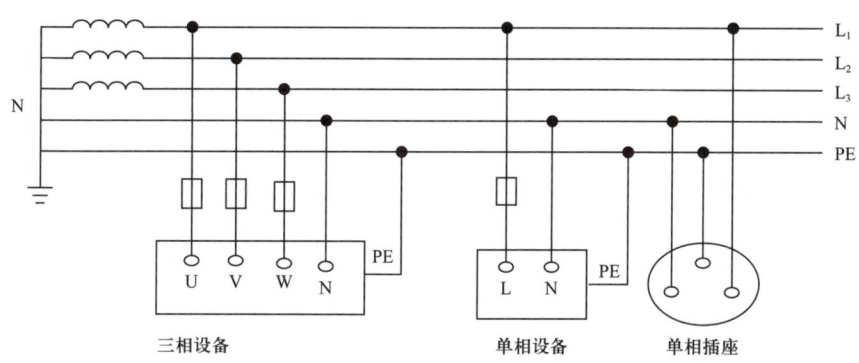

图 3-11　TN-S 供电系统示意图

通过上述介绍和对比,TN-S系统作为临时用电方案的原因主要包括其安全性和便利性。

TN-S系统,即保护接零系统,是一种在施工现场临时用电工程中常用的电力系统。这种系统的主要特点是在中性点直接接地的220V/380V、三相四线制的低压电力系统中增加一条专用保护零线(PE线)。这一系统的设计旨在提高电气安全,通过增加的保护零线(PE线),所有电气设备的外露可导电部分都可以方便地通过保护零线进行接零保护。在正常情况下,PE线是不带电的,这使得外露可导电部分与大地保持等电位,从而大大降低了触电风险。

TN-S系统的另一个重要安全特性是,当发生短路时,如C相线碰到机壳,由于机壳已接上保护零线,C相对零线短路会产生巨大的短路电流,迅速触发保护装置切断电源。这种情况下,即使有人触摸了带电的机壳,由于人体电阻和接触电阻的存在,短路电流不会通过人体流回零点,从而避免了触电危险。

此外,TN-S系统的使用还简化了电气设备的接地保护工作,使得电气安全更加有保障。在整个施工现场的PE线上进行不少于三处的重复接地,进一步增强了系统的安全性。这种系统接地电阻值一般不大于4Ω,每处接地电阻值不得大于10Ω,确保了电力系统的稳定和安全运行。

(二)三级配电系统设计

三级配电系统是临时用电安全管理规定的强制性要求。从配电箱柜上来区分,电源入户(或就是变压器)处设置总配电箱,这是第一级。从总配电箱分别引出到各个用电负荷中心(这里的中心是指为方便施工用电,在负荷集中的区域,选定一个方便敷设也便于操作的位置),设置二级配电箱,也称分配电箱。从二级箱引出到各个用电部位,设置开关箱,也就是第三级配电。三级配电系统设计如图3-12所示。

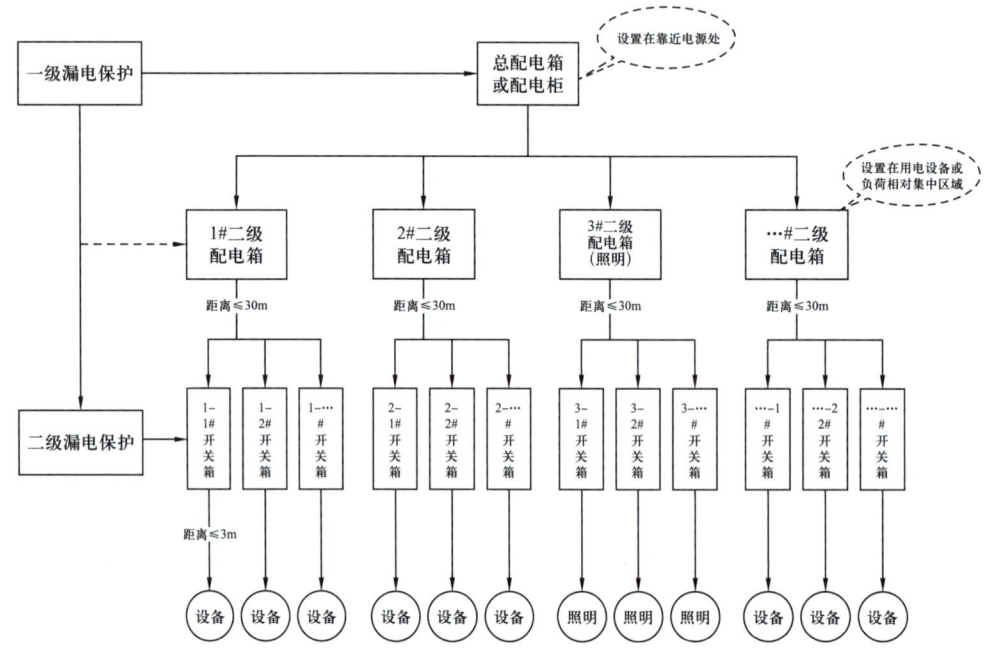

图 3-12 三级配电系统设计示意图

线路由外电变压器低压输出及中性点(或发电机输出端及中性点)引入到一级配电柜,线路的黄、绿、红三相线接入到一级配电柜的总隔离开关(隔离开关必须选用分断时有明显可见分断点的开关)上,淡蓝色中性接地线接入到第一级漏电保护器上的接线端,将中性接地线用导线由一级漏电保护器进线端引出到 PE 端子作为保护零线(保护零线 PE 线不进入漏电保护器),从第一级漏电保护器"N"出线端接引到工作零接线端。从一级漏电保护器引出相线到分路隔离开关。一级配电柜内设置完成,如图3-13所示。

第三章 临时用电作业安全技术

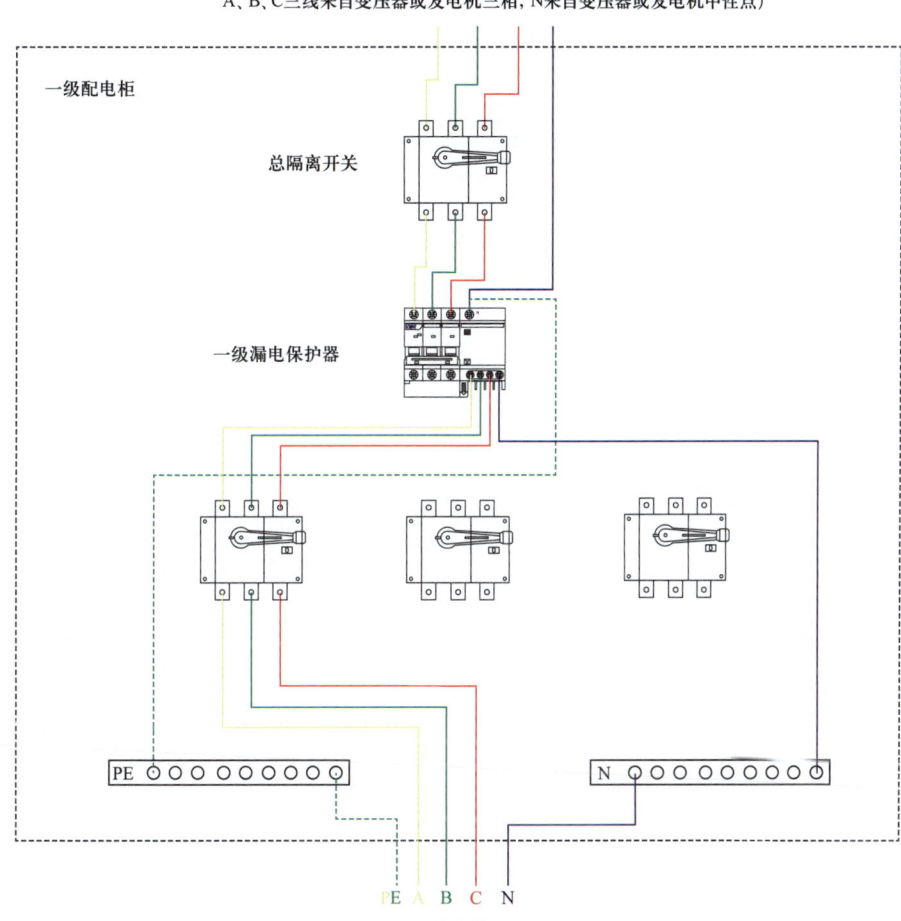

图 3-13 一级配电三相带零线分配示意图

从一级配电柜的分配电开关分别引出黄、绿、红（A、B、C）三相线，淡蓝色工作零线从工作零线接线端引出，黄绿双色 PE 保护零线从 PE 端子引出，线路的黄、绿、红三相线接入到二级分配电箱的总隔离开关上，淡蓝色的 N 线接入到工作零线端子板，黄绿双色的 PE 线接入到保护零线端子板 PE 板上，从二级分配电箱的总隔离开关引出三相线到分路隔离开关，黄、绿、红三相线分别从分配电箱的分路隔离开关引出，从 N 板接线端子引出淡蓝色的工作零线，从 PE 板接线端子引出黄绿双色保护零线。二级配电箱内设置完成，如图 3-14 所示。

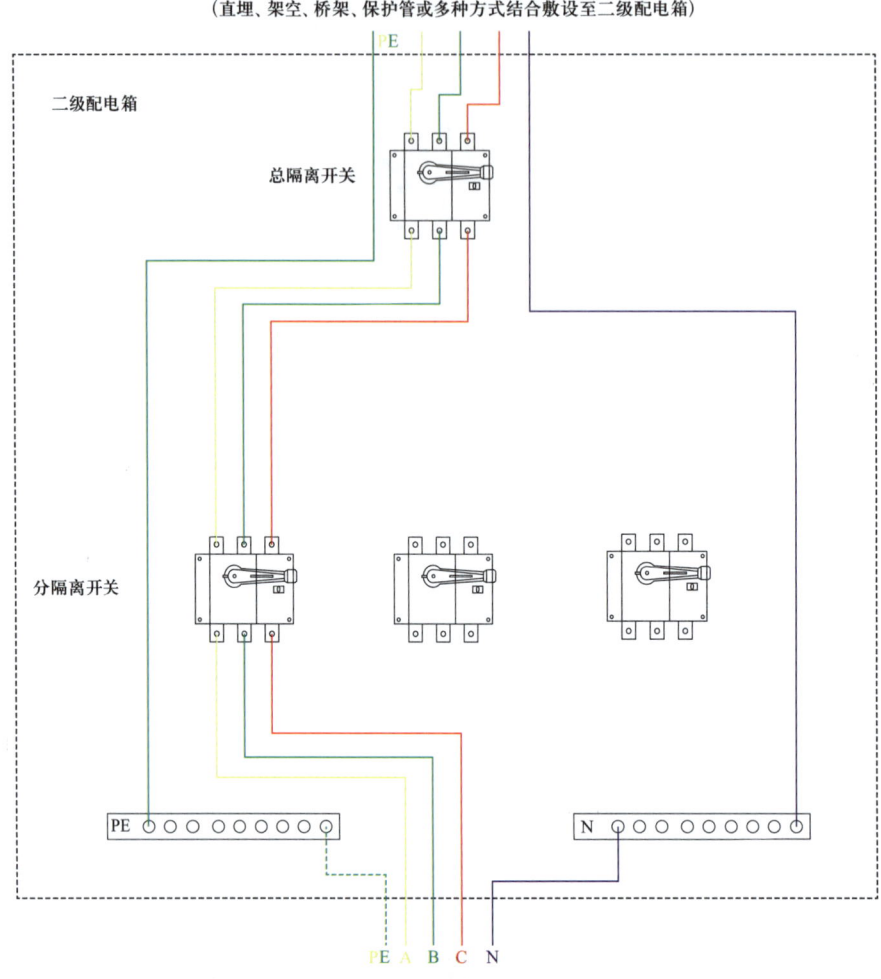

图 3-14 二级配电三相带零线分配示意图

单相接法：引入线可选用任意一条相线（以黄色线为例），接入到单相开关箱的隔离开关后引入漏保开关，淡蓝色零线接入漏保开关，然后引出至用电设备。

三相接法：黄、绿、红三相线分别接入到三相开关箱的隔离开关。黄绿双色的 PE 线接入到 PE 板接线端子上。从隔离开关的接线端引出黄、绿、红三相线到漏电保护器的接线端子上，黄、绿、红三相线从漏电保护器接线端引出，黄绿双色 PE 线从 PE 板的接线端子引出。

三级配电三相带零线分配示意图如图 3-15 所示。

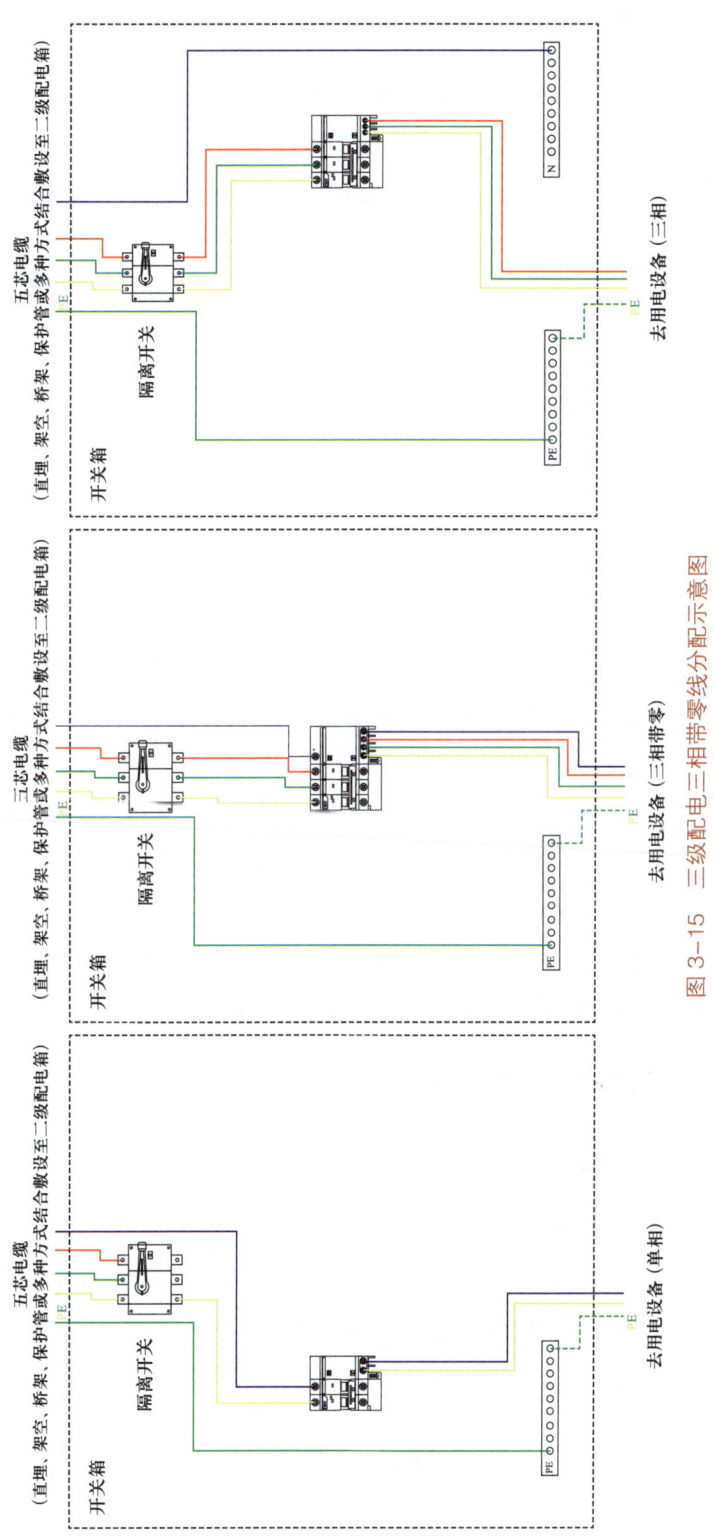

图3-15 三级配电三相带零线分配示意图

(三) TN-S 接零保护系统原理

TN-S 接零保护系统的保护原理是基于电流差动保护。当电网中出现接地故障时,电流会通过接地点流向接地线或接地装置,与正常状态下的电流流向不一致。TN-S 接零保护系统会通过测量接地点和电源中的电流差异来检测接地故障,如图 3-16 所示。

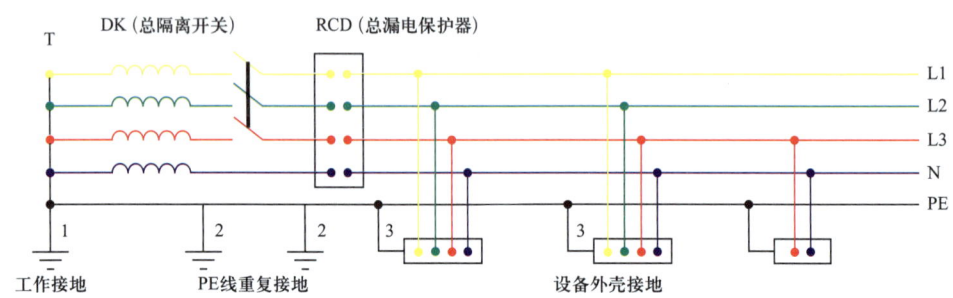

图 3-16 专用变压器供电 TN-S 接零保护系统示意图

具体来说,TN-S 接零保护系统由电流互感器、比较器、差动继电器和切断开关组成。电流互感器将电源和接地点的电流信号转化为低电压信号,通过比较器将两路信号进行比较,如果差异超过设定的阈值,就会触发差动继电器的动作。

差动继电器一般是一个电流传感器,它会检测接地点和电源中的电流差异,并产生对应的输出信号。当接地故障发生时,差动继电器会输出一个信号,控制切断开关切断电源,确保接地故障不会继续扩大。

总之,TN-S 接零保护系统的保护原理是通过测量电源和接地点的电流差异来检测接地故障,并通过切断电源来保护电力设备和人身安全。

二、二级漏电保护系统原理与选型

(一) 二级漏电保护系统原理

根据保护器的工作原理,可分为电压型、脉冲型和电流型三种。目前前两种已经淘汰,应用广泛的是电流型,所以下面主要介绍电流型的保护器。

互感器可以当作一个检测元件。被保护的相线、中性线穿过环形铁心,构成了互感器的一次线圈 N1,缠绕在环形铁芯上的绕组构成了互感器的二次线圈 N2,如果没有漏电发生,这时流过相线、中性线的电流向量和等于零,因此在 N2 上也不能产生相应的感应电动势。如果发生了漏电,相线、中性线的电流向量和不等于零，就使 N2 上产生感应电动势，这个信号就会被送到中间环节进行进一步的处理。

中间环节通常包括晶闸管、电子放大器、压敏电阻。中间环节的作用就是对来自零序互感器的漏电信号进行放大和处理，并输出到执行机构。

执行机构即脱扣器，用于接收中间环节的指令信号，实施动作自动切断故障处的电源。

试验装置即测试按钮，由于漏电保护器是一个保护装置，因此应定期检查其是否完好、可靠。试验装置就是通过测试按钮和限流电阻的串联，模拟漏电路径，以检查装置能否正常动作。漏电保护系统如图 3-17 所示。

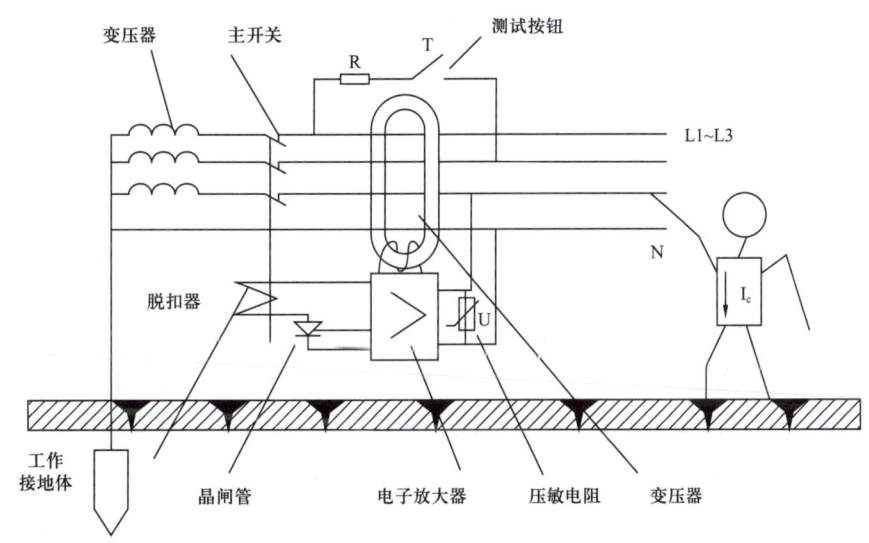

图 3-17 漏电保护系统示意图

（二）二级漏电保护选型

1. 漏电保护器的分类

（1）漏电保护器按功能分类。

① 漏电继电器：只具备检测、判断功能，不具备开闭主电路功能。

② 漏电开关：同时具备检测、判断、执行功能。它是漏电继电器和开关的结合体。

③ 漏电保护插座：将漏电开关和插座组合在一起，使插座具备触电保护功能。适用于移动电器和家用电器。

（2）漏电保护器按原理分类。

① 电磁式：只采用电磁机构。动作信号输出直接作用于脱扣器使其掉闸断电。因此，电磁式漏电保护器要求零序电流互感器的输出信号要足够大。特点是构造简单，抗干扰能力强，抗雷电等引起的过电压能力强；但对零序电流互感器和脱扣器的加工要求高；成本高，灵敏度较低。

② 电子式：同时采用电磁机构和电子电路。对输出信号经放大、蓄能等环节处理后使脱扣器动作掉闸。电子式漏电保护器的价格低，性能也较好，更适宜推广应用，我国普遍采用电子式漏电保护器。

（3）漏电保护器按动作时间分类。

① 瞬时式：检测到漏电信号能立刻动作，动作时间在 0.1s 以内。用于终端保护场合，如施工现场的开关箱、家庭配电箱。

② 延迟式：检测到漏电信号后延迟一定时间动作，其延迟动作时间分为 0.2s、0.4s、0.8s、1.0s、1.5s、2s，新型漏电保护器的延迟动作时间无级可调。用于分级保护场合，如施工现场的总配电箱、楼宇的总配电箱。

2. 漏电保护器选型

（1）漏电保护器参数。

① 额定漏电动作电流：在规定的条件下，使漏电保护器动作的电流值。例如 30mA 的保护器，当通入电流值达到 30mA 时，保护器即动作断开电源。

② 额定漏电动作时间：是指从突然施加额定漏电动作电流起，到保护电路被切断为止的时间。例如 $30mA \times 0.1s$ 的保护器，从电流值达到 30mA 起，到主触头分离止的时间不超过 0.1s。

（2）漏电保护器额定电流选择。

第一级漏电保护器安装在配电变压器低压侧出口处，该级保护的线路长，漏电电流较大，一般取 100~300mA；第二级漏电保护器安装于分支线路出口处，被保护线路较短，用电量不大，漏电电流较小，一般取 30~75mA；第三级漏电保护器安装于用电设备独立回路上，用于保护单个或多个用电设备，是直接防止人身触电的保护设备。宜选用额定动作电流为 30mA，动作时间小于 0.1s 的漏电保护器。

三、电气设备防爆结构原理与选型

（一）防爆设备类别

防爆设备依据爆炸性环境用电设备可分为Ⅰ、Ⅱ、Ⅲ类，分类如图3-18所示。

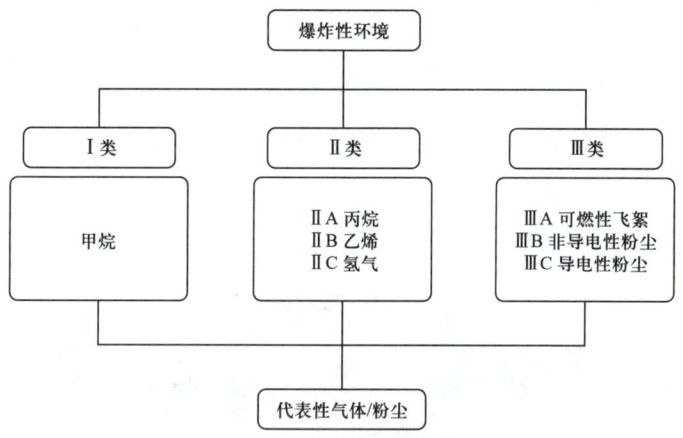

图3-18 爆炸性环境分类示意图

（二）防爆电气设备防爆原理

防爆电气的防爆原理通常为用外壳限制爆炸，限制点燃源能量，用附加措施提高设备安全程度，用外壳或介质隔离点燃源头。详见图3-19。

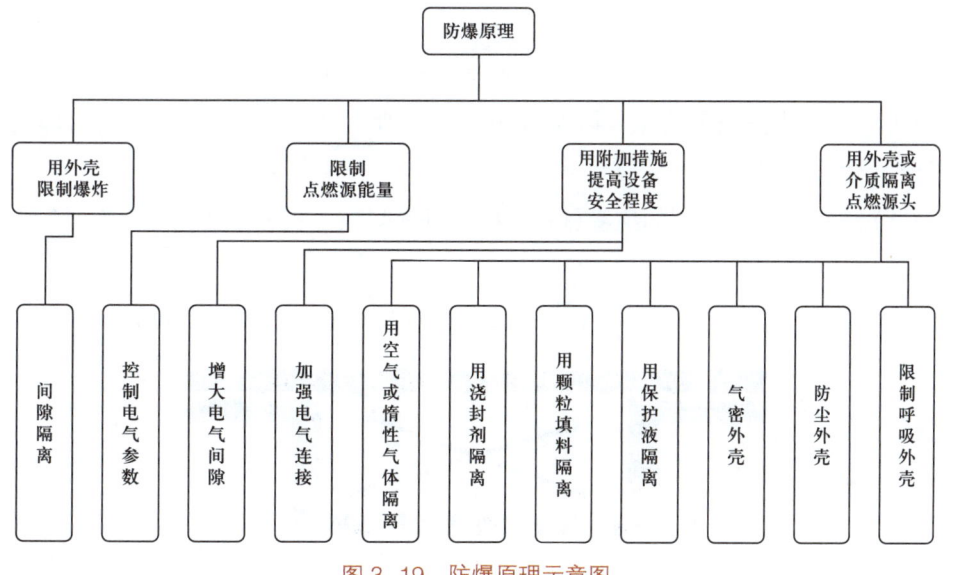

图3-19 防爆原理示意图

（三）防爆电气设备常用防爆型式

1. 隔爆型电气设备："d"

隔爆型电气设备是指具有隔爆外壳的电气设备，防爆标志为"d"（图3-20）。隔爆外壳是指能承受内部的爆炸压力，并能阻止爆炸火焰向周围环境传播的防爆外壳。

隔爆型电气设备通过如下措施实现隔离爆炸：

（1）耐爆：外壳具有一定的强度，内部产生爆炸而不损坏和变形。

（2）隔爆：外壳具有特定结构、参数的隔爆接合面，阻止外壳内的爆炸通过接合面传播到外壳周围的爆炸性气体危险环境。

图3-20　隔爆型电气设备

2. 增安型电气设备："e"

增安型电气设备是指对正常条件下不会产生电弧或电火花的电气设备，进一步采取措施，提高其安全程度，防止电气设备产生电弧、电火花及危险高温的电气设备。其防爆标志为"e"（图3-21）。

增安型电气设备主要通过如下措施提高设备安全性：

（1）外壳具备一定防尘、防水等级（IP等级），防止外部介质影响内部电气安全。

（2）选用绝缘等级高的绝缘材料，增大电气间隙、爬电距离保证内部电气充分安全。

（3）可靠地电气连接，降低接触电阻，实现良好电气连接，降低温升。

图3-21　增安型电气设备

3. 本质安全型电气设备："i"

本质安全电路是指在规定的条件下，包括正常工作和规定的故障条件，产生的任何电火花或任何热效应均不能点燃规定的爆炸性气体环境的电路。

本质安全型电气设备是指所有电路都是本安电路的电气设备。其防爆标志为"i"（图3-22）。本质安全设备保护等级又分为ia、ib和ic等级。本质安全型电气设备主要是控制电路的电气参数，使电路达到本安防爆要求，主要措施如下：

（1）降低电压和电流。

（2）减小电感和电容等储能元件参数。

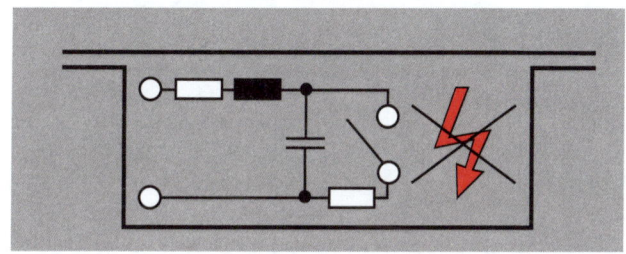

图3-22 本质安全型电气设备

4. 正压型电气设备："p"

正压型电气设备是指具有正压外壳的电气设备。防爆标志为"p"（图3-23）。所谓正压外壳是指保持内部保护气体的压力高于周围爆炸性气体环境的压力，阻止外部混合物进入的外壳。

正压型电气设备又分为px、py、pz三种型式：

（1）px型正压：将正压外壳内的危险分类从1区降至安全区的正压保护。

（2）py型正压：将正压外壳内的危险分类从1区降至2区的正压保护。

（3）pz型正压：将正压外壳内的危险分类从2区降至安全区的正压保护。

正压型电气设备是采用正压的惰性气体或空气把点燃源与可燃环境隔离。

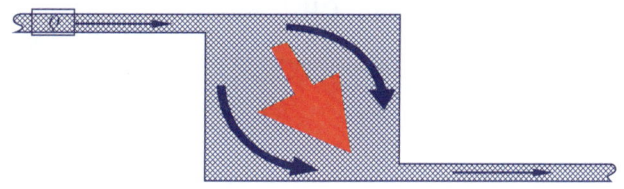

图3-23 正压型电气设备

5. 充砂型电气设备："q"

充砂型电气设备是指将能点燃爆炸性气体的导电部件固定在适当位置上，且完全埋入填充材料中，以防止点燃外部爆炸性气体的设备。其防爆标志为"q"（图3-24）。

填充材料：石英或玻璃颗粒。填充材料颗粒要求：上限为标称筛孔尺寸为1mm的金属丝网或钻孔金属板；下限为标称筛孔尺寸为0.5mm的金属丝网。

充砂型电气设备是采用石英或玻璃把点燃源与可燃环境隔离。

图3-24 充砂型电气设备

6. 油浸型电气设备："o"

油浸型电气设备是将电气设备的部件整个浸在保护液中，使设备不能够点燃液面上或外壳外面的爆炸性气体。其防爆标志为"o"（图3-25）。

对保护液的要求：保护液的着火点、闪点、动黏度、电气击穿强度、体积电阻、凝固点、酸度等参数应符合相关标准要求。

油浸型电气设备是采用符合要求的保护液把点燃源与可燃环境隔离。可以制成油浸型电气设备的产品主要为变压器、控制按钮类产品。

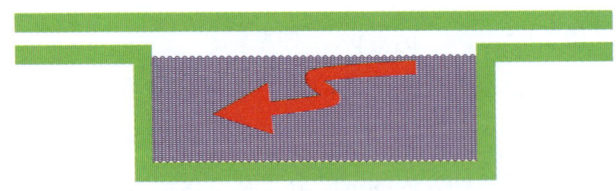

图3-25 油浸型电气设备

7. 可燃性粉尘环境用电气设备："DIP"

可燃性粉尘环境用电气设备是用外壳或限制表面温度保护的电气设备。防爆标志为"DIP"（图3-26）。

可燃性粉尘环境用电气设备分为"防尘"和"尘密"两种型式：

（1）防尘外壳：不能完全阻止粉尘进入，但其进入量不会妨碍设备安全运行的外壳。

（2）尘密外壳：能够阻止所有可见粉尘颗粒进入的外壳。

可燃性粉尘环境用电气设备防止点燃主要是限制外壳最高表面温度和采用"尘密"或"防尘"外壳来限制粉尘进入。

图 3-26　可燃性粉尘环境用电气设备

（四）防爆电气设备的防爆标志组成

防爆标志组成如图 3-27 所示。

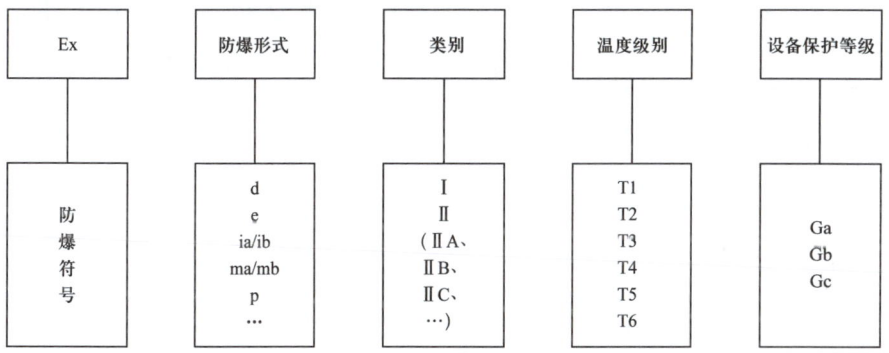

图 3-27　防爆标志组成示意图

1. 防爆符号

（1）Ex：中国及国际电工委员会防爆标志。

（2）EEx：欧共体。

（3）AD：意大利。

（4）MS、AE：法国。

（5）FLP：英国。

（6）UL、FM：美国。

（7）E：德国/IEC。

2. 防爆形式

防爆形式见表 3-8。

表 3-8 防爆形式一览表

代号	防爆型式	国家标准	防爆措施	适用区域
d	隔爆型	GB/T 3836.2	隔离存在的点火源	Zone1，Zone2
e	增安型	GB/T 3836.3	设法防止产生点火源	Zone1，Zone2
ia	本安型	GB/T 3836.4	限制点火源的能量	Zone0～2
ib	本安型	GB/T 3836.4	限制点火源的能量	Zone1，Zone2
p	正压型	GB/T 3836.5	危险物质与点火源隔开	Zone1，Zone2
o	油浸型	GB/T 3836.6	危险物质与点火源隔开	Zone1，Zone2
q	充砂型	GB/T 3836.7	危险物质与点火源隔开	Zone1，Zone2
n	无火花型	GB/T 3836.8	设法防止产生点火源	Zone2
m	浇封型	GB/T 3836.9	设法防止产生点火源	Zone1，Zone2
h	气密型	GB/T 3836.8	设法防止产生点火源	Zone1，Zone2
s	特殊型			

3. 类别

爆炸性气体环境类别见表 3-9，爆炸性粉尘环境类别见表 3-10。

表 3-9 爆炸性气体环境类别

工况类别	级别	代表性气体	最小引爆火花能量	最大实验安全间隙 MESG, mm	最小点燃电流比 MICR
矿井下	I	甲烷	0.289mJ	1.14	1
矿井外的工厂	ⅡA	丙烷	0.180mJ	0.9≤MESG<1.14	0.8<MICR<1
	ⅡB	乙烯	0.060mJ	0.5<MESG<0.9	0.45≤MICR≤0.8
	ⅡC	氢气	0.019mJ	MESG≤0.5	MICR<0.45
—				隔爆外壳电气设备"d"	本质安全电气设备"i"

表 3-10 爆炸性粉尘环境类别

工况类别	级别	粉尘类别	主要代表物
矿井外的工厂	ⅢA	可燃性飞絮	木棉纤维、烟草纤维、纸纤维、亚麻、亚硫酸盐纤维素、人造毛短纤维、木纤维等
	ⅢB	非导电性粉尘	小麦、玉米、砂糖、橡胶、染料、聚乙烯、苯酚树脂、可可等
	ⅢC	导电性粉尘	镁、铝、铝青铜、锌、钛、焦炭、炭黑、铝（含油）、铁、煤等

4.温度级别

爆炸性粉尘环境温度级别见表3-11。

表3-11 爆炸性粉尘环境温度级别

温度组别	自然温度 T, ℃	常见爆炸性气体	设备允许表面温度, ℃
T1	$T \geq 450$	氢气、丙烯腈等46种	450
T2	$300 \leq T < 450$	乙炔、乙烯等47种	300
T3	$200 \leq T < 300$	汽油、丁烯醛等36种	200
T4	$135 \leq T < 200$	乙醛、四氟乙烯等6种	135
T5	$100 \leq T < 135$	二硫化碳	100
T6	$85 \leq T < 100$	硝酸乙酯和亚硝酸乙酯	85

5.设备外壳防护等级

外壳防护等级用IP代码表示（表3-12），由字母IP、第一位特征数字、第二位特征数字组成，不要求时，该处由"X"代替。

表3-12 设备外壳防护等级

标识	第一位特征数字及含义（防异物侵入）		第二位特征数字及含义（防水）	
IP代码	0	无防护	0	无防护
	1	≥直径50mm	1	垂直滴水
	2	≥直径12.5mm	2	15°滴水
	3	≥直径2.5mm	3	淋水
	4	≥直径1mm	4	溅水
	5	防尘	5	喷水
	6	尘密	6	猛烈喷水
			7	水下1m，浸水30min
			8	浸水>1m，时间>30min

6.设备保护等级（EPL）

设备保护等级是为满足防爆电气设备选型安全可靠、经济合理的要求，依据设备成为点燃源的可能性及区别爆炸性气体环境、爆炸性粉尘环境和有甲烷的煤矿爆炸性环境的差别而规定的保护等级，见表3-13。

表3-13 设备保护等级

类别	EPL	保护级别	工作情况
煤矿Ⅰ类	Ma	非常高	具有足够的安全性，使设备在正常运行、出现预期故障或罕见故障，甚至在瓦斯突出时设备带电的情况下均不可能成为点燃源
	Mb	高	具有足够的安全性，使设备在正常运行中或在瓦斯突出和设备断电之间的时间出现的预期故障条件下不可能成为点燃源
气体环境Ⅱ类	Ga	非常高	在正常运行过程中、在预期的故障条件下或在罕见的故障条件下不会成为点燃源
	Gb	高	在正常运行过程中、在预期的故障条件下不会成为点燃源
	Gc	增强	在正常运行过程中不会成为点燃源，也可采取附加保护，保证在点燃源有规律预期出现的情况下，不会形成有效点燃
粉尘环境Ⅲ类	Da	非常高	在正常运行过程中、在预期的故障条件下或在罕见的故障条件下不会成为点燃源
	Db	高	在正常运行过程中、在预期的故障条件下不会成为点燃源
	Dc	增强	在正常运行过程中不会成为点燃源，也可采取附加保护，保证在点燃源有规律预期出现的情况下不会形成有效点燃

四、临时用电系统设施完整性

（一）配电柜（箱）

1. 基本规定

配电箱的制造商应具有低压电器成套设备生产许可证，满足生产必备的生产设备、检试验的仪器或器具，并通过质量保证体系认证。配电箱产品设计文件（箱体结构、接线、电气元件布置等）应齐全，国家实行强制性产品认证（CCC）的电气元件，应取得国家"CCC"认证，主要原材料和外购元器件应有出厂检验报告和产品合格证，并按规定抽检合格。总配电箱应具备电源隔离，正常接通与分断电路，以及短路、过载、剩余电流保护功能；总配电箱应装设电源电压、电流指示装置及电能计量装置，并符合GB/T 50063《电力装置电测量仪表装置设计规范》的要求，电度表应安装在进线回路或各个出线回路上。分配电箱和开关箱均应具备电源隔离，正常接通与分断电路，以及短路、过载、剩余电流保护功能。配电箱内电气元件操作应灵活，无卡滞和碰撞现象；电气元件的主、辅触头的通断应可靠准确；配电箱内三相插座的接线相位应一致，各配电箱的接线相序应一致。施工现场临时用电应编制临时用电施工组织设计或临时用电方案。配电箱接线应执行"一机一闸一保护"，配电箱中一个开关不得直接控制两台（条）及以上用电设备（线路、插座），不得从开关上部接出出线回路。配电箱应根据项目所在环境条件、工作内容等合理选用，现场应使用检验合格的配电箱。配电箱的配置、安装、防护、使用等还应符合 GB/T 50484《石油化工建设工程施工安全技术标准》的要求。配电箱结构组成见表 3-14。

表 3-14 配电箱结构组成

配电级别	配电箱名称	电气元件构成		备注
一级	总配电箱	总路设总漏电保护器时	总隔离开关 + 漏电保护器 + ※总断路器（或总熔断器）；分路隔离开关 + 分路断路器（或分路熔断器）	电流互感器；电度表 + 总电流表 + 电压表 + 其他仪表；PE 和 N 线端子	当漏电保护器是同时具备短路、过载、漏电保护功能时，可不设置标注※的元件；当断路器具有可见断开点时，可不装设隔离开关；电流表、电压表一般装在门上
		分路设置漏电保护器时	总隔离开关 + 总断路器（或总熔断器）；分路隔离开关 + 漏电保护器 + ※分路断路器（或分路熔断器）		
二级	分配电箱	总隔离开关 + 总断路器（或总熔断器）；分路隔离开关 + 分路断路器（或分路熔断器）		PE 和 N 线端子	一般不装漏电保护器
三级	开关箱	隔离开关 + 漏电保护器 +※断路器（或熔断器）		PE 和 N 线端子	当漏电保护器是同时具备短路、过载、漏电保护功能时，可不设置标注※的元件；当断路器具有可见断开点时，可不装设隔离开关

2. 配电箱分类与分级

（1）分类。

配电箱根据适用场所可分为以下三大类：

① 装置类配电箱：适用于生产装置、公用工程和长输管道施工。

② 储罐类配电箱：适用于储运罐区大型自动焊设备施工，也适用于大型塔器现

场组焊等施工。

③ 特殊类配电箱：适用于沙尘暴地区、高海拔地区、高湿度地区、高温地区、低温地区、爆炸危险地区、重化学腐蚀地区、高供电可靠性等特殊环境要求的施工场所。

（2）分级。

配电箱根据供配电需要宜分为以下三级：

① 总配电箱：总配电箱进线开关额定电流宜为630A、400A；总配电箱电源引自上级配电柜，配电柜中出线开关额定电流宜为630A、400A。

② 分配电箱：分配电箱进线开关额定电流宜为400A、315A、250A。其中，装置类分配电箱进线开关额定电流宜为315A；储罐类分配电箱进线开关额定电流宜为400A。

③ 开关箱：开关箱进线开关额定电流宜为40A、32A、20A。

3. 回路设置

配电箱回路接线应按TN-S系统要求配置。

总配电箱、分配电箱、开关箱的系统图和面板布置图示例分别如图3-28～图3-30所示。

总配电箱中电流互感器的二次回路应与PE保护线有一处连接，且不得断开。

（1）总配电箱出线回路配置应符合下列要求：

① 装置类配电箱出线回路不宜多于5个。

② 储罐类配电箱出线回路不宜多于4个。

（2）分配电箱出线回路配置应符合下列要求：

① 装置类配电箱出线回路不宜多于12个。当回路为12个时，典型配置为三相100～160A分开关1个，三相40A分开关8个，单相20A分开关3个。

② 储罐类配电箱出线回路不宜多于7个。当回路为7个时，典型配置为三相160A分开关4个，三相100A分开关1个，单相32A分开关2个。

（3）开关箱分为A型、B型两种，出线回路配置宜符合下列要求：

① A型开关箱进线三相总开关为32A，设置两路分开关，其中三相16A分开关1个；单相10A分开关1个。

② B型开关箱进线单相总开关为20A，设置单相10A分开关2个。

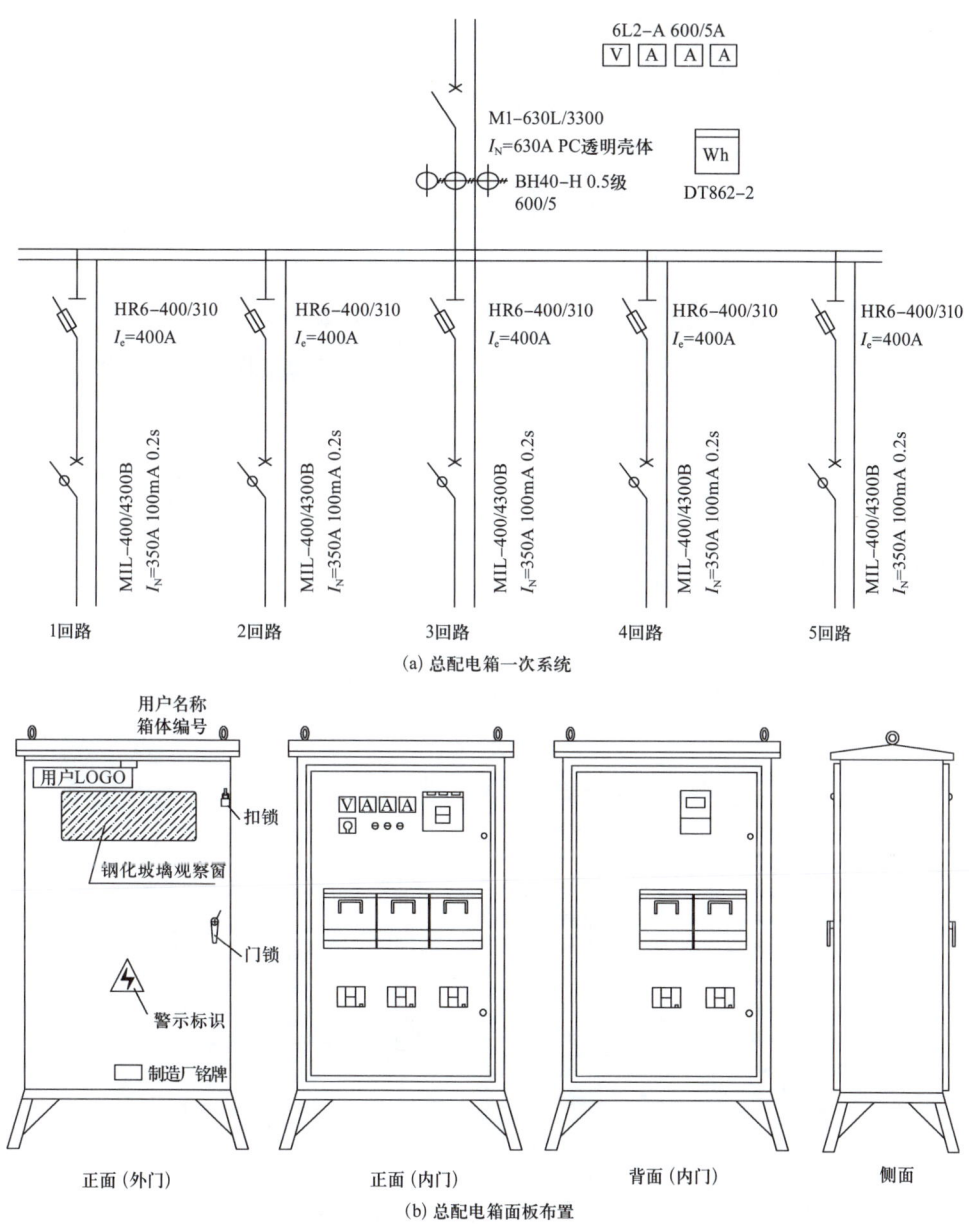

图 3-28 一级配电系统图和面板布置图

（4）出线回路元件配置应符合下列要求：

① 总配电箱出线铜排应装绝缘子支撑，铜排截面积应能满足该回路安全载流量及动热稳定的要求，铜排与电缆的连接孔应与出线开关容量相匹配。

② 分配电箱中出线铜排要求与总配电箱相同；40A 及以下的三相或单相出线回

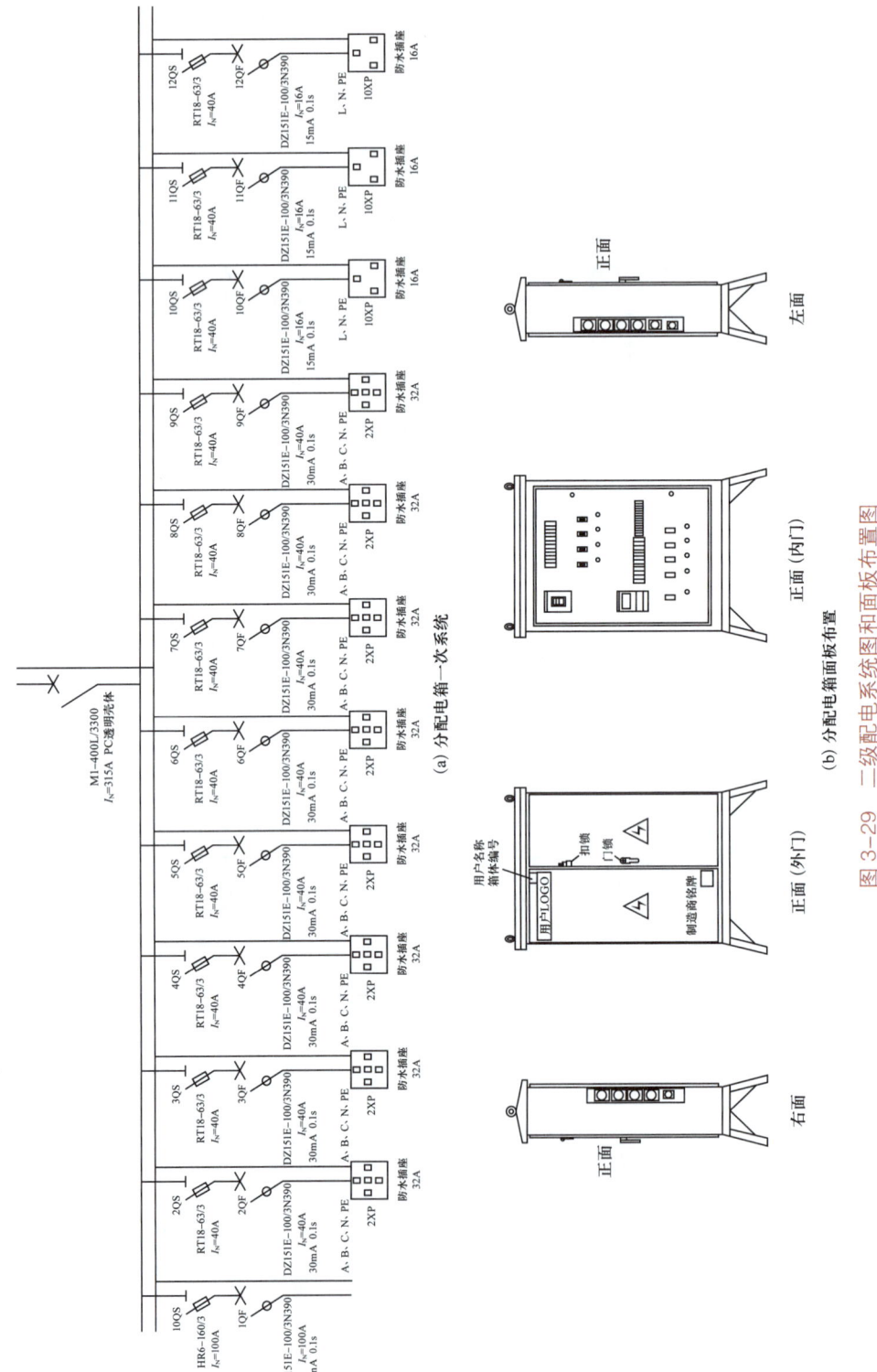

图 3-29 二级配电系统图和面板布置图

路应采用工业防水插座连接,三相回路使用五孔插座,单相回路使用三孔插座;插座应有防松动功能,插座部分凹进箱体并有防水斜坡度,开关箱中插座配置要求与分配电箱相同。

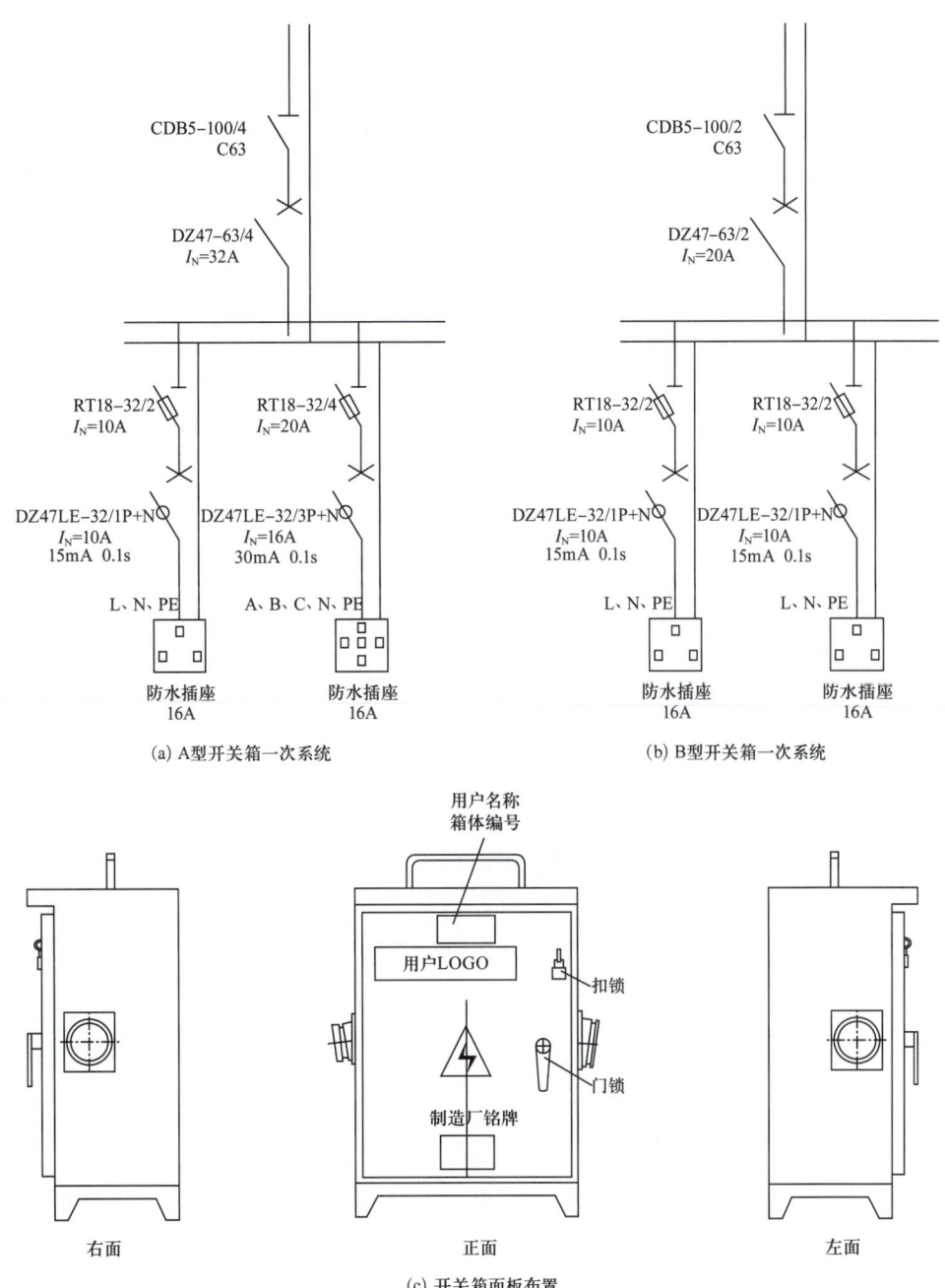

图 3-30 三级配电系统图和面板布置图

4. 元件选型

进出线开关宜按下列原则选择：

（1）配电箱进线总开关宜选用隔离开关加断路器配置，也可选用分断时具有可见分断点的透明壳体断路器；隔离开关应采用具有可见分断点，并能同时断开电源所有极的隔离电器。

（2）配电箱出线开关宜选用分断时具有可见分断点的透明壳体断路器。

（3）进线开关应采用三极断路器，出线开关应采用N极与其他极一起合分的四极或两极漏电断路器。

总配电箱应装设电压表、总电流表、电度表及其他需要的仪表，专用电能计量仪表的装设应符合供用电管理部门的要求。

配电箱电气元件宜优先选用节能产品。

（二）接地与防雷系统

1. 通用规定

在施工现场专用变压器供电的TN-S接零保护系统中，电气设备的金属外壳必须与保护零线连接。保护零线应由工作接地线、配电室（总配电箱）电源侧零线或总漏电保护器电源侧零线处引出；当施工现场与外电线路共用同一供电系统时，电气设备的接地、接零保护应与原系统保持一致。不得一部分设备做保护接零，另一部分设备做保护接地。采用TN系统做保护接零时，工作零线（N线）必须通过总漏电保护器，保护零线（PE线）必须由电源进线零线重复接地处或总漏电保护器电源侧零线处，引出形成局部TN-S接零保护系统；在TN接零保护系统中，通过总漏电保护器的工作零线与保护零线之间不得再做电气连接，PE零线应单独敷设。重复接地线必须与PE线相连接，严禁与N线相连接。使用一次侧由50V以上电压的接零保护系统供电，二次侧为50V及以下电压的安全隔离变压器时，二次侧不得接地，并应将二次线路用绝缘管保护或采用橡皮护套软线；当采用普通隔离变压器时，其二次侧一端应接地，且变压器正常不带电的外露可导电部分应与一次回路保护零线相连接。以上变压器尚应采取防直接接触带电体的保护措施。

施工现场的临时用电电力系统严禁利用大地做相线或零线。接地装置的设置应考虑土壤干燥或冻结等季节变化的影响，并应符合表3-15的规定，接地电阻值在四季中均应符合本章要求，但防雷装置的冲击接地电阻值只考虑在雷雨季节中土壤干燥状态的影响。

表3-15 接地装置的季节系数 ψ 值

埋深,m	水平接地体	长2~3m的垂直接地体
0.5	1.4~1.8	1.2~1.4
0.8~1.0	1.25~1.45	1.15~1.3
2.5~3.0	1.0~1.1	1.0~1.1

注：大地比较干燥时，取表中较小值；比较潮湿时，取表中较大值。

保护接地导体（PE）材质与相导体、中性导体（N）相同时，其最小截面面积应符合表3-16的规定。

表3-16 保护接地导体（PE）最小截面面积

相导体截面面积 S, mm²	保护接地导体（PE）最小截面面积, mm²
$S<25$	S
$25 \leq S \leq 50$	25
$S>50$	$S/2$

保护零线必须采用绝缘导线。配电装置和电动机械相连接的PE线应为截面不小于2.5mm²的绝缘多股铜线。手持式电动工具的PE线应为截面不小于1.5mm²的绝缘多股铜线。PE线上严禁装设开关或熔断器，严禁通过工作电流，且严禁断线。相线、N线、PE线的颜色标记必须符合以下规定：相线 L_1（A）、L_2（B）、L_3（C）相序的绝缘颜色依次为黄、绿、红色；N线的绝缘颜色为淡蓝色；PE线的绝缘颜色为绿/黄双色。任何情况下上述颜色标记严禁混用和互相代用。

2. 保护接零

在TN系统中，下列电气设备不带电的外露可导电部分应做保护接零：

电机、变压器、电器、照明器具、手持式电动工具的金属外壳；电气设备传动装置的金属部件；配电柜与控制柜的金属框架；配电装置的金属箱体、框架及靠近带电部分的金属围栏和金属门；电力线路的金属保护管、敷线的钢索、起重机的底座和轨道、滑升模板金属操作平台等；安装在电力线路杆（塔）上的开关、电容器等电气装置的金属外壳及支架。

城防、人防、隧道等潮湿或条件特别恶劣施工现场的电气设备必须采用保护接零。

在TN系统中，下列电气设备不带电的外露可导电部分，可不做保护接零：

在木质、沥青等不良导电地坪的干燥房间内，交流电压380V及以下的电气装置金属外壳（当维修人员可能同时触及电气设备金属外壳和接地金属物件时除外）；安装在配电柜、控制柜金属框架和配电箱的金属箱体上且与其可靠电气连接的电气测量仪表、电流互感器、电器的金属外壳。

3. 接地

单台容量超过100kVA或使用同一接地装置并联运行且总容量超过100kVA的电力变压器或发电机的工作接地电阻值不得大于4Ω。单台容量不超过100kVA或使用同一接地装置并联运行且总容量不超过100kVA的电力变压器或发电机的工作接地电阻值不得大于10Ω。在土壤电阻率大于10000Ω·m的地区，当达到上述接地电阻值有困难时，工作接地电阻值可提高到30Ω。

TN系统中的保护零线除必须在配电室或总配电箱处做重复接地外，还必须在配电系统的中间处和末端处做重复接地。在TN系统中，保护零线每一处重复接地装置的接地电阻值不应大于10Ω。在工作接地电阻值允许达到10Ω的电力系统中，所有重复接地的等效电阻值不应大于10Ω。在TN系统中，严禁将单独敷设的工作零线再做重复接地。

每一接地装置的接地线应采用2根及以上导体，在不同点与接地体做电气连接。

不得采用铝导体做接地体或地下接地线。垂直接地体宜采用角钢、钢管或光面圆钢，不得采用螺纹钢。接地可利用自然接地体，但应保证其电气连接和热稳定。

移动式发电机供电的用电设备，其金属外壳或底座应与发电机电源的接地装置有可靠的电气连接。

移动式发电机系统接地应符合电力变压器系统接地的要求。下列情况可不另做保护接零：

移动式发电机和用电设备固定在同一金属支架上，且不供给其他设备用电时；不超过2台的用电设备由专用的移动式发电机供电，供、用电设备间距不超过50m，且供、用电设备的金属外壳之间有可靠的电气连接时。

在有静电的施工现场内，对集聚在机械设备上的静电应采取接地泄漏措施。每组专设的静电接地体的接地电阻值不应大于100Ω，高土壤电阻率地区不应大于1000Ω。

4. 防雷

在土壤电阻率低于200Ω·m区域的电杆可不另设防雷接地装置，但在配电室的架空进线或出线处应将绝缘子铁脚与配电室的接地装置相连接。施工现场内的起重机、井字架、龙门架等机械设备，以及钢脚手架和正在施工的在建工程等的金属结构，当在相邻建筑物、构筑物等设施的防雷装置接闪器的保护范围以外时，应按表3-17的规定安装防雷装置。

表3-17　施工现场内机械设备及高架设施需安装防雷装置的规定

地区年平均雷暴日，d	机械设备高度，m
≤15	≥50
>15且<40	≥32
≥40且<90	≥20
≥90及雷害特别严重地区	≥12

注：本表中地区年均雷暴日（d）参照 GB 50343《建筑物电子信息系统防雷技术规范》执行。

当最高机械设备上避雷针（接闪器）的保护范围能覆盖其他设备，且又最后退出现场，则其他设备可不设防雷装置。

机械设备或设施的防雷引下线可利用该设备或设施的金属结构体，但应保证电气连接。机械设备上的避雷针（接闪器）长度应为1～2m。塔式起重机可不另设避雷针（接闪器）。

安装避雷针（接闪器）的机械设备，所有固定的动力、控制、照明、信号及通信线路，宜采用钢管敷设。钢管与该机械设备的金属结构体应做电气连接。

施工现场内所有防雷装置的冲击接地电阻值不得大于30Ω。

做防雷接地机械上的电气设备，所连接的PE线必须同时做重复接地，同一台机械电气设备的重复接地和机械的防雷接地可共用同一接地体，但接地电阻应符合重复接地电阻值的要求。

五、临时用电系统线缆完整性

（一）架空线路

架空线必须采用绝缘导线，架空线必须架设在专用电杆上，严禁架设在树木、脚手架及其他设施上。

架空线导线截面的选择应符合下列要求：

导线中的计算负荷电流不大于其长期连续负荷允许载流量；线路末端电压偏移

不大于其额定电压的5%;三相四线制线路的N线和PE线截面不小于相线截面的50%,单相线路的零线截面与相线截面相同;按机械强度要求,绝缘铜线截面不小于10mm^2,绝缘铝线截面不小于16mm^2;在跨越铁路、公路、河流、电力线路档距内,绝缘铜线截面不小于16mm^2,绝缘铝线截面不小于25mm^2。

架空线在一个档距内,每层导线的接头数不得超过该层导线条数的50%,且一条导线应只有一个接头。在跨越铁路、公路、河流、电力线路档距内架空线不得有接头。

架空线路相序排列应符合下列规定:

动力、照明线在同一横担上架设时导线相序排列是面向负荷从左侧起依次为L1、N、L2、L3、PE;动力、照明线在二层横担上分别架设时导线相序排列是上层横担面向负荷从左侧起依次为L1、L2、L3;下层横担面向负荷从左侧起依次为L1(L2、L3)、N、PE。

架空线路的档距不得大于35m,架空线路的线间距不得小于0.3m,靠近电杆的两导线的间距不得小于0.5m。

架空线路横担间的最小垂直距离不得小于表3-18所列数值;横担宜采用角钢或方木,低压铁横担角钢应按表3-19选用;方木横担截面应按80mm×80mm选用;横担长度应按表3-20选用。

表3-18 横担间的最小垂直距离

排列方式	直线杆	分支或转角杆
	最小垂直距离,m	
高压与低压	1.2	1.0
低压与低压	0.6	0.3

表3-19 低压铁横担角钢选用

导线截面,mm^2	直线杆	分支或转角杆	
		二线及三线	四线及以上
16 25 35 50	L50×5	2×L50×5	2×L63×5
70 95 120	L63×5	2×L63×5	2×L70×5

表 3-20　横担长度选用

横担长度，m		
二线	三线、四线	五线
0.7	1.5	1.8

架空线路与邻近线路或固定物的距离应符合表 3-21 的规定。架空线路宜采用钢筋混凝土杆或木杆，钢筋混凝土杆不得有露筋、宽度大于 0.4mm 的裂纹和扭曲；木杆不得腐朽，其梢径不应小于 140mm。

表 3-21　架空线路与邻近线路或固定物的距离

项目	距离类别					
最小净空距离，m	架空线路的过引线、接下线与邻线	架空线与架空线电杆外缘		架空线与摆动最大时树梢		
	0.13	0.05		0.50		
最小垂直距离，m	架空线同杆架设下方的通信、广播线路	架空线最大弧垂与地面		架空线最大弧垂与暂设工程顶端	架空线与邻近电力线路交叉	
		施工现场	机动车道	铁路轨道		1kV 以下	1~10kV
	1.0	4.0	6.0	7.5	2.5	1.2	2.5
最小水平距离，m	架空线电杆与路基边缘	架空线电杆与铁路轨道边缘		架空线边线与建筑物凸出部分		
	1.0	杆高（m）+3.0		1.0		

电杆埋设深度宜为杆长的 1/10 加 0.6m，回填土应分层夯实在松软土质处，宜加大埋入深度或采用卡盘等加固。直线杆和 15°以下的转角杆，可采用单横担单绝缘子，但跨越机动车道时应采用单横担双绝缘子；15°~45°的转角杆应采用双横担双绝缘子；45°以上的转角杆应采用十字横担。

架空线路绝缘子应按下列原则选择：直线杆采用针式绝缘子；耐张杆采用蝶式绝缘子。

电杆的拉线宜采用不少于 3 根 $D4.0mm$ 的镀锌钢丝拉线，与电杆的夹角应为 30°~45°。拉线埋设深度不得小于 1m。电杆拉线如从导线之间穿过，应在高于地面 2.5m 处装设拉线绝缘子；因受地形环境限制不能装设拉线时，可采用撑杆代替拉线，撑杆埋设深度不得小于 0.8m，其底部应垫底盘或石块，撑杆与电杆的夹角宜为 30°。接户线在档距内不得有接头，进线处离地高度不得小于 2.5m。接户线最小截面应符合表 3-22 的规定，接户线线间及与邻近线路间的距离应符合表 3-23 的要求。

表 3-22　接户线的最小截面

接户线架设方式	接户线长度，m	接户线截面，mm²	
		铜线	铝线
架空或沿墙敷设	10~25	6.0	10.0
	≤10	4.0	6.0

表 3-23　接户线线间及与邻近线路间的距离

接户线架设方式	接户线档距，m	接户线线间距离，mm
架空敷设	≤25	150
	>25	200
沿墙敷设	≤6	100
沿墙敷设	>6	150
架空接户线与广播电话线交叉时的距离，mm		接户线在上部，600 接户线在下部，300
架空或沿墙敷设的接户线零线和相线交叉时的距离，mm		100

架空线路必须有短路保护，采用熔断器做短路保护时，其熔体额定电流不应大于明敷绝缘导线长期连续负荷允许载流量的 1.5 倍。采用断路器做短路保护时，其瞬动过流脱扣器脱扣电流整定值应小于线路末端单相短路电流。

架空线路必须有过载保护，采用熔断器或断路器做过载保护时，绝缘导线长期连续负荷允许载流量不应小于熔断器熔体额定电流或断路器长延时过流脱扣器脱扣电流整定值的 1.25 倍。

（二）电缆线路

电缆中必须包含全部工作芯线和用作保护零线或保护线的芯线。需要三相四线制配电的电缆线路必须采用五芯电缆，五芯电缆必须包含淡蓝、绿/黄两种颜色绝缘芯线。淡蓝色芯线必须用作 N 线；绿/黄双色芯线必须用作 PE 线，严禁混用。电缆线路应采用埋地或架空敷设，严禁沿地面明设，并应避免机械损伤和介质腐蚀，埋地电缆路径应设方位标志。电缆类型应根据敷设方式、环境条件选择，埋地敷设宜选用铠装电缆；当选用无铠装电缆时应能防水、防腐；架空敷设宜选用无铠装电缆。

电缆直接埋地敷设的深度不应小于 0.7m，并应在电缆紧邻上、下、左、右侧均匀敷设不小于 50mm 厚的细砂，然后覆盖砖或混凝土板等硬质保护层。

埋地电缆在穿越建筑物、构筑物、道路、易受机械损伤、介质腐蚀场所及引出地面从 2.0m 高到地下 0.2m 处，必须加设防护套管，防护套管内径不应小于电缆外径的 1.5 倍。埋地电缆与其附近外电电缆和管沟的平行间距不得小于 2m，交叉间距不得小于 1m。埋地电缆的接头应设在地面上的接线盒内，接线盒应能防水、防尘、防机械损伤，并应远离易燃、易爆、易腐蚀场所。架空电缆应沿电杆、支架或墙壁敷设，并采用绝缘子固定，绑扎线必须采用绝缘线，固定点间距应保证电缆能承受自重所带来的荷载。架空电缆严禁沿脚手架、树木或其他设施敷设。在建工程内的电缆线路必须采用电缆埋地引入，严禁穿越脚手架引入电缆。垂直敷设应充分利用在建工程的竖井、垂直孔洞等并宜靠近用电负荷中心。

（三）室内配线

室内配线必须采用绝缘导线或电缆，室内配线应根据配线类型采用瓷瓶、瓷（塑料）夹、嵌绝缘槽、穿管或钢索敷设。潮湿场所或埋地非电缆配线必须穿管敷设，管口和管接头应密封。当采用金属管敷设时，金属管必须做等电位连接且必须与 PE 线相连接，室内非埋地明敷主干线距地面高度不得小于 2.5m，架空进户线的室外端应采用绝缘子固定，过墙处应穿管保护，距地面高度不得小于 2.5m，并应采取防雨措施。室内配线所用导线或电缆的截面应根据用电设备或线路的计算负荷确定，但铜线截面不应小于 2.5mm^2，铝线截面不应小于 100mm^2，钢索配线的吊架间距不宜大于 12m。采用瓷夹固定导线时导线间距不应小于 35mm，瓷夹间距不应大于 800mm；采用瓷瓶固定导线时，导线间距不应小于 100mm，瓷瓶间距不应大于 1.5m；采用护套绝缘导线或电缆时，可直接敷设于钢索上。

（四）线缆选择

1. 需求分析

（1）明确用电设备功率及数量：统计所有用电设备的额定功率和数量，计算总功率需求。

（2）确定用电时间和周期：了解临时用电的使用时间和周期，以便选择合适的电缆类型和规格。

（3）考虑环境因素：分析现场环境，如温度、湿度、腐蚀性等因素，选择适合的电缆绝缘材料和护套。

2. 选择原则

（1）安全性：选择符合国家安全标准的电缆，确保用电安全。

（2）经济性：在满足安全性的前提下，选择性价比高的电缆产品。

（3）适用性：根据用电需求和现场环境，选择适合的电缆类型和规格。

3. 不同场景下电缆选型建议

（1）室内临时用电：建议使用PVC绝缘和护套的电缆，具有良好的绝缘性和耐候性。

（2）室外临时用电：建议使用橡胶绝缘和护套的电缆，具有优异的耐候性和耐磨性。

（3）特殊环境临时用电：如在腐蚀性环境或高温环境中使用，应选择具有相应防护等级的特种电缆。

4. 线缆载流量计算

（1）载流量估算。

估算口诀：

二点五下乘以九，往上减一顺号走。

三十五乘三点五，双双成组减点五。

条件有变加折算，高温九折铜升级。

穿管根数二三四，八七六折满载流。

说明：

本节口诀对各种绝缘线（橡皮和塑料绝缘线）的载流量（安全电流）不是直接指出，而是用"截面乘上一定的倍数"来表示，通过心算而得。

"二点五下乘以九，往上减一顺号走"说的是2.5mm^2及以下的各种截面铝芯绝缘线，其载流量约为截面数的9倍。如2.5mm^2导线，载流量为2.5×9 = 22.5（A）。4mm^2及以上导线的载流量和截面数的倍数关系是顺着线号往上排，倍数逐次减1，即4×8、6×7、10×6、16×5、25×4。

"三十五乘三点五，双双成组减点五"，说的是35mm^2的导线载流量为截面数的3.5倍，即35×3.5 = 122.5（A）。50mm^2及以上的导线，其载流量与截面数之间的倍数关系变为两个线号成一组,倍数依次减 0.5。即 50mm^2、70mm^2 导线的载流量为截面数的 3 倍;95mm^2、120mm^2 导线载流量是其截面积数的 2.5 倍,依此类推。

"条件有变加折算,高温九折铜升级"。上述口诀是铝芯绝缘线、明敷在环境温度 25℃ 的条件下而定的。若铝芯绝缘线明敷在环境温度长期高于 25℃ 的地区,导线载流量可按上述口诀计算方法算出,再打九折即可;当使用的不是铝线而是铜芯绝缘线,它的载流量要比同规格铝线略大一些,可按上述口诀方法算出比铝线加大一个线号的载流量。如 16mm^2 铜线的载流量,可按 25mm^2 铝线计算。

(2)1~3kV 常用电力电缆持续允许载流量见表 3-24~表 3-27。

表 3-24　1kV 聚氯乙烯绝缘电缆空气中敷设时持续允许载流量

绝缘类型			聚氯乙烯		
护套			无钢铠护套		
电缆导体最高工作温度,℃			70		
电缆芯数			单芯	2 芯	3 芯或 4 芯
电缆导体截面 mm^2	2.5	载流量 A	—	18	15
	4		—	24	21
	6		—	31	27
	10		—	44	38
	16		—	60	52
	25		95	79	69
	35		115	95	82
	50		147	121	104
	70		179	147	129
	95		221	181	155
	120		257	211	181
	150		294	242	211
	185		340	—	246
	240		410	—	294
	300		473	—	328
环境温度,℃			40		

注:适用于铝芯电缆,铜芯电缆的持续允许载流量值可乘以 1.29;单芯只适用于直流。

表 3-25 1kV 聚氯乙烯绝缘电缆直埋敷设时持续允许载流量

绝缘类型		聚氯乙烯					
护套		无钢铠护套			有钢铠护套		
电缆导体最高工作温度，℃		70					
电缆芯数		单芯	2芯	3芯或4芯	单芯	2芯	3芯或4芯
电缆导体截面 mm²	4	47	36	31	34		30
	6	58		38		43	37
	10	81	62	53	77	59	50
	16	110	83	70	105	79	68
	25	138	105	90	134	100	87
	35	172	136	110	162	131	105
	50	203	157	134	194	152	129
	70	244	184	157	235	180	152
	95	295	226	189	281	217	180
	120	332	254	212	319	249	207
	150	374	287	242	365	273	237
	185	424	—	273	410		264
	240	502	—	319	483		310
	300	561		347	543		347
	400	639		—	625		—
	500	729		—	715		
	630	846			819		—
	800	981			963		
土壤热阻系数，K·m/W		1.2					
环境温度，℃		25					

注：适用于铝芯电缆，铜芯电缆的持续允许载流量值可乘以 1.29；单芯只适用于直流。

表 3-26　1～3kV 交联聚乙烯绝缘电缆空气中敷设时持续允许载流量

电缆芯数			3 芯		单芯							
单芯电缆排列方式					品字形				水平形			
金属套接地点					单侧		两侧		单侧		两侧	
电缆导体材质			铝	铜	铝	铜	铝	铜	铝	铜	铝	铜
电缆导体截面 mm²	载流量 A	25	91	118	100	132	100	132	114	150	114	150
		35	114	150	127	164	127	164	146	182	141	178
		50	146	182	155	196	155	196	173	228	168	209
		70	178	228	196	255	196	251	228	292	214	264
		95	214	273	241	310	241	305	278	356	260	310
		120	246	314	283	360	278	351	319	410	292	351
		150	278	360	328	419	319	401	365	479	337	392
		185	319	410	372	479	365	461	424	546	369	438
		240	378	483	442	565	424	546	502	643	424	502
		300	419	552	506	643	493	611	588	738	479	552
		400	—	—	611	771	579	716	707	908	546	625
		500	—	—	712	885	661	803	830	1026	611	693
		630	—	—	826	1008	734	894	963	1177	680	757
环境温度，℃			40									
电缆导体最高工作温度，℃			90									

注：水平形排列电缆相互间中心距为电缆外径的 2 倍。

5. 敷设条件不同时电缆持续允许载流量的校正系数

（1）10kV 及以下电缆在不同环境温度时的载流量校正系数见表 3-28。

表 3-27　1~3kV 交联聚乙烯绝缘电缆直埋敷设时持续允许载流量

电缆芯数			3 芯		单芯			
单芯电缆排列方式					品字形		水平形	
金属套接地点					单侧		单侧	
电缆导体材质			铝	铜	铝	铜	铝	铜
电缆导体截面 mm²	载流量 A	25	91	117	104	130	113	143
		35	113	143	117	169	134	169
		50	134	169	139	187	160	200
		70	165	208	174	226	195	247
		95	195	247	208	269	230	295
		120	221	282	239	300	261	334
		150	247	321	269	339	295	374
		185	278	356	300	382	330	426
		240	321	408	348	435	378	478
		300	365	469	391	495	430	543
		400	—	—	456	574	500	635
		500	—	—	517	635	565	713
		630	—	—	582	704	635	796
电缆导体最高工作温度，℃			90					
土壤热阻系数，K·m/W			2.0					
环境温度，℃			25					

注：水平形排列电缆相互间中心距为电缆外径的 2 倍。

表 3-28　10kV 及以下电缆在不同环境温度时的载流量校正系数

敷设位置			空气中				土壤中			
环境温度，℃			30	35	40	45	20	25	30	35
电缆导体最高工作温度，℃	60	校正系数	1.22	1.11	1.0	0.86	1.07	1.0	0.93	0.85
	65		1.18	1.09	1.0	0.89	1.06	1.0	0.94	0.87

续表

敷设位置		空气中				土壤中			
环境温度，℃		30	35	40	45	20	25	30	35
电缆导体最高工作温度，℃	70	1.15	1.08	1.0	0.91	1.05	1.0	0.94	0.88
	80	1.11	1.06	1.0	0.93	1.04	1.0	0.95	0.90
	90	1.09	1.05	1.0	0.94	1.04	1.0	0.96	0.92

校正系数（第二列合并项）

注：除本表以外的其他环境温度下载流量的校正系数可按下式计算：

$$K = \sqrt{\frac{\theta_m - \theta_2}{\theta_m - \theta_1}}$$

式中：θ_m——电缆导体最高工作温度，单位为摄氏度（℃）；

θ_1——对应于额定载流量的基准环境温度，单位为摄氏度（℃）；

θ_2——实际环境温度，单位为摄氏度（℃）。

（2）不同土壤热阻系数时电缆载流量的校正系数见表3-29。

表3-29　不同土壤热阻系数时电缆载流量的校正系数

土壤热阻系数 K·m/W	分类特征（土壤特性和雨量）	校正系数
0.8	土壤很潮湿，经常下雨。如湿度大于9%的沙土，湿度大于10%的沙－泥土等	1.05
1.2	土壤潮湿，规律性下雨。如湿度大于7%但小于9%的沙土，湿度为12%～14%的沙－泥土等	1.00
1.5	土壤较干燥，雨量不大。如湿度为8%～12%的沙－泥土等	0.93
2.0	土壤干燥，少雨。如湿度大于4%但小于7%的沙土，湿度为4%～8%的沙－泥土等	0.87
3.0	多石地层，非常干燥。如湿度小于4%的沙土等	0.75

（3）土壤中直埋多根并行敷设时电缆载流量的校正系数见表3-30。

表3-30　土壤中直埋多根并行敷设时电缆载流量的校正系数

并列根数		1	2	3	4	5	6
电缆之间净距 mm	100	1	0.90	0.85	0.80	0.78	0.75
	200	1	0.92	0.87	0.84	0.82	0.81
	300	1	0.93	0.90	0.87	0.86	0.85

（校正系数列合并）

注：本表不适用于三相交流系统单芯电缆。

（4）空气中单层多根并行敷设时电缆载流量的校正系数见表3-31。

表 3-31　空气中单层多根并行敷设时电缆载流量的校正系数

并列根数			1	2	3	4	5	6
电缆中心间距	S=d	校正系数	1.00	0.90	0.85	0.82	0.81	0.80
	S=2d		1.00	1.00	0.98	0.95	0.93	0.90
	S=3d		1.00	1.00	1.00	0.98	0.97	0.96

注：S 为电缆中心间距，d 为电缆外径；按全部电缆具有相同外径条件制订，当并列敷设的电缆外径不同时，d 值可近似地取电缆外径的平均值；本表不适用于三相交流系统单芯电缆。

（5）电缆桥架上无间距配置多层并列电缆载流量的校正系数见表 3-32。

表 3-32　电缆桥架上无间距配置多层并列电缆载流量的校正系数

叠置电缆层数			1	2	3	4
桥架类别	梯架	校正系数	0.80	0.65	0.55	0.50
	托盘		0.70	0.55	0.50	0.45

注：呈水平状并列电缆数不少于 7 根。

（6）1kV、6kV 电缆户外明敷无遮阳时载流量的校正系数见表 3-33。

表 3-33　1kV、6kV 电缆户外明敷无遮阳时载流量的校正系数

电缆截面，mm^2			35	50	70	95	120	150	185	240
电压 kV	1	芯数	3	校正系数	—	—	—	0.90	0.98	0.97	0.96	0.94
	6		3		0.96	0.95	0.94	0.93	0.92	0.91	0.90	0.88
			单		—	—	—	0.99	0.99	0.99	0.99	0.98

注：运用本表系数校正对应的载流量基础值，是采取户外环境温度的户内空气中电缆载流量。

第三节　临时用电作业个人防护

一、个人防护装备

（一）一般安全防护工器具

一般安全防护工器具是指防止工作人员发生事故的工器具，如安全带、安全帽等，通常情况下登高用的脚扣、升降板、梯子、导电鞋、防护眼镜或护目镜等。

（二）绝缘安全工器具

1. 基本绝缘安全工器具

基本绝缘安全工器具是指能直接操作带电设备或接触或可能接触带电体的电力工器具，如电容型验电器、绝缘杆、核相器、绝缘罩、绝缘隔板等，这类工器具和带电作业工器具的区别在于工作过程中为短时间接触带电体或非接触带电体。

2. 辅助绝缘安全工器具

辅助绝缘安全工器具是指绝缘强度不能承受设备或线路的工作电压，只是用于加强基本绝缘安全工器具的保护安全作用，用以防止接触电压、跨步电压、泄漏电流电弧对操作人员的伤害，不能用辅助绝缘安全工器具直接接触高压设备带电部分。属于这一类的安全工器具有：绝缘手套、绝缘靴、绝缘胶垫等。

（三）安全围栏和标识牌

安全围栏用来防止工作人员误碰、误登、误入和误近，也是电气分隔的一种方法。标识牌通常包括各种安全警告牌、设备标示牌等，具有禁止、允许、提醒和警告功能。

二、检测测量设备

（一）试电笔

试电笔也叫测电笔，简称"电笔"。是一种电工工具，用来测试电线中是否带电。笔体中有一氖泡，测试时如果氖泡发光，说明导线有电或为通路的火线。试电笔中笔尖、笔尾为金属材料制成，笔杆为绝缘材料制成。使用试电笔时，一定要用手触及试电笔尾端的金属部分，否则，因带电体、试电笔、人体与大地没有形成回路，试电笔中的氖泡不会发光，造成误判，认为带电体不带电。

（二）数字万用表

数字万用表是电工在施工现场必备的检测仪器之一。它可以检测电压、电流、电阻、连续性等电路参数，使用方便，可以快速准确地检测电路是否正常，是否存在故障点。同时，数字万用表也可以进行数据记录、数据存储和数据传输，方便电工日常使用。

(三)接地电阻测试仪

接地电阻测试仪是用来测试接地电阻的仪器。在电气工程中,接地是非常重要的安全环节,良好的接地可以保护人身安全,防止电气设备被雷击等。因此,在施工现场,电工必须使用接地电阻测试仪对接地电阻进行检测,确保接地安全可靠。许多国家都设有规定,要求对接地电阻进行定期检测。

(四)绝缘电阻测试仪

绝缘电阻测试仪是用来测试绝缘电阻的仪器。在电气工程中,为了防止电气设备短路或漏电,通常会定期测试绝缘电阻,保证电路的安全可靠。因此,在施工现场中,电工必须使用绝缘电阻测试仪对绝缘电阻进行检测,确保电路安全可靠。

(五)电力质量分析仪

电力质量分析仪是用来检测和分析电力质量的仪器。在施工现场中,电气设备运行时,会产生各种电力质量问题,如电压波动、谐波、电流不平衡等,这些问题会对电气设备的正常运行造成影响,甚至会导致电气设备损坏。因此,在施工现场中,电工必须使用电力质量分析仪对电力质量进行检测和分析,及时发现和解决问题。

以上就是施工现场临电必要的检测仪器,它们的使用可以确保电路的安全可靠,防止电气设备的故障和损坏。在使用这些仪器时,电工还需严格按照相关标准操作,确保检测结果的准确性和可靠性。

第四节 临时用电作业环境安全条件

一、自然环境

(一)临时用电的自然环境特点

临时用电所处的自然环境对其影响显著。在沿海地区,高湿度和盐雾环境易导致电气设备腐蚀,增加漏电和短路风险。而在风沙较大的荒漠地区,沙尘可能侵入设备内部,影响其正常运行。

在高海拔地区,由于气压低、空气稀薄,电气设备的散热效果变差,绝缘性能也会下降。同时,寒冷的气候条件可能使线缆变硬、变脆,容易断裂。

在地震多发区，临时用电设施需要具备更强的抗震能力，以防止设备损坏和线路中断。在森林等易发生火灾的区域，临时用电设备要符合严格的防火标准，避免引发火灾。

总之，不同的自然环境给临时用电带来了各种各样的挑战，需要在规划和实施临时用电方案时充分考虑这些因素，采取相应的防护和应对措施。

（二）自然环境对临时用电的影响要素

不同的自然环境因素对临时用电产生着多样化的影响。

1. 气候条件的影响

雷电天气可能导致临时用电设备遭受直击雷或感应雷的袭击，造成设备损坏和电路故障。暴雨会使临时用电线路受潮、短路，甚至引发漏电和触电事故。大风可能刮断电线、吹倒电线杆，影响电力供应的稳定性。

2. 地理环境的作用

高湿高盐的环境，如沿海地区，盐雾会侵蚀临时用电设备的金属部件，加速其老化和损坏，同时增加漏电的风险。在高海拔地区，由于气压低、空气稀薄，电气设备的散热能力下降，容易导致过热故障；绝缘性能也会因空气密度减小而降低，增加击穿和短路的可能性。

（三）临时用电在不同自然环境中的特点

1. 恶劣气候环境中的特点

（1）防护措施的应用。

在雷电频繁的地区，安装避雷装置是必不可少的防护措施。避雷装置如避雷针、避雷网等能够将雷电引入地下，有效避免雷电对临时用电设备的直击损害。同时，还需配备浪涌保护器，以吸收雷电产生的瞬间过电压，保护电气设备。在暴雨天气中，防雨设备如防水配电箱、防水电缆接头等的使用至关重要。这些设备能够防止雨水侵入，避免电路短路和设备损坏。此外，为设备搭建遮雨棚、加强线路的绝缘处理等措施也能增强临时用电在暴雨中的安全性。

（2）电力设备的稳定性。

在恶劣气候条件下，电力设备的运行状况面临严峻考验。雷电可能导致设备内部元件的击穿和损坏，使设备无法正常工作。暴雨容易使设备受潮，降低绝缘性能，增加漏电的风险。例如，变压器在雷电冲击下可能出现绕组短路，影响电力传输；配电箱在暴雨中可能因进水而发生短路故障。为了提高电力设备的稳定性，一方面要选用具有良好耐候性和抗干扰能力的设备，另一方面要加强设备的日常维护和检测，及时发现并处理潜在问题。

2.特殊地理环境中的特性

（1）设备的适应性改造。

在高湿高盐的环境中，为了适应这种特殊条件，临时用电设备通常需要进行特殊的防护处理。例如，对金属部件进行防腐涂层处理，增加其抗盐雾侵蚀的能力；选用密封性能良好的配电箱和电气元件，防止湿气进入导致短路。在高寒地区，设备需要具备良好的耐寒性能。例如，采用耐低温的电缆和绝缘材料，确保在低温下仍能保持良好的柔韧性和绝缘性能；对设备进行加热保温处理，防止低温造成设备故障。

（2）线路的敷设与维护。

在特殊地理环境中，线路的敷设和维护也有特殊要求。在高湿高盐地区，线路应尽量采用架空敷设，并保持一定的高度，避免与盐雾和湿气接触。同时，要定期对线路进行检查，及时清理线路上的盐分和杂物，防止腐蚀和短路。在高寒地区，线路应避免暴露在寒冷的空气中，可采用埋地敷设或采用保温材料包裹。此外，要注意线路的伸缩问题，防止因温度变化导致线路断裂。在山区等地形复杂的地区，线路应避开易滑坡、泥石流等灾害的区域，并加强固定，防止线路因地形变化而受损。同时，要定期对线路进行巡视，及时发现并处理线路的损坏和隐患。

（四）临时用电自然环境的未来发展趋势

1.技术创新趋势

（1）智能监控与预警系统。

智能监控与预警系统将成为临时用电应对自然环境的重要技术手段。其功能包括实时监测临时用电设备的运行状态、电力参数及自然环境参数，如温度、湿度、风速等。通过大数据分析和人工智能算法，能够提前预测可能出现的故障和风险，并及时发出预警。

该系统优势在于能够实现远程监控，减少人工巡检的成本和风险。同时，精准的预警能够让运维人员提前采取措施，避免故障的发生，保障临时用电的稳定性和可靠性。

（2）新能源的融合利用。

风光互补供电在临时用电领域具有广阔的发展前景。风能和太阳能具有互补性，在不同的天气和时间段能够相互补充，为临时用电提供稳定的电力来源。

这种供电方式能够减少对传统化石能源的依赖，降低碳排放。同时，其安装灵活，适用于各种自然环境，尤其是在偏远地区和自然条件恶劣的场所，能够满足临时用电的需求。

2. 政策法规导向

（1）环保要求的强化。

相关政策对临时用电的节能减排提出了更高的要求。鼓励采用高效节能的设备和技术，降低能源消耗。同时，对温室气体排放进行严格限制，推动临时用电向绿色、低碳方向发展。

（2）标准规范的完善。

相关标准不断更新，对临时用电在不同自然环境下的设备选型、线路敷设、防护措施等方面进行了更详细和严格的规定。例如，针对高海拔、高湿度等特殊环境，明确了设备的绝缘等级、防护等级等要求。相关标准的完善有助于提高临时用电在复杂自然环境中的安全性和适应性。

二、爆炸性气体环境

（一）按释放源的级别划分区域

（1）存在连续级释放源的区域可划为 0 区。

（2）存在第一级释放源的区域可划为 1 区。

（3）存在第二级释放源的区域可划为 2 区。

（二）根据通风条件调整区域划分

当通风良好时，应降低爆炸危险区域等级；当通风不良时应提高爆炸危险区域等级。局部机械通风在降低爆炸性气体混合物浓度方面比自然通风和一般机械通风更为有效时，可采用局部机械通风降低爆炸危险区域等级。在障碍物、凹坑和死角处，应局部提高爆炸危险区域等级。利用堤或墙等障碍物，限制比空气重的爆炸性气体混合物的扩散，可缩小爆炸危险区域的范围。

爆炸性气体环境危险区域划分见表3-34。

表3-34 爆炸性气体环境危险区域划分

环境类别	危险区域等级	危险区域划分
爆炸性气体环境	按出现的频繁程度和持续时间划分： （1）0级区域：正常运行，爆炸性气体混合物连续或长期出现的环境。 （2）1级区域：可能出现。 （3）2级区域：不太可能出现或即使出现仅短时间存在	1.按释放源级别划分： （1）连续释放源（可燃液体的表面或可燃气体、液体、蒸汽的排气孔或其他孔口）划为0区。 （2）一级释放源（正常运行，释放可燃气体、液体、蒸汽、密封处、取样点、泄压排气）划为1区。 （3）二级释放源（正常运行，不能释放可燃气体、液体、蒸汽、密封处、取样点、泄压排气、法兰、连接件）划为2区。 2.根据通风条件调整区域划分： 通风良好（可燃物很快稀释到爆炸下限值25%以下）可适当降低爆炸危险区域等级，局部机械通风降低爆炸危险区域等级，障碍物、凹坑、死角处提高爆炸危险区域等级，限制比空气重的混合物扩散，可缩小爆炸危险区域的范围

三、爆炸性粉尘环境

粉尘释放源应按爆炸性粉尘释放频繁程度和持续时间长短分为连续级释放源、一级释放源、二级释放源，释放源应符合下列规定：

（1）连续级释放源应为粉尘云持续存在或预计长期或短期经常出现的部位。

（2）一级释放源应为在正常运行时预计可能周期性的或偶尔释放的释放源。

（3）二级释放源应为在正常运行时，预计不可能释放，如果释放也仅是不经常地并且是短期地释放。

下列三项不应被视为释放源：压力容器外壳主体结构及其封闭的管口和人孔；全部焊接的输送管和溜槽；在设计和结构方面对防粉尘泄漏进行了适当考虑的阀门压盖和法兰接合面。

爆炸危险区域应根据爆炸性粉尘环境出现的频繁程度和持续时间分为20区、21区、22区，分区应符合下列规定：

（1）20区：空气中的可燃性粉尘云持续地或长期地或频繁地出现于爆炸性环境中的区域。

（2）21区：在正常运行时，空气中的可燃性粉尘云很可能偶尔出现于爆炸性环境中的区域。

（3）22区：在正常运行时，空气中的可燃性粉尘云一般不可能出现于爆炸性环境中的区域，即使出现，持续时间也是短暂的。

爆炸性粉尘危险区域的划分应按爆炸性粉尘的量、爆炸极限和通风条件确定（表3-35）：

（1）20区是指在正常运行过程中可燃性粉尘连续出现或经常出现，其数量足以形成可燃性粉尘与空气混合物和/或可能形成无法控制和极厚的粉尘层的场所及容器内部。

（2）21区是指在正常运行过程中，可能出现粉尘数量足以形成可燃性粉尘与空气混合物但未划入20区的场所。该区域包括与充入或排放粉尘点直接相邻的场所、出现粉尘层和正常操作情况下可能产生可燃浓度的可燃性粉尘与空气混合物的场所。

（3）22区是指在异常条件下，可燃性粉尘云偶尔出现并且只是短时间存在，或可燃性粉尘偶尔出现堆积或可能存在粉尘层并且产生可燃性粉尘空气混合物的场所。如果不能保证排除可燃性粉尘堆积或粉尘层时，则应划分为21区。

表3-35 爆炸性粉尘环境危险区域划分

GB 17440		定义	IEC 1241		定义
爆炸危险区域	10区	连续出现或长期出现爆炸性粉尘的环境	分级区域	20区	正常操作时大量、经常或频繁出现可燃性粉尘
	11区	偶尔出现爆炸性粉尘混合物的环境		21区	正常操作时可能产生足以爆炸的足够量的可燃性粉尘云
				22区	可燃性粉尘可能不经常地产生，持续时间较短，可能出现可燃性粉尘层，并与空气混合形成危险
非爆炸危险区域	正常情况或非正常情况都不能产生爆炸性粉尘的环境		非分级区域		可燃性粉尘不会出现并达到形成值得注意的爆炸性粉尘环境

四、作业现场的标识

现场安全标志是用以表达特定安全信息的标志，由图形符号、安全色、几何形状（边框）或文字构成。分为：

（1）禁止标志：禁止人们不安全行为的图形标志。

（2）警告标志：提醒人们对周围环境引起注意，以避免可能发生的危险的图形标志。

（3）指令标志：强制人们必须做出某种动作或采用防范措施的图形标志。

（4）提示标志：向人们提供某种信息，如标明安全设施或场所等的图形标志。

（一）与场所相关标识

与临时用电作业有关且用于作业现场的相关标识见表3-36。

表3-36 现场常见与临时用电相关安全标识

序号	图形标志	名称	标志种类	设置范围和地点
1		禁止吸烟 No smoking	H	有甲、乙、丙类火灾危险物质的场所和禁止吸烟的公共场所等，如木工车间、油漆车间、沥青车间、纺织厂、印染厂等
2		禁止烟火 No burning	H	有甲、乙、丙类火灾危险物质的场所，如面粉厂、煤粉厂、焦化厂、施工工地等
3		禁止带火种 No kindling	H	有甲类火灾危险物质及其他禁止带火种的各种危险场所，如炼油厂、乙炔站、液化石油气站、煤矿井内、林区、草原等

续表

序号	图形标志	名称	标志种类	设置范围和地点
4		禁止用水灭火 No extinguishing with water	H，J	生产、储运、使用中有不准用水灭火的物质的场所，如变压器室、乙炔站、化工药品库、各种油库等
5		禁止启动 No starting	J	暂停使用的设备附近，如设备检修、更换零件等
6		禁止合闸 No switching on	J	设备或线路检修时，相应开关附近
7		禁止转动 No turning	J	检修或专人定时操作的设备附近

续表

序号	图形标志	名称	标志种类	设置范围和地点
8		禁止靠近 No nearing	J	不允许靠近的危险区域，如高压试验区、高压线、输变电设备的附近
9		禁止入内 No entering	J	易造成事故或对人员有伤害的场所，如高压设备室、各种污染源等入口处
10		禁止触摸 No touching	J	禁止触摸的设备或物体附近，如裸露的带电体、炽热物体，具有毒性、腐蚀性物体等处
11		禁止穿带钉鞋 No putting on spikes	H	有静电火花会导致灾害或有触电危险的作业场所，如有易燃易爆气体或粉尘的车间及带电作业场所

续表

序号	图形标志	名称	标志种类	设置范围和地点
12		禁止开启无线移动通信设备 No activated mobile phones	J	火灾、爆炸场所及可能产生电磁干扰的场所，如加油站、飞行中的航天器、油库、化工装置区等
13		注意安全 Warning danger	H，J	易造成人员伤害的场所及设备等
14		当心火灾 Warning fire	H，J	易发生火灾的危险场所，如可燃性物质的生产、储运、使用等地点
15		当心触电 Warning electric shock	J	有可能发生触电危险的电气设备和线路，如配电室、开关等
16		当心电缆 Warning cable	J	在暴露的电缆或地面下有电缆处施工的地点

续表

序号	图形标志	名称	标志种类	设置范围和地点
17		当心自动启动 Warning automatic start-up	J	配有自动启动装置的设备
18		当心夹手 Warning hands pinching	J	有产生挤压的装置、设备或场所,如自动门、电梯门、列车车门等
19		当心坠落 Warning drop down	J	易发生坠落事故的作业地点,如脚手架、高处平台、地面的深沟(池、槽)、建筑施工、高处作业场所等
20		必须戴防护眼镜 Must wear protective goggles	H,J	对眼睛有伤害的各种作业场所和施工场所

续表

序号	图形标志	名称	标志种类	设置范围和地点
21		必须戴安全帽 Must wear safety helmet	H	头部易受外力伤害的作业场所，如矿山、建筑工地、伐木场、造船厂及起重吊装处等
22		必须系安全带 Must fastened safety belt	H，J	易发生坠落危险的作业场所，如高层建筑、修理、安装等地点
23		必须穿防护服 Must wear protective clothes	H	具有放射、微波、高温及其他需穿防护服的作业场所
24		必须戴防护手套 Must wear protective gloves	H，J	易伤害手部的作业场所，如具有腐蚀、污染、灼烫、冰冻及触电危险的作业等地点

续表

序号	图形标志	名称	标志种类	设置范围和地点
25		必须穿防护鞋 Must wear protective shoes	H, J	易伤害脚部的作业场所，如具有腐蚀、灼烫、触电、砸（刺）伤等危险的作业地点
26		必须接地 Must connect an earth terminal to the ground	J	防雷、防静电场所
27		必须拔出插头 Must disconnect mains plug from electrical outlet	J	在设备维修、故障、长期停用、无人值守状态下
28		紧急出口 Emergency exit	J	便于安全疏散的紧急出口处，与方向箭头结合设在通向紧急出口的通道、楼梯口等处

续表

序号	图形标志	名称	标志种类	设置范围和地点
28		紧急出口 Emergency exit	J	便于安全疏散的紧急出口处,与方向箭头结合设在通向紧急出口的通道、楼梯口等处
29		击碎板面 Break to obtain access	J	必须击开板面才能获得出口
30		急救点 First aid	J	设置现场急救仪器设备及药品的地点
31		应急电话 Emergency telephone	J	安装应急电话的地点

（二）与设施相关标识

与临时用电设施相关安全标识见表3-37。

表3-37 与临时用电设施相关安全标识

序号	图形标志	名称
1		配电箱上锁公示牌
2		设备开关按钮标注
3		额定电压标示
4		电气控制开关标示

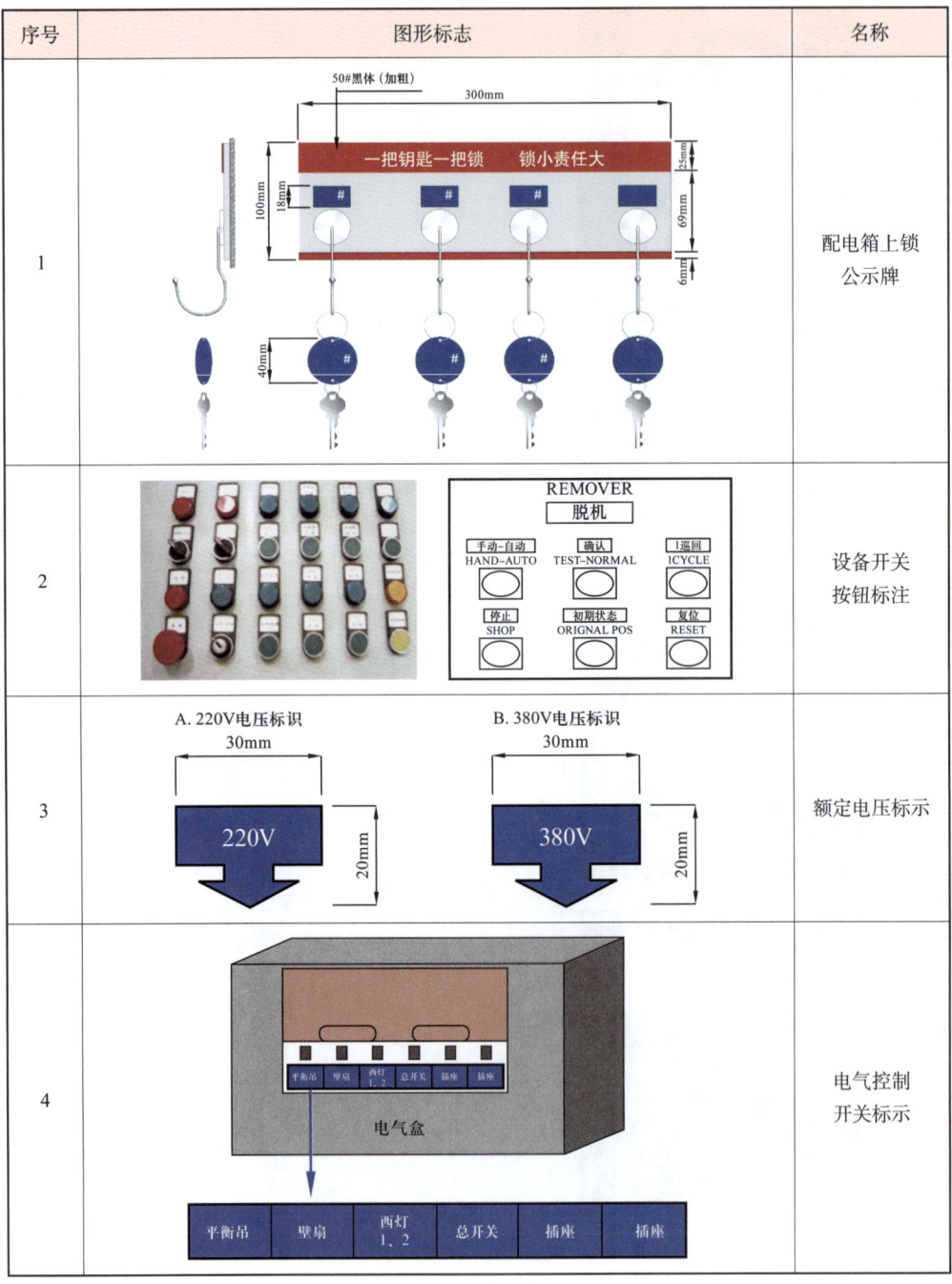

续表

序号	图形标志	名称
5	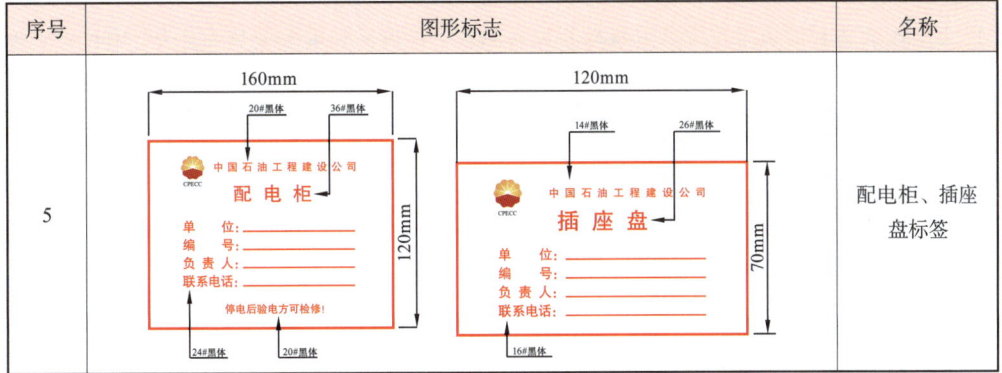	配电柜、插座盘标签

（三）与人员相关标识

特种作业人员应通过标签、标牌明确作业人员的资格（图 3-31）。通常做法是在安全帽上粘贴相应的帽签，或在胸前悬挂岗位标识卡。根据相关规范要求，电力系统员工佩戴的安全帽为蓝色。

目 的	标识特种作业人员
对 象	《特种作业人员安全技术培训考核管理规定》（国家安全生产监督管理总局令第30号）范围内的特种作业人员
标 准	1. 帽签底色为蓝色，白色字； 2. 字体为21号黑体字加粗；9号黑体字加粗； 3. 帽签为圆形，直径40mm； 4. 内容为：特种作业工种及有效期限； 5. 材质：不干胶； 6. 电工作业：高、低压电工作业，防爆电气作业； 7. 焊接与热切割作业：熔化焊接与热切割作业，压力焊作业，钎焊作业； 8. 登高架设作业：指在高处从事脚手架、跨越架架设式拆除的作业； 9. 高处安装作业：指在高处从事安装、维护、拆除的作业； 10. 制冷与空调作业：指对大中型制冷与空调设备运行操作、安装与修理的作业； 11. 危险化学品安全作业：指从事危险化工工艺过程操作及化工自动化控制仪表安装、维修、维护的作业

图 3-31 特种作业人员标签

参考文献

[1] 中华人民共和国国家质量监督检验检疫总局,中国国家标准化管理委员会. 保护层分析（LOPA）应用指南:GB/T 32857—2016[S]. 北京:中国标准出版社,2016.

[2] 国家安全生产监督管理总局. 保护层分析（LOPA）方法应用导则:AQ/T 3054—2015[S]. 北京:煤炭工业出版社,2015.

[3] 中华人民共和国住房和城乡建设部. 建筑与市政工程施工现场临时用电安全技术标准:JGJ/T 46—2024[S]. 北京:中国建筑工业出版社,2024.

第四章 临时用电作业实施

第一节 临时用电作业实施过程管理

一、勘察阶段

（一）合理布置

现场勘察的目的是为用电作合理的布局，要首先了解当地的电力供应情况，是否能满足施工需要，是否经常停电、停电时间，电压是否稳定，如建设单位已接通电源，检查变压器容量是否满足要求，电源及线路的位置是否妨碍施工，施工现场的地形对用电布置的影响。

（二）用电规划

对整个施工现场的情况有了全面了解，掌握了大量设计资料后，对施工现场的用电进行平面规划、布置，确定电源进线、变电所、配电室、总配电箱、分配电箱等位置及线路走向，若自备发电机组，则要确定发电房的位置及送电线路的走向。

（三）设备布置

电源进线，变、配电室，发电机房的位置，应选在不妨碍施工、不积水、通风、无灰尘、无振动、地势较高处，总配电室应设在靠电源处，分配电箱应装在用电设备或负荷较为集中处。

（四）线路方式

无变压器的施工现场，可用一路主导线沿现场周围布置，或沿用电集中的地方布置，需要用电处用支线引出。有变压器的施工现场可提供多条主干线供电，一般适用于大中型工程、集群式工程，如施工现场特别大，可分区域供电，线路的布置方式有放射式、树干式、链式等，根据实际情况选用。供电的主干线的架设要规范、牢固。线路跨越公路、铁路、交通要道时，应按规范要求架设，以确保安全。

二、安装阶段

使用单位的供电系统采用 220V/380V 三相五线制供电，配置配电柜或总配电箱、分配电箱、开关箱。必须符合下列规定：

（1）采用 TN-S 接零保护、三级配电、二级漏电保护系统，供电系统宜使三相负荷平衡。

（2）总配电箱可向多个分配电箱供电，分配电箱可向多个开关箱供电。

（3）配电箱、开关箱的箱体尺寸与箱内电器的数量相适应，配电箱、开关箱的箱体尺寸选择符合相关的规范要求。

（4）动力配电箱与照明配电箱宜分别设置。当合并设置时，动力和照明要分路配电；动力开关箱与照明开关箱要分设。

（5）配电箱、开关箱外形结构能防雨、防尘。应安装在干燥、通风及不易受外力撞击、强烈振动、液体侵溅或热源烘烤的场所。否则，必须采取防护措施。

（6）配电箱、开关箱周围要有足够两人同时工作的空间和通道。不得堆放任何妨碍操作、维修的物品。15m 范围内不得堆放易燃易爆物品。

（7）配电箱、开关箱采用冷轧钢板或阻燃绝缘材料制作，钢板厚度应为 1.2~2.0mm，其中开关箱箱体钢板厚度不得小于 1.2mm，配电箱箱体钢板厚度不得小于 1.5mm，箱体表面做防腐处理。

（8）配电箱、开关箱应安装端正、牢固。固定式配电箱、开关箱的中心点与地面的垂直距离应为 1.4~1.6m。移动式配电箱、开关箱应安装在坚固的支架上。其中心点与地面的垂直距离宜为 0.8~1.6m。

（9）配电箱、开关箱内的电器（含插座）要先安装在金属或非木质阻燃绝缘电器安装板上，然后整体紧固在配电箱、开关箱箱体内。金属电器安装板与金属箱体要做电气连接。

（10）配电箱的电器安装板上要分设 N 线端子和 PE 线端子板。N 线端子板与金属电器安装板绝缘；PE 线端子板与金属电器安装板做电气连接。进线中的 N 线通过 N 线端子板连接；PE 线通过 PE 线端子板连接。N 线端子板端子数应为进线和分路数的总和，PE 线端子数应为分路数 +4；三相三线制动力配电箱可不设置 N 线端子板。

（11）配电箱、开关箱内的连接线采用铜芯绝缘导线。导线分支接头不得采用螺栓压接，采用焊接并做好绝缘包扎，不得有外露带电部分。分支导线严禁采用串接方式连接。

（12）配电箱和开关箱的金属箱体、金属电器安装板及电器的金属底座、外壳等通过 PE 线端子板与 PE 线做电气连接，金属箱门与金属箱体采用编织软铜线做电气连接。

（13）配电箱、开关箱中导线的进线口和出线口设在箱体的下底面。

（14）配电箱、开关箱的进、出线口配置固定线卡，进出线加绝缘护套并成束卡固在箱体上，不得与箱体直接接触。移动式配电箱、开关箱的进、出线采用橡皮护套绝缘电缆，不得有接头。

三、投电阶段

（一）验收标准与依据

设备设施安装完成后的投电阶段验收内容和标准依据除遵照属地、上级指令外，还必须遵守国家、地方政府的下列规范和标准：

（1）GB/T 50484《石油化工建设工程施工安全技术标准》。

（2）JGJ 33《建筑机械使用安全技术规程》。

（3）JGJ/T 46《建筑与市政工程施工现场临时用电安全技术标准》。

（4）JGJ 59《建筑施工安全检查标准》。

（二）验收内容

按照批准的施工用电方案在施工现场安装配电柜、配电箱、开关箱，敷设电缆，完成接地和接线工作。

从指定的配电室或配电柜敷设电缆至施工区域内的配电柜或总配电箱。上述工作完成后，按以下内容组织验收（表4-1）：

（1）实际安装的用电设备的数量与用电设备总容量是否与施工用电方案中的申请一致。

（2）配电柜、配电箱、开关箱及柜、箱内的电气配置是否满足要求。

（3）配电柜、配电箱、开关箱的安装位置是否满足要求。

（4）电缆的规格型号是否满足要求。

（5）电缆的敷设是否满足要求。

（6）柜、箱内接线是否满足要求。

（7）接地极、接地线和接地电阻是否满足要求。

表 4-1　临时用电工程验收表

序号	项目	验收要求
1	变配电设施	变电所建（构）筑物符合设计要求
		室内采光、照明充足，有应急照明
		配电装置的试验报告、保护校验记录、产品合格证和使用说明书齐全
		配备充足的扑灭电气火灾的消防器材
		安全警示标志齐全
		备有绝缘鞋、绝缘手套、绝缘垫、绝缘拉杆等在有效期的安全工具
2	配电线路	架空线、电缆线路的敷设符合设计或规范要求，试验报告、绝缘检查记录、产品合格证齐全
		电缆埋地敷设；转弯处和直线段每隔20m处应设一个"下有电缆"的明显标志并标示其路径方向；通过道路时应采用保护套管；隐蔽工程检查验收记录齐全
		电缆架空敷设，最大弧垂与地面距离：施工现场不小于4m，穿越机动车道不小于6m，铁路轨道不小于7.5m，室内沿墙壁敷设时最大弧垂距地不小于2m
3	接零保护及防雷接地	采用 TN-S 接零保护
		接地装置的设置符合要求，检查验收记录齐全
		保护零线（PE线）在总配电箱、分配电箱等处应作重复接地
		电气设备不带电的金属外壳、周围的金属结构等应采用接零保护
		钢结构、脚手架、高大金属设备应安装防雷接地装置
4	配电设备	配电箱、开关箱有铭牌、编号、安全标志、系统图、电工负责人姓名、电话、用途、日检表、门、锁齐全，箱内电气元件有出厂合格证
		配电箱、开关箱箱体钢板的厚度应在1.2~2.0mm，配电箱应为户外式
		配电箱、开关箱安装高度符合规范要求，周围不得堆放易燃易爆、腐蚀性物品，搭设防护棚、栅栏，配置消防器材
		总配电箱应装设电压表、总电流表、电度表及其他需要的仪表
		配电箱、开关箱内电气元件的选择符合规范要求
		总配电箱中漏电保护器的额定漏电动作电流应大于30mA，额定漏电动作时间应大于0.1s，但其额定漏电动作电流与额定漏电动作时间的乘积不大于30mA·s
		分配电箱、开关箱内漏电保护器的额定漏电动作电流不得大于30mA，额定漏电动作时间不得大于0.1s
		动力配电箱与照明配电箱宜分别设置，当合并设置时，应分路配电

续表

序号	项目	验收要求
4	配电设备	电箱的进出线口配置线卡。进出电缆加绝缘护套固在箱体上,不得与箱体接触,严禁承受外力
		电箱的电源进线端严禁采用插头和插座活动连接
		电箱内的导线截面积符合要求,应采用铜芯绝缘导线且绝缘良好,导线剥头不得过长,导线端头应采用螺栓连接或压接牢固,分支导线严禁采用串接方式连接,盘面操作部位接头不得松动,不得有外露带电部分
		配电柜内线路分路合理、排列整齐,各分支线路应编号,并标明回路用途标记
		电箱内保持整洁,不得放置任何杂物,并且不得随意挂接其他用电设备
5	用电管理	用电单位应配备供用电设施的管理、运行、维护专业人员,明确管理机构与专业班组的职责,明确各级用电安全负责人
		应根据用电情况制订岗位责任制及安全操作规程
		用电设施的运行及维护人员有上岗合格证书和通过入场安全教育

注:后附供电系统图,绝缘电阻、接地电阻、防雷接地,电气设备的检验、试验、调试报告和记录。

四、使用阶段

(1)总配电箱宜设在靠近电源的区域,分配电箱宜设在用电设备或负荷相对集中的区域。分配电箱与开关箱的距离不宜超过 30m。开关箱与固定式用电设备的水平距离不宜超过 3m。

(2)每台用电设备必须有各自专用的开关箱,严禁用同一个开关箱直接控制 2 台或 2 台以上用电设备(含插座)。用电设备应执行"一机一闸一保护"控制保护的规定,严禁一个开关控制 2 台及以上用电设备(含插座)。特殊情况须制订方案并经电管单位和监理审批。

(3)配电箱、开关箱内的电器必须可靠、完好,严禁使用破损、不合格的电器。

(4)总配电箱应装设电压表、总电流表、电度表及其他需要的仪表。专用电能计量仪表符合当地供电管理部门的要求。装设电流互感器时,其二次回路与保护零线有一个连接点,且严禁断开电路。

(5)总配电箱内的电器具有电源隔离、正常接通与分断电路,以及短路保护、过载保护、漏电保护等功能(一闸三保护)。电器配置符合下列原则:

① 总路配置总开关应选用具有隔离功能、短路和过载保护的电气开关，其额定容量应与配电箱负荷容量相匹配。

② 分路应配置分路隔离开关和具有短路保护、过载保护和漏电保护功能的漏电断路器。

③ 分路漏电断路器的设置应根据负荷侧负荷的相数和线数选择不同极数的漏电断路器，漏电断路器必须能同时断开所有极。

④ 隔离开关设置于电源进线端，采用分断时具有可见分断点。如采用分断时具有可见分断点的断路器，可不另设隔离开关。

⑤ 总开关电器的额定值、动作整定值与分路开关电器的额定值、动作整定值相匹配。

（6）分配电箱应装设：

① FR 或 HR 系列刀熔开关总隔离开关。

② 分路容量大于 100A 时应装设隔离开关，小于 63A 时装设管式熔断器代替隔离开关。

③ 装设具有短路保护、过载保护和漏电保护功能的分路漏电断路器。

（7）开关箱必须装设隔离电器、具有短路保护、过载保护和漏电保护功能的漏电断路器。

（8）开关箱中的隔离开关只可直接控制照明电路和容量不大于 3kW 的动力电路，但不应频繁操作。容量大于 3kW 的动力电路采用断路器控制，操作频繁时还要附设接触器或其他启动控制装置。

（9）开关箱中的各种电器的额定值和动作整定值与其控制的用电设备的额定值和特性相匹配。

（10）漏电保护器应符合 GB/T 6829《剩余电流动作保护电器的一般安全要求》和 GB/T 13955《剩余电流动作保护装置安装和运行》的要求。

（11）开关箱中漏电保护器的额定漏电动作电流不应大于 30mA，额定漏电动作时间不应大于 0.1s。适用于潮湿和有腐蚀介质场所的漏电保护器采用防溅型产品，其额定漏电动作电流不应大于 15mA，额定漏电动作时间不应大于 0.1s。

（12）总配电箱中漏电保护器的额定漏电动作电流应大于 30mA，额定漏电动作时间应大于 0.1s，但其额定漏电动作电流与额定漏电动作时间的乘积不应大于 30mA·s。

（13）总配电箱和开关箱中漏电保护器的极数和线数与其负荷侧负荷的相数和

线数一致。

（14）配电箱、开关箱中的漏电保护器宜选用无辅助电源型（电磁式）产品，或选用辅助电源故障时能自动断开的辅助电源型（电子式）产品。当选用辅助电源故障时不能自动断开的辅助电源型（电子式）产品，要同时设置缺相保护。

（15）漏电保护器按产品说明书安装、使用。对搁置已久重新使用和连续使用的漏电保护器逐月检测其特性，发现问题及时修理或更换。每天使用漏电保护器前，启动漏电试验按钮试跳一次，试跳不正常时严禁继续使用。

（16）配电箱、开关箱的电源进线端严禁采用插头和插座活动连接。

（17）配电箱、开关箱内要有名称、编号、用途、分路标记及系统接线图。

（18）配电箱、开关箱箱门要配锁，并由专人负责。配电箱、开关箱内保持整洁，不得放置任何杂物，并且不得随意挂接其他用电设备。

临时用电使用规程见表 4-2。

表 4-2　临时用电使用规程

作业步骤	注意事项
作业应具备的条件	1. 临时用电使用人员须经过本规程培训，要求定人、定机操作，穿戴绝缘手套、工作服及劳保鞋。 2. 凡是构成临时用电系统的配电箱、电缆、开关、漏电断路器等必须满足质量要求。使用的万用表、绝缘摇表等必须在计量检定有效期内，电工工具须保持完好，手柄绝缘无损坏、老化。 3. 用电设备、机具必须保证状况完好，接地、安全防护装置齐全。严禁带"病"运行。除遵守本规程外还要严格遵守其安全操作维护保养规程。 4. 以下情况须办理临时用电作业许可： （1）用户设备接入的开关箱前端带电。 （2）防爆区域内使用非防爆电气设备。 （3）当用户设备工作可能会对其他设备运转造成负荷冲击时。 （4）恶劣天气工作环境
拆、接线操作	1. 用电机具设备的接入和拆除必须由维护电工进行操作（快速插头连接的设备机具除外），严禁私拉乱接、"一闸多机"等。 2. 快速接头连接的设备机具接入或拆除前必须关闭设备自带的控制开关。 3. 拆接线作业前必须切断电源，并用验电笔验电确认，确保接线柱无电。 4. 接线时，先接接零保护线，再接工作零线、相线；拆线时，先拆相线、工作零线，后拆接零保护线。 5. 常用电动工具尽可能采用专用插套、插座。使用插座电源（380V、220V）必须使用专用的插套，严禁将导线直接插入孔内

续表

作业步骤	注意事项
使用前安全检查	1. 检查用电设备、机具的电源线绝缘、电源线接入设备机具端的橡胶保护套、手持电动设备或机具的手柄绝缘套、接线盒等是否完好、无破损、老化等现象，发现老化、裂纹时必须更换或截断重新接线。 2. 检查用电设备、机具接零保护线是否连接牢固（手持式电动工具中的塑料外壳Ⅱ类工具和一般场所手持式电动工具中的Ⅲ类工具除外），无松动、脱落。运行时产生振动的设备（如电夯）的金属基座、外壳与PE线的连接点不少于2处。 3. 检查控制用电设备、机具的漏电断路器是否与负载侧的相数、极数一致，且动作灵活、正常有效。 4. 检查用电设备机具安全防护装置是否完好。 5. 用电设备机具的电源线禁止在地面、钢结构框架、脚手架及其他工作面上拖拉。电源线、电焊把线工作时不应盘在一起，以免产生涡流、发热。禁止电源线和钢丝绳、电焊把线、气带相互交织；禁止电源线、电焊把线搭在气瓶上或气瓶压在电源线、电焊把线上；禁止配件、材料挤压电源线。 6. 跨越钢构、脚手架、楼层的电源线必须采取可靠的固定、防护措施；跨越道路的电缆、电源线架高高度距离地面应保持在4.5m及以上，并设置醒目的双面的限高标志牌。 7. 电气设施设备和线路周围不得堆放易燃、易爆和强腐蚀物质，不得使用火源
启动	1. 用电设备、机具启闭必须使用设备的自带开关，不应使用设备电源接入端的漏电断路器。 2. 用电设备、机具启动应按照下列顺序操作：开关箱漏电断路器合闸→用电设备机具自带开关合闸。 3. 用电设备、机具在使用前做空载运行检查，运行正常后方可使用
使用	1. 用电设备机具运行过程中随时注意声响、温升等，发生异常应立即停机检查。作业时间过长，温度升高应停机待自然冷却后再启动。 2. 潜水泵、振动棒、平板电动振动机等设备必须设置专用的非金属拖拉绳，电夯等移动设备机具的电源线必须设置专人收放、看护，以免设备移动过程中电源线发生卡、挂损伤。手持电动工具取、放、移动时，严禁手拎工具的电源线或手拎电源线在地面拖行。 3. 进入金属容器的电源线、电焊把线必须采取可靠的绝缘防护措施。使用220V及以上电压的金属平台、框架、容器必须设置可靠的接地装置，且接地电阻不高于10Ω。 4. 无齿锯、砂轮机、手枪钻等电动设备、机具更换切割片、砂轮片、钻头前必须切断电源。移动用电设备的位置或维护保养时必须拉闸断电。 5. 一般作业场所的安全电压不得高于36V；潮湿环境使用的安全电压不得高于24V，特别潮湿、金属器壁或金属作业面使用的安全电压不得高于12V。 6. 阴雨天气露天使用的快速接头必须采取防水措施，严禁在积水的作业面上拖行。 7. 运行期间的用电设备、机具的开关箱箱门关闭即可，禁止上锁；工作途中休息、下班、停电应拉闸断电并给开关箱上锁。临时停用设备必须拉闸断电，锁好开关箱

续表

作业步骤	注意事项
意外情况处理	1. 当发生电气火灾时应立即切断电源，用干砂灭火或用二氧化碳、四氯化碳、1211干粉灭火器灭火。 2. 电缆损坏时，维护电工要及时切断线路电源，对损坏线路进行修复。对于线路烧断、大负荷用电线路的接头松动或缺相引起的线路损坏，先用验电笔现场测试零线有无带电现象，再进行线路验电并修复损坏部位。 3. 漏电保护的异常的处理： （1）电负荷较大时，漏电开关跳闸。更换最大允许工作电流较大的漏电开关。 （2）检查是否使用大功率、超额定负荷或绝缘损坏的电气设备，更换或维修用电设备。 （3）检查防爆快速插头是否漏电，及时清理插头杂物、烘干线路，提高电缆绝缘强度。 （4）检查线路是否短路。 4. 如果雨后或潮湿环境会造成部分线路或设备出现放电现象，应由维护电工对现场带电设备及线路进行检查，注意在靠近带电设备及线路作业防止电弧击伤害。 5. 发生触电事故，急救执行触电急救规程
关机	1. 用电设备、机具关机应按照下列顺序操作：用电设备机具自带开关关闭→开关箱漏电断路器关闭。 2. 移动设备机具的电源线、电焊把线应每天收放。 3. 停用设备先拆除供电接入端（配电箱或开关箱），拆除过程中必须由两名电工对供电端电缆进行拆除作业

五、维修阶段

（1）施工现场配电设施维修、移动、更换频繁，为保证用电安全，供用电设施投入运行前，应设立运行、维修专业班组的要求，规定每班应巡视检查一次。

（2）电工在操作及维护时，应保证人身安全和设备安全，配备诸如绝缘手套、绝缘靴、绝缘杆、绝缘垫、绝缘台等必要的安全工具及防护设施。

（3）电工定期检查、维修配电箱、开关箱，并做好记录。严禁随意改动配电箱、开关箱内的电气配置和接线。严禁使配电箱、开关箱的进线和出线承受外力。严禁进出线与金属尖锐断口、强腐蚀介质和易燃易爆物接触。

（4）电工检查、维修配电箱、开关箱时，将其前一级相应的电源隔离开关分闸断电，并挂牌上锁，严禁带电作业。

（5）按照下述顺序操作配电箱、开关箱，但出现电气故障等紧急情况时可除外：

① 送电操作顺序为：总配电箱隔离开关—总配电箱断路器—分配电箱隔离开关—分配电箱总断路器—分配电箱各分路断路器—开关箱隔离开关—开关箱总断路

器—开关箱各分路断路器。

② 停电操作顺序为：开关箱各分路断路器—开关箱总断路器—开关箱隔离开关—分配电箱各分路断路器—分配电箱总断路器—分配电箱隔离开关—总配电箱断路器—总配电箱隔离开关。

（6）工作人员在工作中正常活动范围与10kV及以下电压等级设备带电部位的最小安全距离不得小于0.7m。

临时用电安装与维护规程见表4-3。

表4-3　临时用电安装与维护规程

作业步骤	注意事项
申请	1.风险分析。通常情况下，临时用电安装与维护作业易引起触电事故。临时用电安装与维护作业易出现触电事故，事故的发生与是否规范作业及上锁挂签等相关作业制度的执行情况有关。 2.风险分析结果的确认。 3.风险控制措施。作业前进行危害因素辨识和风险评估，对相关人员进行交底，告知其作业风险及需采取的应对措施；严格执行上锁挂签、目视化管理相关要求；加强作业过程的监督检查。 4.提出申请
批准	1.安装、维护临时用电设备和线路，必须由电工完成，并应有人监护。 2.电工必须按国家现行标准考核合格后，持证上岗工作，在外电线路上作业的电工还应持有与作业类别相适应的"电工进网作业许可证"。 3.使用电气设备前必须按规定穿戴和配备好相应的劳动防护用品，并应检查电气装置和保护设施，严禁设备带"缺陷"运转。 4.移动电气设备时，必须经电工切断电源并做妥善处理后进行。 5.电缆线路必须有短路保护和过载保护，短路保护和过载保护电器与电缆的选配应符合规范要求。 6.施工现场的临时用电电力系统严禁利用大地做相线或零线
沟通	1.批准人签字后传递至相关方，相关方在留存的票证上签收确认，如果以电话、微信方式告知应有回复确认。 2.票证批准后，由作业负责人张贴或放置在现场醒目位置，用于向外部人员提示风险和供内部作业人员查询
过程控制	1.施工现场临时用电工程中，电源中性点直接接地的三相四线制低压电力系统应采用TN-S系统。 2.电缆中必须包含全部工作芯线和用作保护零线或保护线的芯线。需要三相四线制配电的电缆线路必须采用五芯电缆。 3.五芯电缆必须包含淡蓝、绿/黄两种颜色绝缘芯线。淡蓝色芯线必须用作N线；绿/黄双色芯线必须用作PE线，严禁混用。

续表

作业步骤	注意事项
过程控制	4. 电缆线路应采用埋地或架空敷设，严禁沿地面明敷，并应避免机械损伤或介质腐蚀。埋地电缆路径应设方位标志。 5. 架空线路严禁沿脚手架、树木或其他设施敷设。 6. 每台用电设备必须有各自专用的开关箱，严禁用同一个开关箱直接控制2台及2台以上用电设备（含插座）。 7. 动力配电箱与照明配电箱宜分别设置。当合并设置为同一配电箱时，动力和照明应分路配电；动力开关箱与照明开关箱必须分设。 8. 配电箱的电器安装板上必须分设N线端子板和PE线端子板。N线端子板必须与金属电器安装板绝缘；PE线端子板必须与金属电器安装板做电气连接。进出线中的N线必须通过N线端子板连接；PE线必须通过PE线端子板连接。 9. 配电箱、开关箱的金属箱体、金属电器安装板及电器正常不带电的金属底座、外壳等必须通过PE线端子板与PE线做电气连接，金属箱门与金属箱体必须通过采用编织软铜线做电气连接。 10. 配电箱、开关箱外形结构应能防雨、防尘。 11. 配电箱、开关箱的电源进线端严禁采用插头和插座做活动连接。 12. 配电箱、开关箱箱门应配锁，并应由专人负责。 13. 配电箱、开关箱应定期检查、维修。检查、维修人员必须是专业电工。检查、维修时必须按规定穿、戴绝缘鞋、手套，必须使用电工绝缘工具，并应做检查、维修工作记录。 14. 对配电箱、开关箱等临时用电设备进行维修时，电气维修人员不得少于两人，维修前应切断其前一级电源，拉开相应的隔离电器，并悬挂"禁止合闸、有人工作"警示牌，严禁带电作业
意外情况处置	1 作业人员作业必须按票证上批准的作业进行作业，不得越界，如有疑问则停止作业。 2. 实际作业与作业计划的要求不符时，现场所有人员都有责任立即终止作业。 3. 作业安全控制措施无法实施时，现场所有人员都有责任立即终止作业。 4. 发生电气火灾时，应切断电源，采用干粉灭火器、二氧化碳灭火器或干沙土扑救。 5. 在大风、暴雨、沙尘暴等恶劣天气来临前，应对临时用电设备加以防护，并在使用前重新检查
关闭	1. 作业结束后，监护人对照清单清点人员并对设备、工机具和材料、残留废弃物进行清理。 2. 解除相关隔离设施，确认现场没有遗留任何安全隐患，申请人与批准人或其授权人签字关闭作业许可证

六、拆除阶段

（一）工序的重要性

临时用电拆除施工工序在建筑施工中起着重要的作用。首先，它是安全施工的前提。拆除施工过程中，临时用电设备的正常运行保障了施工人员的电力供应，确保施工过程的顺利进行。同时，通过对临时用电设备的合理拆除，可以减少施工现场的电力泄漏和安全隐患。其次，它是施工效率的保证。临时用电设备拆除后，施工人员可以更加专注地进行后续工作，提高工作效率。因此，在施工过程中正确进行临时用电拆除施工工序具有重要的意义。

（二）操作流程

1. 评估现场安全状况

在进行临时用电拆除之前，需要评估施工现场的安全状况，确保拆除过程中不会给施工人员和周围环境带来危险。评估包括检查电线的绝缘情况、查看电气设备的正常运行等。

2. 制订拆除方案

根据现场评估结果，制订临时用电拆除方案。拆除方案需要考虑到拆除的先后顺序、电线和设备的处理方式等。

3. 上锁挂牌

供用电设施的拆除工作只有在可靠切断被拆除部分电源后方可进行。拆除前使被拆除部分与带电部分在电气上可靠断开、隔离，是指应断开断路器、打开负荷开关等电气设备。在断开断路器、打开负荷开关后，为进一步确保拆除工作的安全，还应将隔离开关等隔离设备打开。挂警示牌，并在被拆除侧挂接地线或投接地刀闸，是为了防止拆除过程中由于误操作或误动作而使被拆除设备带电，造成人员和财产损害而作的规定。

4. 安全措施

工作人员必须由电气专业人员进行操作，按规定做好个人防护，进行停止电源供应：在开始拆除工作之前，需先停止电源供应，有人监护，并应设隔离防护设施，确保安全操作。

拆除临时电线和配电箱：根据拆除方案，逐步拆除临时电线和配电箱。拆除时应注意电源线的断开与拆除动作的协调。

5. 检查电线状况

在拆除过程中，需要检查电线是否存在损坏或老化现象，并及时更换。

6. 安装临时用电设备

在完成拆除工作后，可以根据需要重新安装临时用电设备，确保施工过程的连续性。

(三)注意事项

1. 安全第一

在进行临时用电拆除施工工序时,安全是首要考虑的因素。施工人员必须佩戴符合安全标准的个人防护装备,遵守操作规程和操作流程,提高安全意识,以防止发生意外事故。

2. 合理规划

在制订临时用电拆除方案时,应充分考虑现场实际情况,并与其他工序进行协调。合理规划可以避免工期延误和资源浪费,提高施工效率。

3. 资质要求

在进行临时用电拆除施工工序之前,施工人员应具备相关的资质和经验,熟悉相关法规和标准,以保证操作的合法性和规范性。

第二节 电 源

一、临时用电电源

(1)电缆中必须包含全部工作芯线和用作保护零线的芯线:

① 三相四线制配电的电缆线路必须采用五芯电缆,五芯电缆必须包含所有工作芯线和用作保护零线的芯线,淡蓝色芯线用作 N 线,绿/黄双色芯线用作 PE 线,严禁混用。

② 三相三线制必须采用四芯电缆,单相二线制必须采用三芯电缆。

③ 严禁使用无保护零线的二芯电缆(不包括安全电压或Ⅱ、Ⅲ类电动工具使用的电缆)。

(2)根据用电负荷确定电缆的截面。电缆截面积应与开关电气额定电流相匹配,并不得小于开关允许最小截面积。

(3)禁止使用破皮、老化的电缆,每根配电电缆接头不得超过 2 处。电线、电缆不得与电、气焊把线、钢丝绳等绞在一起。

(4)区域外敷设配电线路原则上采用架空线;区域内敷设配电线路原则上采用架空与直埋相结合,严禁沿地面明设,避免机械损伤和介质腐蚀,并做好现场标识。

（5）根据敷设方式、环境条件选择电缆类型。埋地敷设宜选用铠装电缆；当选用无铠装电缆时，要能防水、防腐，架空敷设宜选用无铠装电缆。

（6）电缆直接埋地时，分配电箱以下低压电缆深度不应小于0.3m，在地面每隔不超过5m设置一个"下有电缆"的明显标志并标示其路径方向；高压电缆、分配电箱以上低压电缆、人员车辆通行区域的低压电缆、特殊区域等埋深不得小于0.7m，并在电缆的上、下、左、右侧均匀敷设不小于50mm厚的细砂，然后覆盖砖或混凝土板等硬质保护层，硬质保护层上方应铺设"地下电缆"标示带。在地面每隔不超过20m设置一个"下有电缆"的明显标志并标示其路径方向。

（7）埋地电缆在穿越建筑物、构筑物、道路、易受机械损伤、介质腐蚀场所及引出地面从2m高到地下0.2m处，加设防护套管，防护套管内径不应小于电缆外径的1.5倍。

（8）埋地电缆与其附近外电电缆和管沟的平行间距不得小于2m、交叉间距不得小于1m。

（9）埋地电缆的接头设在地面上的接线盒内，接线盒要能防水、防尘、防机械损伤，并远离易燃、易爆、易腐蚀场所。

（10）架空电缆沿电杆、支架或墙壁敷设，严禁沿脚手架或其他设施敷设。并采用绝缘固定，绑扎线采用绝缘线，固定点间距应保证电缆能承受自重所带来的荷载。架空线的最大弧垂与地面距离，施工现场不低于5m，穿越机动车道不低于6m，沿墙壁敷设时最大弧垂距地不得小于2m。

（11）导线的连接必须采用压接和焊接方式，严禁使用绞接方式连接。

二、电源设备安全技术要求

电源设备安全技术核心主要包括：接零保护、重复接地、防雷接地。

（一）一般规定

（1）施工现场采用TN-S接零保护系统，所有电气设备的金属外壳必须与保护零线（PE）连接，不得一部分设备做保护接零，另一部分设备做保护接地。

（2）TN-S系统中的保护零线除了要在配电室或总配电箱处做重复接地外，还要在配电系统的中间处和末端处做重复接地，但严禁将单独敷设的工作零线再做重复接地。且在TN-S系统中，保护零线每一处重复接地装置的接地电阻值不应大于10Ω，在工作接地电阻值允许达到10Ω的电力系统中，所有重复接地的等效电阻值不应大于 10Ω。

（3）保护零线（PE）必须采用绝缘导线，与电动机械相连接的 PE 线截面积不小于 2.5mm²，手持电动工具的 PE 线截面积应为 1.5mm²。电缆 PE 线所用材质与相线、工作零线相同时，其最小截面积应符合表 3-17 的规定。

（4）PE 线严禁装设开关或熔断器，严禁通过工作电流，且严禁断线。

（5）每一接地装置的接地线采用 2 根及以上导体，在不同点与接地体做电气连接。接地可利用自然接地体，但要保证其电气连接和热稳定，不得采用铝导体做接地体或地下接地线。垂直接地体宜采用角钢、钢管或光面圆钢，不得采用螺纹钢。

（6）自备发电机组及其控制盘、配电盘柜应分开布置，在保证电气安全距离和满足防火要求情况下可合并设置。

（7）发电机组的排烟管道必须伸到室外，发电机组及其控制室、配电室内必须配置用于扑灭电气火灾的灭火器，室内严禁存放储油桶。

（8）作为备用发电机组电源必须与外接电源线路有闭锁保护，严禁并列运行；应采用电源中性点直接接地的三相五线制 TN-S 接零保护供电系统。

（9）移动式发电机供电的用电设备，其金属外壳或底座应与发电机电源的接地装置有可靠的电气连接。铁棚、金属平台或钢构架等都必须做好接地。

（10）移动式发电机系统接地符合电力变压器系统接地的要求。用电设备的保护零线不得串联。保护零线采用焊接、压接、螺栓连接等可靠方法连接，严禁缠绕和钩挂。下列情况可不另做保护接零：

① 移动式发电机和用电设备固定在同一金属支架上，且不供给其他设备用电时。

② 不超过 2 台的用电设备由专用的移动式发电机供电，供、用电设备间距不超过 50m，且供、用电设备的金属外壳之间有可靠的电气连接时。

（11）移动式发电机组停放地点，应设防雨棚且要坚固可靠。

（12）存有静电的施工现场，对集聚在机械设备上的静电采取接地泄漏措施。每组专设的静电接地体的接地电阻值不应大于 100Ω。

（13）电器、用电设备接线端子不得裸露。

（二）保护接零

（1）在施工现场，下列设备不带电的外露可导电部分必须做接零保护：

① 电机、变压器、电器、照明器具和手持电动工具的金属外壳。

② 配电柜和控制柜的金属框架。
③ 电气设备传动装置的金属部件。
④ 配电装置的金属箱体、框架及靠近带电部分的金属围栏和金属门。
⑤ 电力线路的金属保护管、敷线钢索、起重机底座和轨道、滑模金属操作平台。
⑥ 安装在电力线杆（塔）上的开关、电容器等电气装置的金属外壳及支架。
（2）在潮湿或条件特别恶劣的施工现场的电气设备必须采用接零保护。

（三）防雷

（1）高度在20m及以上的钢构架、提升架、钢脚手架、塔吊等要做防雷接地。
（2）避雷针的长度为1~2m。现场所有避雷装置的冲击接地电阻不大于30Ω。
（3）定期对避雷设施、防静电装置进行检查检测，确保性能安全可靠。

三、电源区域隔离

（1）在建工程（含脚手架）周边与架空线边线最小安全操作距离见表4-4。

表4-4 设施与架空线边线最小安全操作距离

外电线路电压等级，kV	<1	1~10	35~110	220	330~500
最小安全操作距离，m	4.0	6	8	10	15

（2）施工现场机动车道与架空线路交叉时的最小垂直距离见表4-5。

表4-5 机动车道与架空线最小垂直距离

外电线路电压等级，kV	1	1~10	35
最小垂直距离，m	6	7	7

（3）起重机严禁越过无防护设施的架空线路作业。起重机与架空线路边线的最小安全距离见表4-6。

表4-6 起重机与架空线路边线最小安全距离

安全距离	电压，kV						
	<1	10	35	110	220	330	500
沿垂直方向，m	1.5	3.0	4.0	5.0	6.0	7.0	8.5
沿水平方向，m	1.5	2.0	3.5	4.0	6.0	7.0	8.5

（4）施工现场开挖沟槽边缘与外电埋地电缆沟槽边缘之间的距离不得小0.5m。

第三节　固定式电动设备

三相异步电动机具有较高的效率和较好的工作特性，能满足大多数固定式电动设备的拖动要求，而且在其基本系列的基础上可以方便地导出各种派生系列，以适应各种三相异步电动机的使用条件。

一、常用电动设备

固定式电动设备包括但不限于以下类型：

（1）照明设备：如灯具、射灯、路灯等。

（2）电力设备：如变压器、配电柜、电缆桥架等。

（3）通信设备：如电话系统、网络设备、广播系统等。

（4）安全设备：如火灾报警器、监控系统、门禁系统等。

（5）工业设备：如起重机械设备、桩工机械、物料提升机、机床等。

二、安全使用与防护技术

（1）开关箱与固定用电设备水平距离不超过 3m。

（2）电动机械的选购、使用、检查和维修应遵守下列规定：

① 选购的电动机械有产品合格证和使用说明书。

② 建立和执行专人专机负责制，并定期检查和维修保养。

③ 电气保护应符合国家标准要求，运行时产生振动的设备的金属基座、外壳与保护零线（PE）的连接点不少于两处。

④ 每台用电设备必须设置独立的控制开关和漏电保护器。

⑤ 按使用说明书使用、检查、维修。

（3）塔式起重机的电气设备应符合现行国家标准 GB 5144《塔式起重机安全规程》中的要求。

（4）塔式起重机、外用电梯、滑升模板的金属操作平台及需要设置避雷装置的物料提升机等较高的机械，除应连接保护零线（PE）外，还应做重复接地：

① 轨道两端各设一组接地装置。

② 轨道连接处做电气连接，两条轨道端部做环形电气连接。

③ 较长轨道每隔不大于 30m 加一组接地装置。

（5）需要夜间工作的塔式起重机，应设置正对工作面的投光灯。

（6）塔身高于30m的塔式起重机，应在塔顶和臂架端部设红色信号灯。

（7）外用电梯梯笼内应安装紧急停止开关。

（8）外用电梯和物料提升机的上、下极限位置应设置限位开关。

（9）外用电梯和物料提升机在每日工作前必须对安全装置进行空载检查，正常后方可使用。检查时必须有防坠落措施。

（10）电动机械的负荷线应按其额定负荷选用无接头橡皮护套铜芯软电缆。电缆芯线数应根据电动机械和手持式电动工具的相数和线数确定：

① 三相四线时，应选用五芯电缆（如塔吊、大型机组）。

② 三相三线时，应选用四芯电缆（如逆变焊机、木工机械、钢筋加工机械等）。

③ 单相二线时，应选用三芯电缆（如交流电焊机、照明灯具等）。

④ 电缆芯线应符合规范要求，其中PE线应采用绿/黄双色绝缘导线。

⑤ 严禁随意延长导线长度，严禁使用各种插座做电源延长线的耦合器。

（11）正反向运转控制装置的控制电器应采用接触器、继电器等自动控制电器，严禁采用手动双向转换开关作为控制电器。

（12）电动机械使用前应仔细阅读其说明书，严格按说明书要求检查和操作。

（13）电动机械每次使用前应进行详细检查，确认安全后，方可接电使用。

第四节 移动式电动设备

一、常用电动设备

常用的移动式电动设备有混凝土搅拌机、夯土机械、钢筋加工机械、木工机械、水泵、电焊机。

二、安全使用与防护技术

（1）开关箱与固定用电设备水平距离不宜大于3m。

（2）移动式电动设备的选购、使用、检查和维修应遵守下列规定：

① 选购的移动式电动设备有产品合格证和使用说明书。

② 建立和执行专人专机负责制，并定期检查和维修保养。

③ 电气保护应符合国家标准要求，运行时产生振动的设备的金属基座、外壳与保护零线（PE）的连接点不少于两处。

④ 每台用电设备必须设置独立的控制开关和漏电保护器。

⑤ 用电设备应放置在防雨、干燥和通风良好的地方。

⑥ 按使用说明书使用、检查、维修。

（3）电动机械的负荷线应按其额定负荷选用无接头橡皮护套铜芯软电缆。电缆芯线数应根据电动机械的相数和线数确定：

① 三相三线时，应选用四芯电缆。

② 单相二线时，应选用三芯电缆（如Ⅰ类手持式电动工具）。

③ 电缆芯线应符合规范要求，其中 PE 线应采用绿/黄双色绝缘导线。

④ 严禁随意延长导线长度，严禁使用各种插座做电源延长线的耦合器。

（4）夯土机械的操作扶手必须绝缘。使用夯土机械必须按规定穿戴绝缘用品，使用过程应有专人调整电缆，电缆长度不宜超过 50m。电缆严禁缠绕、扭结和被夯土机械跨越。

（5）电焊机一次侧电源线长度不宜大于 5m，其电源进线处必须设置防护罩。发电式直流电焊机的换向器应经常检查和维护。

（6）交流电焊机械必须配装防二次触电保护器。

（7）电焊机械的二次线应采用防水橡皮护套铜芯软电缆，电缆长度不宜大于 30m，不得采用金属构件或结构钢筋代替二次线的地线。

（8）严禁露天冒雨从事电焊作业。

（9）潜水泵电机的电源线应采用具有防水性能的橡皮绝缘橡皮护套铜芯软电缆，且不得承受外力。电缆在水中不得有中间接头。

（10）混凝土搅拌机、插入式振动器、平板振动器、地面抹光机、水磨石机、钢筋加工机械、木工机械等设备的电源线应采用橡皮绝缘橡皮护套铜芯软电缆，并不得有任何破损和接头。

（11）对混凝土机械、钢筋加工机械、木工机械等设备进行清理、检查、维修时，必须首先将其开关箱分闸断电，呈现可见电源分断点，并关门上锁。

第五节　手持电动工具

一、常用电动工具

电动工具指由电动机驱动的用来做机械功能的机具。通常设计为电动机与机械部分组装在一起，容易被携带到工作场地，使用时手持或悬挂操作的电动工具。比如施工中常用的电钻、角磨机等。

二、手持电动工具分类

（1）Ⅰ类：基本绝缘加附加的安全措施，即导电零部件接地保护。

（2）Ⅱ类：基本绝缘加双重绝缘或加强绝缘，没有接地保护；Ⅱ类工具分绝缘外壳和金属外壳。

（3）Ⅲ类：依靠由安全特低电压供电；工具内部不会产生比安全特低电压高的电压。

三、安全使用与防护技术

（一）手持电动工具使用的基本准则

（1）定期维护，保持良好状况。

（2）使用正确的工具和配件。

（3）使用前检查工具是否破损，严禁使用已损坏的工具。

（4）根据厂方提示使用工具和配件。

（5）提供及使用正确的个人防护（如安全眼镜、防护面罩、耳塞等）。

（6）手持电动工具使用过程中，要进行定期检验，填写检查记录。

（二）手持电动工具的合理选用

（1）在一般场所应选用Ⅱ类工具；如果使用Ⅰ类工具，必须带漏电保护电器、安全隔离变压器。

（2）在潮湿的场所或金属构架上等导电性能良好的作业场所，必须使用Ⅱ类或Ⅲ类工具；如果使用Ⅰ类工具，必须装额定漏电动作电流不大于30mA、动作时间不大于0.1s的漏电保护器。

（3）在受限空间作业应使用Ⅲ类工具。如果使用Ⅱ类工具，必须装设额定漏电动作电流不大于15mA、动作时间不大于0.1s的漏电保护电器。

（4）在特殊环境如湿热、雨雪及存在爆炸性或腐蚀性气体场所，使用的工具必须符合相应的防护等级的安全技术要求。Ⅰ类工具的电源线必须采用三芯（单相工具）或四芯（三相工具）多股铜芯橡皮护套线，其中黄绿双色线在任何情况下都只能用作保护接地或接零线；Ⅲ类工具的安全隔离变压器，Ⅱ类工具的漏电保护器，以及Ⅱ类、Ⅲ类工具的控制箱和电源转接器等应放在外面,并设专人在外监护。手持电动工具自带的软电缆不允许任意拆除或接长,插头不得任意拆除更换。

(5)使用前应检查工具外壳、手柄、接零(地)、导线和插头、开关、电气保护装置和机械防护装置、工具转动部分等是否正常。

(6)一台剩余电流保护器不得控制两台及以上电动工具。

(7)电动工具的电源线,应采用橡皮绝缘橡皮护套铜芯软电缆。电缆应避开热源,并应采取防止机械损伤的措施。

(8)使用电动工具时不许用手提着导线或工具的转动部分,使用过程中要防止导线被绞住、受潮、受热或碰损。

(9)严禁将导线线芯直接插入插座或挂在开关上使用。

(10)电动工具使用完毕、暂停工作、遇突然停电时应及时切断电源。

(11)工具应有下述标志:

① 额定电压或额定电压范围,V。

② 电源种类的符号,视能否适用而定。

③ 额定频率或额定频率范围,Hz;专为直流设计的或为交流50Hz和60Hz通用设计的工具除外。

④ 额定输入功率(如大于25W),W或kW,或额定电流,A。

⑤ 制造厂的名称、商标或识别标志。

⑥ 制造厂的型号。

⑦ 额定运行时间或额定运行时间和额定停歇时间,h、min或s,视能否适用而定。

⑧ Ⅱ类结构符号,仅限于Ⅱ类工具。

⑨ 防潮程度符号,视能否适用而定。

(三)手持电动工具的检查和维修

(1)专人保管,每日检查。专职人员定期检查:每季度至少全面检查一次目视管理标签。

(2)日常检查清单:

① 外壳、手柄有否裂缝和破损。

② 保护接地或接零线连接是否正确、牢固可靠。

③ 软电缆或软线是否完好无损。

④ 插头是否完整无损。

⑤ 开关动作是否正常、灵活，有无缺陷、破裂。

⑥ 电气保护装置是否良好。

⑦ 机械防护装置是否完好。

⑧ 工具转动部分是否转动灵活无障碍。

（3）必须测量工具的绝缘电阻，绝缘电阻的检测（用500V兆欧表测量）见表4-7。

表4-7　手持电动工具绝缘电阻值

测量部位	绝缘电阻，MΩ
Ⅰ类工具带电零件与外壳之间	2
Ⅱ类工具带电零件与外壳之间	7
Ⅲ类工具带电零件与外壳之间	1

第六节　现场照明灯具

照明灯具的选用要符合以下要求。

一、因地制宜

（1）满足所在区域安全作业亮度要求。

（2）满足所在区域防爆、防尘、防振、防水等要求。

（3）必要时应在坑井、沟道、沉箱等部位设置应急照明。

二、电压适宜

（1）一般场所，可选用220V照明。

（2）在潮湿和易触及带电体场所或受限空间内的照明电源电压不得大于24V，在特别潮湿场所、导电良好的地面、锅炉或金属容器内的照明电源电压不得大于12V。

（3）行灯电源不超过36V。

三、设施完好

（1）使用合适的灯具和带护罩的灯座，防止意外接触或破裂。

（2）行灯外部应用金属保护罩，手柄绝缘良好。
（3）灯具及电源线绝缘完好。

四、保护可靠

（1）灯具金属外壳应采用保护接零措施。
（2）行灯变压器严禁带入金属容器内或金属管道内使用。
（3）灯具与易燃物之间，应保持安全距离，间距不够时，应采取隔热。

第七节 监督检查

一、监督检查方式

（一）检查前的准备工作

（1）确定检查的范围和对象，包括临时用电设备、线路、插座等。
（2）准备检查仪器和工具，如钳形电流表、接地电阻检测仪、绝缘测试仪等。

（二）检查临时用电设备

（1）检查是否有专人负责临时用电设备的管理，是否有使用登记和检查记录。
（2）检查临时用电设备是否符合国家安全标准，是否有合格证明。
（3）检查电缆线是否有明显的破损和老化现象，是否有绝缘处理。
（4）检查临时用电设备的接地是否正常、可靠，是否存在漏电等安全隐患。

（三）检查临时线路

（1）检查临时电源箱及电缆布线是否安全可靠，是否有明显的破损和老化。
（2）检查临时线路是否正确选择和布置，是否足够承载负荷。
（3）检查临时线路是否正确接地，是否存在接地线断裂或接触不良的情况。

（四）检查插座和电气设备

（1）检查插座是否有明显的破损和老化现象，是否能够正常接触导线。
（2）检查插座是否安装在合适的位置，是否存在过载现象。
（3）检查电气设备是否符合国家安全标准，是否有使用合格证明。
（4）检查电气设备的接线是否正确，是否存在漏电和过流现象。

(五)检查临时用电场所

(1)检查临时用电场所的通风和照明条件是否良好。

(2)检查临时用电场所是否存在易燃、易爆等危险品,是否存在安全隐患。

(3)检查临时用电场所是否存在堆放杂物、阻挡安全通道等违规行为。

(六)检查记录和整改措施

(1)对检查过程进行记录,包括检查的时间、地点、对象、问题和整改建议等。

(2)将检查结果及时通知相关责任人,并要求在规定的时间内整改安全隐患。

(3)对整改措施的执行情况进行跟踪检查,确保安全隐患得到有效解决。

(七)预防措施和培训教育

(1)加强对临时用电安全检查程序和方法的宣传和培训,提高相关人员的安全。

(2)定期组织临时用电设备的维护和保养工作,确保设备的正常运行和安全。

二、监督检查的要点

施工现场临时用电有关的设备设施的安装采用 220V/380V 三相四线制低压供电系统管控措施,必须遵守三项基本用电安全技术原则:采用三级配电系统、TN-S 接零保护和二级漏电保护系统。

(1)自备电源严禁接入公用电网运行;不得变更工作地点和内容;禁止任意增加用电负荷或私自向其他单位转供电;严禁擅自动用他人操作的用电设备。

(2)所有临时用电设备、工具和线路必须正确选用,符合现行国家标准和行业规范的要求。施工现场临时用电设备进厂采取准入检查制度,不合格的电气设备不得进入施工现场。

(3)承包商要指派专职施工用电管理人员和至少两名合格的电工负责临时用电设施和相关设备的安装、维护和控制。电气工程师应进行安装前技术交底,使安装电工了解临时用电有关的设备设施的安装技术要求和安装程序。

(4)作业人员遵守各种电气设备的安全操作规程。施工现场临时用电有关的设备设施的安装前,按规定穿戴好相应的个人防护用品,并检查电气装置和保护设施,严禁设备带"缺陷"运转。

（5）临时用电（配电箱及配电线路）停电检修时必须断开上一级隔离开关并上锁和悬挂"禁止合闸，有人工作"标志牌，作业过程中设置至少一名电工工作监护人。作业结束送电时必须由持证电工专人负责并经第二人确认所有的电气设施、用电设备处于正常状态方能送电。工作中的配电箱和开关箱要挂上"正在工作"的警示牌。

（6）承包商应配备合格电工并将其负责范围、联系电话、电工证书印制在现场配电箱门上，要求承包商电工至少每天上午于现场施工开始前和下午下班前将自己负责的配电设备和线路仔细巡查一遍，随时对重点部位和移动电气设备进行检查，发现问题及时处理，并将问题及处理结果记录在电工巡检日记里。

（7）现场所有临时用电设施、配电箱、开关箱应按项目统一编号原则编号。配电箱、开关箱要有名称、用途、分路标记及系统接线图。配电箱的门应关紧上锁；施工现场停止作业 1h 以上时，应将动力开关箱断电上锁。

（8）电气设备和供配电线路应定期测定绝缘电阻。

（9）易燃易爆场所装设的电气设备应为防爆型；不得任意拆除电气设备部件，保持防爆性能。

（10）触电危险性较大的场所使用手提灯、可携式电气设备和电动工具等时，若不能使用安全电压，要采用有效的防触电措施。

（11）电气设备现场周围不得存放易燃易爆物品、污染源和腐蚀介质，其防护等级必须与环境条件相适应。

（12）电气设备设置场所应搭设防护棚，配置消防器材，避免物体打击和机械损伤。

（13）临时用电系统及其设施的管理，执行当地电业管理部门的规定和入网作业安全要求。

三、违章分析结果运用

（一）用电管理方面

工地未配备专业电工，而是让略懂些用电知识的人员去从事电工作业。无操作证的电工未按规范设置用电线路和保护措施，穿拖鞋操作，甚至带电接线的现象时有出现，造成事故隐患。临时用电工程无编制专项施工组织设计，仅由电工凭经验自行布设，无全盘计划，随意性强，未采取必要的安全防护措施。有的工地编制的用电施工组织设计没有负荷计算，无线路图；有的和施工现场实际脱节，根本起不到指导施工用电的作用。

（二）配电系统方面

在施工现场，经常发现用电系统没有经过严密的设计，配电箱与开关箱距离过远，电箱四周物品杂乱，地面高低不平，通行道路积水、泥泞，钢筋、木材、钢管等建筑材料随意堆放，操作人员无法顺利接近电箱。更有的企业，为了防止因为施工环境小造成碰撞电箱的触电事故发生，在电箱四周焊制钢筋防护网，出发点是好的，但人员进入狭窄的防护网内操作非常不方便，发生触电事故不能及时、便捷地拉闸断电，严重违反了用电安全技术规范。

（三）漏电保护方面

有的施工现场漏电保护器配置不合理，末级电箱漏电保护器电流过大，发生漏电后直接引起总箱漏电保护器动作，没有形成分级配置。施工企业发现问题不是检查、测试漏电保护器的规格和性能，查找漏电原因，及时排除故障，而是单纯增加漏电保护器的数量，加大了用电成本，留存了事故隐患。

（四）保护接零方面

在落实保护接零措施方面，保护零线引出不符合规范，重复接地点不足。未采用专门色标的电线作保护零线，线径过小。保护零线未随所有线路自始至终，未与用电设备外壳相连，起不到保护作用。

（五）电箱设置方面

电箱内无隔离开关或设置不规范。使用木制电箱，电箱无标记。电线从电箱箱体侧面、上顶面、后面或箱门进出。电器安装于木板上。电箱安装位置不合理。

（六）线路敷设方面

用电架空线路架设在脚手架上，或穿越脚手架引入在建工程。采用竹竿或钢管作为电线杆。架空线路和灯具架设高度过低。电线、电缆沿地面明设。电线外皮老化、破损，绝缘性差。采用四芯电缆外加一根线代替五芯电缆，两种线路绝缘程度、机械程度、抗腐蚀能力及载流量不匹配，引发事故。

（七）现场照明方面

现场照明装置在一般情况下应与动力线路分开，自设独立的线路系统，其电源电压为220V。这样,一旦动力电源出现故障或有人触电而造成停电时,不会影响照明回路。在有照明的情况下,有利于排除故障,避免或减少触电事故的发生。GB/T 3805《特低电压(ELV)限值》还规定在特殊情况下应使用安全电压。照明灯具的金属外壳必须做保护接零,单相回路的照明开关箱内必须装设漏电保护器。但是目前很多工地现场照明系统设置随意,工地工棚大多低矮,线路高度小于2.4m的没有采用36V以下的安全电压;照明线路及灯具随意搭设;照明线路未采用专用回路,电线采用软线,破皮老化,绝缘差;生活用电私拉乱接等现象较多。因此,应该重视现场照明系统的管理,使用安全电压,装设漏电保护器,照明线路和动力线路严格分设,做好保护接零,降低触电的可能性,加强用电安全管理,确保生活用电的安全。

参 考 文 献

[1] 中华人民共和国国家质量监督检验检疫总局,中国国家标准化管理委员会.特低电压(ELV)限值:GB/T 3805—2008[S].北京:中国标准出版社,2008.

[2] 中华人民共和国国家质量监督检验检疫总局,中国国家标准化管理委员会.用电安全导则:GB/T 13869—2017[S].北京:中国标准出版社,2017.

[3] 中华人民共和国国家质量监督检验检疫总局,中国国家标准化管理委员会.剩余电流动作保护装置安装和运行:GB/T 13955—2017[S]北京:中国标准出版社,2017.

[4] 中华人民共和国住房和城乡建设部.低压配电设计规范:GB 50054—2011[S].北京:中国计划出版社,2011.

[5] 中华人民共和国住房和城乡建设部.爆炸和火灾危险环境电力装置设计规范:GB 50058—2014[S].北京:中国计划出版社,2014.

[6] 中华人民共和国住房和城乡建设部.电气装置安装工程 电缆线路施工及验收规范:GB 50168—2018[S].北京:中国计划出版社,2018.

[7] 中华人民共和国住房和城乡建设部.电气装置安装工程 接地装置施工及验收规范:GB 50169—2016[S].北京:中国计划出版社,2016.

[8] 中华人民共和国住房和城乡建设部.建设工程施工现场供用电安全规范:GB 50194—2014[S].北京:中国计划出版社,2014.

[9] 中华人民共和国住房和城乡建设部.建筑电气工程施工质量验收规范:GB 50303—2015[S].北京:中国建筑工业出版社,2015.

[10] 中华人民共和国住房和城乡建设部.石油化工建设工程施工安全技术标准:GB/T 50484—2019[S].北京:中国计划出版社,2019.

[11] 中华人民共和国住房和城乡建设部.建筑与市政工程施工现场临时用电安全技术标准:JGJ/T 46—2024[S].北京:中国建筑工业出版社,2024.

第五章　特殊情况下的临时用电

第一节　易燃易爆环境临时用电

石油化工行业生产运行场所多为易燃易爆环境，对临时用电的防爆要求较高。

一、易燃易爆环境分类

（一）火灾危险性分类

根据生产中使用或产生的物质性质及其数量等因素，将生产的火灾危险性分为甲、乙、丙、丁、戊类，详见表 5-1。

表 5-1　生产的火灾危险性分类

危险性类别	使用或产生下列物质生产的火灾危险性特征
甲	1. 闪点小于 28℃ 的液体。 2. 爆炸下限小于 10% 的气体。 3. 常温下能自行分解或在空气中氧化能导致迅速自燃或爆炸的物质。 4. 常温下受到水或空气中水蒸气的作用，能产生可燃气体并引起燃烧或爆炸的物质。 5. 遇酸、受热、撞击、摩擦、催化及遇有机物或硫黄等易燃的无机物，极易引起燃烧或爆炸的强氧化剂。 6. 受撞击、摩擦或与氧化剂、有机物接触时能引起燃烧或爆炸的物质。 7. 在密闭设备内操作温度不小于物质本身自燃点的生产
乙	1. 闪点不小于 28℃，但小于 60℃ 的液体。 2. 爆炸下限不小于 10% 的气体。 3. 不属于甲类的氧化剂。 4. 不属于甲类的易燃固体。 5. 助燃气体。 6. 能与空气形成爆炸性混合物的浮游状态的粉尘、纤维、闪点不小于 60℃ 的液体雾滴
丙	1. 闪点不小于 60℃ 的液体。 2. 可燃固体

续表

危险性类别	使用或产生下列物质生产的火灾危险性特征
丁	1. 对不燃烧物质进行加工，并在高温或熔化状态下经常产生强辐射热、火花或火焰的生产。 2. 利用气体、液体、固体作为燃料或将气体、液体进行燃烧作其他用的各种生产。 3. 常温下使用或加工难燃烧物质的生产
戊	常温下使用或加工不燃烧物质的生产

根据储存物品的性质和储存物品中的可燃物数量等因素对储存物品的火灾危险性进行划分，可分为甲、乙、丙、丁、戊类，详见表5-2中的规定。

表 5-2 储存物品的火灾危险性分类

危险性类别	储存物品的火灾危险性特征
甲	1. 闪点小于28℃的液体。 2. 爆炸下限小于10%的气体，受到水或空气中水蒸气的作用能产生爆炸下限小于10%气体的固体物质。 3. 常温下能自行分解或在空气中氧化能导致迅速自燃或爆炸的物质。 4. 常温下受到水或空气中水蒸气的作用，能产生可燃气体并引起燃烧或爆炸的物质。 5. 遇酸、受热、撞击、摩擦及遇有机物或硫黄等易燃的无机物，极易引起燃烧或爆炸的强氧化剂。 6. 受撞击，摩擦或与氧化剂、有机物接触时能引起燃烧或爆炸的物质
乙	1. 闪点不小于28℃，但小于60℃的液体。 2. 爆炸下限不小于10%的气体。 3. 不属于甲类的氧化剂。 4. 不属于甲类的易燃固体。 5. 助燃气体。 6. 常温下与空气接触能缓慢氧化，积热不散引起自燃的物品
丙	1. 闪点不小于60℃的液体。 2. 可燃固体
丁	难燃烧物品
戊	不燃烧物品

根据建筑高度和层数不同，民用建筑可分为单、多层民用建筑和高层民用建筑，又依据建筑高度、使用功能和楼层的建筑面积的不同，高层民用建筑可细分为一类高层民用建筑和二类高层民用建筑，具体分类见表5-3。

表 5-3　民用建筑的分类

名称	高层民用建筑		单、多层民用建筑
	一类	二类	
住宅建筑	建筑高度大于 54m 的住宅建筑（包括设置商业服务网点的住宅建筑）	建筑高度大于 27m，但不大于 54m 的住宅建筑（包括设置商业服务网点的住宅建筑）	建筑高度不大于 27m 的住宅建筑（包括设置商业服务网点的住宅建筑）
公共建筑	1. 建筑高度大于 50m 的公共建筑。 2. 建筑高度 24m 以上部分任一楼层建筑面积大于 1000m² 的商店、展览、电信、邮政、财贸金融建筑和其他多种功能组合的建筑。 3. 医疗建筑、重要公共建筑、独立建造的老年人照料设施。 4. 省级及以上的广播电视和防灾指挥调度建筑、网局级和省级电力调度建筑。 5. 藏书超过 100 万册的图书馆、书库	除一类高层公共建筑外的其他高层公共建筑	1. 建筑高度大于 24m 的单层公共建筑。 2. 建筑高度不大于 24m 的其他公共建筑

注：1. 表中未列入的建筑，其类别应根据本表类比确定。
　　2. 除 GB 50016《建筑设计防火规范》另有规定外，宿舍、公寓等非住宅类居住建筑的防火要求，应符合有关公共建筑的规定。
　　3. 除本规范另有规定外，裙房的防火要求应符合有关高层民用建筑的规定。

民用建筑的耐火等级根据其建筑高度、使用功能、重要性和火灾扑救难度等进行规定，分为一、二、三、四级，其中一级耐火等级要求最高，并对建筑配电设施明确了相应要求，如民用建筑与 10kV 及以下的预装式变电站的防火间距不应小于 3m。不同耐火等级建筑相应构件的燃烧性能和耐火极限见表 5-4。

表 5-4　不同耐火等级建筑相应构件的燃烧性能和耐火极限

构件名称			耐火等级			
			一级	二级	三级	四级
墙	防火墙	燃烧性能和耐火极限，h	不燃性 3.00	不燃性 3.00	不燃性 3.00	不燃性 3.00
	承重墙		不燃性 3.00	不燃性 2.50	不燃性 2.00	难燃性 0.50
	非承重外墙		不燃性 1.00	不燃性 1.00	不燃性 0.50	可燃性

续表

构件名称			耐火等级			
			一级	二级	三级	四级
墙	楼梯间和前室的墙；电梯井的墙；住宅建筑单元之间的墙和分户墙	燃烧性能和耐火极限，h	不燃性 2.00	不燃性 2.00	不燃性 1.50	难燃性 0.50
	疏散走道两侧的隔墙		不燃性 1.00	不燃性 1.00	不燃性 0.50	难燃性 0.25
	房间隔墙		不燃性 0.75	不燃性 0.50	难燃性 0.50	难燃性 0.25
柱			不燃性 3.00	不燃性 2.50	不燃性 2.00	难燃性 0.50
梁			不燃性 2.00	不燃性 1.50	不燃性 1.00	难燃性 0.50
楼板			不燃性 1.50	不燃性 1.00	不燃性 0.50	可燃性
屋顶承重构件			不燃性 1.50	不燃性 1.00	可燃性 0.50	可燃性
疏散楼梯			不燃性 1.50	不燃性 1.00	不燃性 0.50	可燃性
吊顶（包括吊顶搁栅）			不燃性 0.25	难燃性 0.25	难燃性 0.15	可燃性

注：1. 除 GB 50016《建筑设计防火规范》另有规定外，以木柱承重且墙体采用不燃材料的建筑，其耐火等级应按四级确定。
2. 住宅建筑构件的耐火极限和燃烧性能可按现行国家标准 GB 50368《住宅建筑规范》的规定执行。

鉴于生产中使用或产生的物质及储存物品的性质和数量不同，厂房和仓库或不同区域的火灾危险性均存在较大差异，建筑耐火等级也相应地进行了区别，划分为四个等级，其中一级耐火等级要求最高，四级耐火等级要求偏低。同时，对甲、乙、丙类液体储罐（区），可燃、助燃气体储罐（区），可燃材料堆场，石油和天然气工程、石油化工工程等工业建筑或设施的建筑防火也进行了规定，明确了建筑配电设施要求，如与甲、乙类厂房贴邻并供该甲、乙类厂房专用的 10kV 及以下的变（配）电站，应采用无开口的防火墙或抗爆墙一面贴邻，与乙类厂房贴邻的防火墙上的开口应为甲级防火窗；其他变（配）电站应设置在甲、乙类厂房及爆炸危险性区域外，不应与甲、乙类厂房贴邻。不同耐火等级厂房和仓库建筑构件的燃烧性能和耐火极限见表5-5。

表5-5　不同耐火等级厂房和仓库建筑构件的燃烧性能和耐火极限

构件名称			耐火等级			
			一级	二级	三级	四级
墙	防火墙	燃烧性能和耐火极限，h	不燃性 3.00	不燃性 3.00	不燃性 3.00	不燃性 3.00
	承重墙		不燃性 3.00	不燃性 2.50	不燃性 2.00	难燃性 0.50
	楼梯间和前室的墙；电梯井的墙		不燃性 2.00	不燃性 2.00	不燃性 1.50	难燃性 0.50
	疏散走道两侧的隔墙		不燃性 1.00	不燃性 1.00	不燃性 0.50	难燃性 0.25
	非承重外墙；房间隔墙		不燃性 0.75	不燃性 0.50	不燃性 0.50	难燃性 0.25
柱			不燃性 3.00	不燃性 2.50	不燃性 2.00	难燃性 0.50
梁			不燃性 2.00	不燃性 1.50	不燃性 1.00	难燃性 0.50
楼板			不燃性 1.00	不燃性 1.00	不燃性 0.75	难燃性 0.50
屋顶承重构件			不燃性 1.50	不燃性 1.00	难燃性 0.50	可燃性
疏散楼梯			不燃性 1.50	不燃性 1.00	不燃性 0.75	可燃性
吊顶（包括吊顶搁栅）			不燃性 0.25	难燃性 0.25	难燃性 0.15	可燃性

注：二级耐火等级建筑内采用不燃材料的吊顶，其耐火极限不限。

（二）爆炸性环境分类

根据爆炸性介质形态不同，将爆炸性环境分为爆炸性气体环境和爆炸性粉尘环境。

（1）爆炸性气体环境根据爆炸性气体混合物出现的频繁程度和持续时间分为 0 区、1 区、2 区，其中：

① 0 区应为连续出现或长期出现爆炸性气体混合物的环境。

② 1 区应为在正常运行时可能出现爆炸性气体混合物的环境。

③ 2 区应为在正常运行时不太可能出现爆炸性气体混合物的环境，或即使出现也仅是短时存在的爆炸性气体混合物的环境。

（2）爆炸根据爆炸性粉尘环境出现的频繁程度和持续时间分为 20 区、21 区、22 区，其中：

① 20 区应为空气中的可燃性粉尘云持续地或长期地或频繁地出现于爆炸性环境中的区域。

② 21 区应为在正常运行时，空气中的可燃性粉尘云很可能偶尔出现于爆炸性环境中的区域。

③ 22 区应为在正常运行时，空气中的可燃性粉尘云一般不可能出现于爆炸性粉尘环境中的区域，即使出现，持续时间也是短暂的。

（3）爆炸性气体混合物的分类、分级、分组：

根据介质和应用场景不同将爆炸性气体分为矿井甲烷（Ⅰ类）、爆炸性气体和蒸气（Ⅱ类）两大类，并根据爆炸性气体混合物最大试验安全间隙（MESG）或最小点燃电流比（MICR）对爆炸性气体混合物进行分级。爆炸性气体混合物的分类、分级标准见表 3-9～表 3-11。

二、电气设备分类

爆炸性环境用设备分为三类，其中：

（1）Ⅰ类设备用于煤矿瓦斯气体环境。

（2）Ⅱ类设备用于除煤矿瓦斯气体环境之外的其他爆炸性气体环境。Ⅱ类设备可再分为：ⅡA 类（代表性气体是丙烷），ⅡB 类（代表性气体是乙烯），ⅡC 类（代表性气体是氢气和乙炔）。

（3）Ⅲ类设备用于除煤矿之外的爆炸性粉尘环境。Ⅲ类设备可再分为：ⅢA 类（可燃性飞絮），ⅢB 类（非导电性粉尘），ⅢC 类（导电性粉尘）。

（一）设备基本防爆型式

设备基本防爆型式见表 5-6。

表5-6 设备基本防爆型式

序号	防爆型式	标志符号	防爆原理
1	隔爆型	d	隔离存在的点火源
2	增安型	e	设法防止产生点火源
3	本安型	i	限制点火源的能量
4	正压型	p	危险物质与点火源隔开
5	油浸型	o	危险物质与点火源隔开
6	充砂型	q	危险物质与点火源隔开
7	无火花型	n	设法防止产生点火源
8	浇封型	m	设法防止产生点火源
9	气密型	h	设法防止产生点火源
10	特殊型	s	采用一种或多种保护方法来实现防爆
11	防粉尘点燃外壳保护型	t	防止粉尘进入并限制表面温度

(二)设备保护级别(EPL)

设备保护级别是为满足防爆电气设备选型安全可靠、经济合理的要求,依据设备成为点燃源的可能性及区别爆炸性气体环境、爆炸性粉尘环境和有甲烷的煤矿爆炸性环境的差别而规定的保护等级,见表5-7。

表5-7 设备保护级别

序号	保护级别EPL	类别	保护等级	释义
1	Ma	Ⅰ类	很高	安装在煤矿瓦斯爆炸性环境中的设备,具有"很高"的保护等级,该级别具有足够的安全性,使设备在正常运行、出现预期故障或罕见故障,甚至在气体突然出现设备仍带电的情况下均不可能成为点燃源
2	Mb	Ⅰ类	高	安装在煤矿瓦斯爆炸性环境中的设备,具有"高"的保护等级,该级别具有足够的安全性,使设备在正常运行中或在气体突然出现和设备断电之间的时间内出现的预期故障条件下不可能成为点燃源
3	Ga	Ⅱ类	很高	爆炸性气体环境用设备,具有"很高"的保护等级,在正常运行、出现的预期故障或罕见故障时不是点燃源
4	Gb	Ⅱ类	高	爆炸性气体环境用设备,具有"高"的保护等级,在正常运行或预期故障条件下不是点燃源

续表

序号	保护级别 EPL	类别	保护等级	释义
5	Gc	Ⅱ类	一般	爆炸性气体环境用设备,具有"一般"的保护等级,在正常运行中不是点燃源,也可采取一些附加保护措施,保证在点燃源预期经常出现的情况下(例如灯具的故障)不会形成有效点燃
6	Da	Ⅲ类	很高	爆炸性粉尘环境用设备,具有"很高"的保护等级,在正常运行、出现预期故障或罕见故障条件下不是点燃源
7	Db	Ⅲ类	高	爆炸性粉尘环境用设备,具有"高"的保护等级,在正常运行或出现的预期故障条件下不是点燃源
8	Dc	Ⅲ类	一般	爆炸性粉尘环境用设备,具有"一般"的保护等级,在正常运行过程中不是点燃源,也可采取一些附加保护措施,保证在点燃源预期经常出现的情况下(例如灯具的故障)不会形成有效点燃

(三)防爆设备标志

防爆电气设备的防爆标志由"防爆符号(Ex)+ 保护等级 + 设备类别 + 温度组别 + 保护级别(EPL)"五部分组成。常用的设备保护等级符号见表5-8。

表5-8 防爆设备标志

爆炸性气体环境防爆标志			爆炸性粉尘环境防爆标志		
序号	保护等级符号	含义	序号	保护等级符号	含义
1	ia	本质安全型(对于 EPL Da)	1	da	隔爆外壳(对于 EPL Ga 或 Ma)
2	ib	本质安全型(对于 EPL Db)	2	db	隔爆外壳(对于 EPL Gb 或 Mb)
3	ic	本质安全型(对于 EPL Dc)	3	dc	隔爆外壳(对于 EPL Gc)
4	ma	浇封型(对于 EPL Da)	4	eb	增安型(对于 EPL Gb 或 Mb)
5	mb	浇封型(对于 EPL Db)	5	ec	增安型(对于 EPL Gc)
6	mc	浇封型(对于 EPL Dc)	6	ia	本质安全型(对于 EPL Ga 或 Ma)
7	op is	本质安全型光辐射(对于 EPL Da、Db 或 Dc)	7	ib	本质安全型(对于 EPL Gb 或 Mb)
8	op pr	保护型光辐射(对于 EPL Db 或 Dc)	8	ic	本质安全型(对于 EPL Gc)

续表

爆炸性气体环境防爆标志			爆炸性粉尘环境防爆标志		
序号	保护等级符号	含义	序号	保护等级符号	含义
9	op sh	带联锁装置的光辐射（对于 EPL Da、Db 或 Dc）	9	ma	浇封型（对于 EPL Ga 或 Ma）
10	pxb	正压型（对于 EPL Db）	10	mb	浇封型（对于 EPL Gb 或 Mb）
11	pyb	正压型（对于 EPL Db）	11	mc	浇封型（对于 EPL Gc）
12	pzc	正压型（对于 EPL Dc）	12	nA	无火花（对于 EPL Gc）
13	sa	特殊型（对于 EPL Da）	13	nC	火花保护（对于 EPL Gc）
14	sb	特殊型（对于 EPL Db）	14	nR	限制呼吸（对于 EPL Gc）
15	sc	特殊型（对于 EPL Dc）	15	ob	液浸型（对于 EPL Gb 或 Mb）
16	ta	外壳保护型（对于 EPL Da）	16	oc	液浸型（对于 EPL Gc）
17	tb	外壳保护型（对于 EPL Db）	17	op is	本质安全型光辐射（对于 EPL Ga、Gb、Gc、Ma 或 Mb）
18	tc	外壳保护型（对于 EPL Dc）	18	op pr	保护型光辐射（对于 EPL Gb、Gc 或 Mb）
			19	op sh	带联锁装置的光辐射（对于 EPL Ga、Gb、Gc、Ma 或 Mb）
			20	pv	正压型（对于 EPL Gb 或 Gc）
			21	pxb	正压型（对于 EPL Gb 或 Mb）
			22	pyb	正压型（对于 EPL Gb）
			23	pzc	正压型（对于 EPL Gc）
			24	q	充砂型（对于 EPL Gb 或 Mb）
			25	sa	特殊型（对于 EPL Ga 或 Ma）
			26	sb	特殊型（对于 EPL Gb 或 Mb）
			27	sc	特殊型（对于 EPL Gc）

对于Ⅰ类电气设备，当电气设备表面可能堆积煤尘时，其最高表面温度不应超过150℃；当电气设备表面不会堆积煤尘时（如防尘外壳内部），其最高表面温度不应超过450℃。Ⅱ类电气设备通常分为六个温度组别，见表5-9。Ⅲ类电气设备通常根据试验测定。

表 5-9　Ⅱ类电气设备的最高表面温度分组

温度组别	最高表面温度，℃
T1	≤450
T2	≤300
T3	≤200
T4	≤135
T5	≤100
T6	≤85

三、易燃易爆环境临时用电要求

（一）爆炸型环境下电气设备的选择

为了降低用电风险，爆炸性环境内的电气设备应根据火灾危险性，爆炸性环境划分，爆炸性气体混合物的类别、分级和温度组别，爆炸性粉尘环境分级等因素进行选择、设计和安装。爆炸性环境内电气设备保护级别的选择应符合表 5-10 的规定。

表 5-10　爆炸性环境内电气设备保护级别的选择

危险区域	设备保护级别 EPL
0 区	Ga
1 区	Ga 或 Gb
2 区	Ga、Gb 或 Gc
20 区	Da
21 区	Da 或 Db
22 区	Da、Db 或 Dc

电气设备保护级别（EPL）与电气设备防爆形式的关系见表 5-11。

表 5-11　电气设备保护级别（EPL）与电气设备防爆结构的关系

设备保护级别 EPL	电气设备防爆结构	防爆型式
Ga	本质安全型	"ia"
	浇封型	"ma"

续表

设备保护级别 EPL	电气设备防爆结构	防爆型式
Ga	由两种独立的防爆类型组成的设备，每一种类型达到保护级别"Gb"的要求	—
	光辐射式设备和传输系统的保护	"op is"
Gb	隔爆型	"d"
	增安型	"e"
	本质安全型	"ib"
	浇封型	"mb"
	油浸型	"o"
	正压型	"px" "py"
	充砂型	"q"
	本质安全现场总线概念（FISCO）	—
	光辐射式设备和传输系统的保护	"op pr"
Gc	本质安全型	"ic"
	浇封型	"mc"
	无火花	"n" "nA"
	限制呼吸	"nR"
	限能	"nL"
	火花保护	"nC"
	正压型	"pz"
	非可燃现场总线概念（FNICO）	—
	光辐射式设备和传输系统的保护	"op pr"
Da	本质安全型	"iD"
	浇封型	"mD"
	外壳保护型	"tD"
Db	本质安全型	"iD"

续表

设备保护级别 EPL	电气设备防爆结构	防爆型式
Db	浇封型	"mD"
	外壳保护型	"tD"
	正压型	"pD"
Dc	本质安全型	"iD"
	浇封型	"mD"
	外壳保护型	"tD"
	正压型	"pD"

防爆电气设备的级别和组别不应低于该爆炸性气体环境内爆炸性气体混合物的级别和组别；当存在有两种以上可燃性物质形成的爆炸性混合物时，应按照混合后的爆炸性混合物的级别和组别选用防爆设备，无据可查又不可能进行试验时，可按危险程度较高的级别和组别选用防爆电气设备。气体、蒸气或粉尘分级与电气设备类别的关系应符合表5-12的规定。

表5-12　气体、蒸气或粉尘分级与电气设备类别的关系

气体、蒸气或粉尘分级	设备类别
ⅡA	ⅡA、ⅡB或ⅡC
ⅡB	ⅡB或ⅡC
ⅡC	ⅡC
ⅢA	ⅢA、ⅢB或ⅢC
ⅢB	ⅢB或ⅢC
ⅢC	ⅢC

对于标有适用于特定的气体、蒸气的环境的防爆设备，没有经过鉴定，不得使用于其他的气体环境内。

选择的Ⅱ类电气设备的温度组别、最高表面温度和气体、蒸气引燃温度之间的关系应符合表5-13的规定。

表 5-13　Ⅲ类电气设备的温度组别、最高表面温度和气体、蒸气引燃温度之间的关系

电气设备温度组别	电气设备允许最高表面温度 ℃	气体/蒸气的引燃温度 ℃	适用的设备温度级别
T1	450	>450	T1~T6
T2	300	>300	T2~T6
T3	200	>200	T3~T6
T4	135	>135	T4~T6
T5	100	>100	T5~T6
T6	85	>85	T6

安装在爆炸性粉尘环境中的电气设备应采取措施防止热表面点可燃性粉尘层引起的火灾危险。Ⅲ类电气设备的最高表面温度应按国家现行有关标准的规定进行选择。

（二）易燃易爆环境的其他要求

（1）在运行的火灾爆炸危险性生产装置、罐区和具有火灾爆炸危险场所内不应接临时电源，确需时应对周围环境进行可燃气体检测分析，分析结果应符合：当被测气体或蒸气的爆炸下限大于或等于 4% 时，其被测浓度应不大于 0.5%（体积分数）；当被测气体或蒸气的爆炸下限小于 4% 时，其被测浓度应不大于 0.2%（体积分数）。

（2）各类移动电源及外部自备电源，不应接入电网。

（3）在开关上接引、拆除临时用电线路时，其上级开关应断电、加锁，并挂安全警示标牌，接、拆线路作业时，应有监护人在场。

（4）临时用电应设置保护开关，使用前应检查电气装置和保护设施的可靠性。所有的临时用电均应设置接地保护。

（5）易燃易爆环境中使用的电气设备应采用隔爆型，其电气控制设备应安装在安全的隔离墙外或与该区域有一定安全距离的配电箱中。

（6）在易燃易爆区域内，应采用阻燃电缆。

（7）在易燃易爆区域内进行用电设备检修或更换工作时，必须断开电源，严禁带电作业。

（8）易燃易爆区域内的金属构件应可靠接地。当区域内装有用电设备时，接地

电阻不应大于 40Ω；当区域内无用电设备时，接地电阻不应大于 30Ω。活动的金属门应和门框用铜质软导线进行可靠电气连接。

（9）施工现场配置的施工用气、乙炔管道，应在其始端、末端、分支处及直线段每隔 50m 处安装防静电接地装置，相邻平行管道之间，应每隔 20m 用金属线相互连接。管道接地电阻不得大于 30Ω。

第二节 潮湿环境临时用电

一、潮湿环境的定义

潮湿环境指相对湿度大于 95% 的空气环境、场地积水环境、泥泞的环境。

二、潮湿环境临时用电要求

（1）配电室应靠近电源，并应设在灰尘少、潮气少、振动小、无腐蚀介质、无易燃易爆物及道路畅通的地方。

（2）户外安装使用的电气设备均应有良好的防雨性能，其安装位置地面处应能防止积水；在潮湿环境下使用的配电箱宜采取防潮措施。

（3）配电箱、开关箱外形结构应具有防雨、防尘措施；户外安装的配电箱应使用户外型，其防护等级不应低于外壳防护等级（IP 代码）IP44，门内操作面的防护等级不应低于 IP21；其他特殊潮湿环境下的电气设备应根据环境要求选择相应防护等级的电气设备。电气设备外壳防护等级含义见表 5-14。

（4）电缆类型应根据敷设方式、环境条件等因素选择。埋地敷设宜选用铠装电缆；架空敷设宜选用无铠装电缆。当选用无铠装电缆时，应采取防水、防腐措施。埋地电缆的接头应设置在专用接线盒内，接线盒应具有防水、防尘、防机械损伤等特性，并应远离易燃、易爆、易腐蚀场所。

（5）室内配线可沿瓷瓶、塑料槽盒、钢索等明敷设，或穿保护导管暗敷设；潮湿环境或沿地面内配线时，应穿保护导管敷设，管口和管接头应粘接牢固；当采用金属保护导管敷设时，金属保护导管应作等电位联结，且与保护接地导体（PE）相连接。

（6）在潮湿环境中不应使用 0 类和 Ⅰ 类手持式电动工具，应选用 Ⅱ 类或由安全隔离变压器供电的 Ⅲ 类手持式电动工具；开关箱和控制箱应设置在作业场所外干燥

表5-14 设备外壳防护等级

标识	第一位特征数字及含义（防异物侵入）		第二位特征数字及含义（防水）		附加字母及含义		补充字母及含义	
IP代码	0	无防护	0	无防护	A	手背	H	高压设备
	1	防止大于50mm的固体外物侵入	1	防止水滴侵入	B	手指	M	做防水试验时试样运行
	2	防止大于12.5mm的固体外物侵入	2	倾斜15°时，仍可防止水滴侵入	C	工具	S	做防水试验时试样静止
	3	防止大于2.5mm的固体外物侵入	3	防止喷洒的水侵入（防雨或防止与垂直方向的夹角小于60°方向所喷洒的水侵入电器）	D	金属线	W	气候条件
	4	防止大于1.0mm的固体外物侵入	4	防止飞溅的水侵入	对人身保护的含义，防止人体直接或间接触及带电部分		对设备保护的含义	
	5	完全防止外物侵入，灰尘侵入量不影响电器正常运作	5	防止喷射的水侵入				
	6	完全防止外物及灰尘侵入	6	防止大浪侵入（装设于甲板上的电器）				
			7	防止浸水时水的侵入（电器浸在水中一定时间或水压在一定的标准以下，可确保不因浸水而造成损坏）				
			8	防止沉没时水的侵入				

区域；电焊机械应放置在防雨、干燥和通风良好的地方，焊接现场不得有易燃、易爆物品。

（7）在潮湿环境中使用电气设备时，操作人员应按规定穿戴绝缘防护用品和站在绝缘台上，所操作的电气设备的绝缘水平应符合要求，设备的金属外壳、环境中的金属构架和管道均应良好接地，电源回路中应有可靠的防电击保护装置，连接的导线或电缆不应有接头和破损。

（8）在潮湿环境中所使用的照明设备应选用密闭式防水防潮型，其防护等级应满足潮湿环境的安全使用要求。隧道、人防工程、高温、有导电灰尘、潮湿场所的照明，电源电压不应大于（AC）36V；潮湿环境中使用的行灯电压不应超过（AC）12V，其电源线应使用橡皮绝缘橡皮护套铜芯软电缆。

（9）在潮湿环境中严禁带电进行设备检修工作。

第三节 带电作业

带电作业是指工作人员接触带电部分的作业，或工作人员身体的任一部分或使用的工具、装置、设备进入带电作业区域的作业。带电作业区域是指带电部分周围的空间，一般通过以下措施来降低电气风险：仅限熟练的工作人员进入、在不同电位下保持适当的空气间距，并使用带电作业工具。

带电作业常应用于变电设施、发电设施、配电线路、电气设备的不停电测试、检查、维护、检修、清洁，配电系统的耐压试验，以及不断电情况下的接拆线、零部件更换等作业。

一、带电作业方式

（一）绝缘杆作业法

绝缘杆作业法是指作业人员与带电体保持一定的距离用绝缘杆进行的作业。

作业过程中有可能引起不同电位设备之间发生短路或接地故障时，应对设备设置绝缘遮蔽。

绝缘杆作业法既可在登杆作业中采用，也可在斗臂车的工作斗或其他绝缘平台上采用。

绝缘杆作业法中，绝缘杆为相地之间主绝缘，绝缘防护用具为辅助绝缘。

(二)绝缘手套作业法

绝缘手套作业法是指作业人员使用绝缘斗臂车、绝缘梯、绝缘平台等绝缘承载工具与大地保持规定的安全距离,穿戴绝缘防护用具,与周围物体保持绝缘隔离,通过绝缘手套对带电体直接作业的方式。

采用绝缘手套作业法时,无论作业人员与接地体和相邻带电体的空气间隙是否满足规定的安全距离,作业前均应对人体可能触及范围内的带电体和接地体进行绝缘遮蔽。

在作业范围窄小、电气设备布置密集处,为保证作业人员对相邻带电体或接地体的有效隔离,在适当位置还应装设绝缘隔板等限制作业人员的活动范围。

在配电线路带电作业中,严禁作业人员穿戴屏蔽服装和导电手套,采用等电位作业方式。绝缘手套作业法不是等电位作业法。

绝缘手套作业法中,绝缘承载工具为相地主绝缘,空气间隙为相间主绝缘,绝缘遮蔽用具、绝缘防护用具为辅助绝缘。

(三)徒手作业(等电位作业法)

徒手作业是指作业人员与带电部件保持电气连接,而与周围不同电位适当隔离的带电作业。

二、带电作业分类

带电作业根据人体与带电体之间的关系可分为三类:等电位作业、地电位作业和中间电位作业。

(一)等电位作业

等电位作业时,作业人员进入带电设备的静电场操作或人体直接接触高压带电部分,人体与带电体的电位差须等于零。

等电位作业一般在 66kV 及以上电压等级的电力线路和电气设备上进行。35kV 电压等级不宜进行等电位作业,若需进行等电位作业,应采取可靠的绝缘隔离措施。10kV 及以下电压等级的电力线路和电气设备上不应进行等电位作业。

等电位工作人员应穿着阻燃内衣,外面穿着全套屏蔽服,各部分连接良好。屏蔽服衣裤任意两端点之间的电阻值均不应大于 20Ω。

不应通过屏蔽服断、接空载线路或耦合电容的电容电流及接地电流。

等电位作业人员与地电位作业人员传递工具和材料时，应使用绝缘工具或绝缘绳索进行，其有效长度不应小于表 5-15 的规定。

表 5-15 绝缘工具最小有效绝缘长度

电压等级，kV	有效绝缘长度，m	
	绝缘操作杆	绝缘承力工具、绝缘绳索
≤10	0.7	0.4
35	0.9	0.6
66	1.0	0.7
110	1.3	1.0
220	2.1	1.8

等电位作业人员对接地体及邻相导线的安全距离，应不小于表 5-16 的规定。

表 5-16 等电位作业人员对接地体及邻相导线的最小距离

电压等级，kV	35	66	110	220
接地体最小距离，m	0.6	0.7	1.0	1.8
对邻相导线最小距离，m	0.8	0.9	1.4	2.5

等电位作业人员在电位转移前，应得到工作负责人的许可；转移电位时，人体裸露部分与带电体的最小距离应不小于表 5-17 的规定。

表 5-17 等电位作业转移电位时人体裸露部分与带电体的最小距离

电压等级，kV	35～66	110～220
最小距离，m	0.2	0.3

沿导（地）线悬挂的软、硬梯或导线飞车进入强电场的作业，应遵守下列规定：

（1）在连续档的导（地）线上挂梯（或导线飞车）时，钢芯铝绞线和铝合金绞线导（地）线的截面应不小于 120mm^2；钢绞线导（地）线的截面应不小于 50mm^2。

（2）除"1"外的其他型号导（地）线上的作业，在孤立档的导（地）线上的作业，在有断股的导（地）线或锈蚀的地线上的作业，两人以上在同档同一根导（地）线上的作业时，应经验算合格并经批准后方能进行。

（3）在导（地）线上挂梯子、导线飞车进行等电位作业前，应检查本档两端杆塔处导（地）线的紧固情况。

（4）挂梯载荷后，应保持地线及人体对下方带电导线的安全距离比规定的安全距离数值增大 0.5m，带电导线及人体对被跨越的线路、通信线路和其他建筑物的安全距离应比规定的安全距离数值增大 1m。

（5）在瓷横担线路上不应挂梯作业，在转动横担的线路上挂梯前应将横担固定。

等电位作业人员在绝缘梯上作业或沿绝缘梯进入强电场时，其与接地体和带电体两部分间隙所组成的组合间隙（带电体—人—接地体）应不小于表 5-18 的规定。

表 5-18　等电位作业中的最小组合间隙

电压等级，kV	35	66	110	220
组合间隙，m	0.7	0.8	1.8	2.1

等电位作业人员沿绝缘子串进入强电场的作业，只能在 220kV 的绝缘子串上进行，其组合间隙不应小于上表的规定，如不满足规定，应加装保护间隙。扣除人体短接的和零值的绝缘子片后，良好绝缘子片数不应小于表 5-19 的规定。

表 5-19　带电作业中良好绝缘子最少片数

电压等级，kV	35	66	110	220
良好绝缘子片数	2	3	5	9

等电位工作中，不应使用汽油、酒精等易燃品擦拭带电体及绝缘部分，防止起火。接触带电体的绳索、安全带应采用蚕丝制品。

（二）地电位作业

地电位作业时，作业人员处于接地构件上采用绝缘工具对带电体开展作业（又称绝缘工具法），作业人员的人体电位为地电位。

进行地电位作业时，人身与带电体的安全距离不应小于表 5-20 的规定，人身与 35kV 及以下的带电设备不能满足规定的最小安全距离时，应采取可靠的绝缘隔离措施。

表 5-20　人身与带电体的安全距离

电压等级，kV	≤10	35	66	110	220
安全距离，m	0.4	0.6	0.7	1.0	1.8

绝缘操作、绝缘承力工具和绝缘绳索的有效绝缘长度不应小于表5-15中的规定。传递用绳索的有效绝缘长度应按绝缘杆的有效绝缘长度考虑。用绝缘斗臂车时，绝缘伸出长度应按绝缘操作杆有效绝缘长度增加1m。

采用绝缘操作杆的工作，作业人员与带电部分的安全距离，应不小于表5-20中的规定。作业时应穿绝缘靴，戴绝缘手套，对于可能触电的部位，应采用绝缘隔离措施。

（三）中间电位作业

中间电位作业是作业人员通过绝缘工具（梯、台、车）对大地绝缘后在近距离用绝缘工具对带电作业进行的作业，主要适用于作业点离大地较近，或作业点设备复杂，采用地电位作业完成较困难，用等电位作业又具有一定危险性的场合。人体处于中间电位下，占据了带电体与接地体之间一定空间距离，既要对接地体保持一定的安全距离，又要对带电体保持一定的安全距离，属于间接作业法。

中间电位作业一般在6～35kV电压等级的电力线路和电气设备上进行。

作业人员在中间电位作业位置时，其与接地体和接地构件之间的各组合间隙均应满足表5-21的规定。

表5-21　中间电位作业中的最小组合间隙

电压等级，kV	≤10	35	66	110	220
安全距离，m	0.6	0.7	0.8	1.2	2.1

作业人员活动范围应严加限制，必要时应采用隔挡措施。地面作业人员不应直接用手向中间电位作业人员传递物品。

使用绝缘梯、绝缘平台等作为主绝缘时应固定可靠，其有效绝缘长度应满足相应电压等级规定的要求，其组合间隙一般应比相应电压等级的单间隙大20%。

使用绝缘杆的作业，操作杆有效绝缘长度应符合表5-15中的规定。

三、带电作业一般要求

（一）人员要求

（1）带电作业人员应身体健康，无妨碍作业的生理和心理障碍，符合GB 26859《电力安全工作规程　电力线路部分》和GB 26860《电力安全工作规程　发电厂和变电站电气部分》的要求。掌握紧急救护法、触电解救法和人工呼吸法。通过专业培训，考试合格并具上岗证。

（2）带电作业工作票签发人、工作负责人、专责监护人应由具有带电作业资格、带电作业实践经验的人员担任，工作票签发人、工作负责人应经企业书面批准。工作票签发人不得同时兼任该项工作的工作负责人。

（3）带电作业人员应定期培训考试，内容包括带电作业规程制度、实际操作方法和事故案例等。考试成绩合格，方可上岗。

（4）带电作业人员应正确穿戴防护用品。

（二）作业环境要求

（1）带电作业应在天气良好的条件下进行。风力大于5级（风速大于10.7m/s），或相对湿度大于80%时，不宜进行带电作业。雷电（听见雷声、看见闪电）、雪、雹、雨、雾、沙尘暴等天气不应进行带电作业。

（2）特殊天气进行带电抢修时，工作负责人应针对现场气候和工作条件，组织全体作业人员充分讨论，制订可靠的安全措施，经单位分管生产技术领导（总工程师）批准后方可进行。

（3）作业过程中如遇天气突然变化，有可能危及人身或设备安全时，应立即停止工作；在保证人身安全的情况下，尽快恢复设备正常状况，或采取其他措施。

（4）夜间作业应有充足的照明。

（5）在市区或人口稠密的地区进行带电作业，工作现场应设置围栏和警示标识，并派专人看守，非工作人员不应入内。

（6）进入可能存在有毒有害气体的场所进行带电作业前，应先对作业环境进行检测，确认环境无害后方可进入。

（7）易燃易爆场所不应进行带电作业。

（三）工器具要求

1. 试验要求

（1）带电作业应使用额定电压不小于线路额定电压的工器具。工器具应通过型式试验，每件工器具应通过出厂试验并定期进行预防性试验，试验合格且在有效期内方可使用。

（2）应进行试验（检验、校验）的作业机具和安全工器具如下：

① 规程要求进行试验的。

② 新购置、自制的。

③ 改装、检修后或主要零部件经过更换的。

④ 对机械、绝缘性能、准确度产生疑问或发现缺陷时。

⑤ 出现质量问题的同批产品。

（3）作业机具和安全工器具经试验合格后，应在不妨碍绝缘性能和使用功能且醒目的部位粘贴合格证，不能粘贴合格证的应将合格证明分类归档保存。

（4）作业机具和安全工器具的试验有专业资质要求的，应由有资质的机构进行试验。

（5）绝缘安全工器具试验项目、周期和要求应符合表5-22的规定。

表5-22 绝缘安全工器具试验项目、周期和要求

序号	器具	项目	周期	要求				说明
1	电容型验电器	启动电压试验	1年	启动电压值不高于额定电压的40%，不低于额定电压的15%				试验时接触电极应与试验电极相接触
		工频耐压试验	1年	额定电压 kV	试验长度 m	工频耐压，kV		
						持续时间 1min	持续时间 5min	
				10	0.7	45	—	
				35	0.9	95	—	
				66	1.0	175	—	
				110	1.3	220	—	
				220	2.1	440	—	
				330	3.2	—	380	
				500	4.1	—	580	
2	携带型短路接地线	成组直流电阻试验	≤5年	在各接线鼻之间测量直流电阻，对于25mm²、35mm²、50mm²、70mm²、95mm²、120mm²的各种截面，平均每米的电阻值应分别小于0.79mΩ、0.56mΩ、0.40mΩ、0.28mΩ、0.21mΩ、0.16mΩ				同一批次抽测，不少于2条，接线鼻与软导线压接的应做该试验

续表

序号	器具	项目	周期	要求					说明
2	携带型短路接地线	操作棒的工频耐压试验	5年	额定电压 kV	试验长度 m	工频耐压，kV			试验电压加在护环与紧固头之间
						持续时间 1min	持续时间 5min		
				10	—	45	—		
				35	—	95	—		
				66	—	175	—		
				110	—	220	—		
				220	—	440	—		
				330	—	—	380		
				500	—	—	580		
3	个人保安线	成组直流电阻试验	≤5年	在各接线鼻之间测量直流电阻，对于10mm²、16mm²、25mm²的各种截面，平均每米的电阻值应小于1.98mΩ、1.24mΩ、0.79mΩ					同一批次抽测，不少于2条
4	绝缘杆	工频耐压试验	1年	额定电压 kV	试验长度 m	工频耐压，kV			
						持续时间 1min	持续时间 5min		
				10	0.7	45	—		
				35	0.9	95	—		
				66	1.0	175	—		
				110	1.3	220	—		
				220	2.1	440	—		
				330	3.2	—	380		
				500	4.1	—	580		
5	核相器	连接导线绝缘强度试验	必要时	额定电压 kV	工频耐压 kV		持续时间 min	浸在电阻率小于100Ω·m水中
				10	8		5	
				35	28		5	

第五章 特殊情况下的临时用电

续表

序号	器具	项目	周期	要求				说明
5	核相器	绝缘部分工频耐压试验	1年	额定电压 kV	试验长度 m	工频耐压 kV	持续时间 min	
				10	0.7	45	1	
				35	0.9	95	1	
		电阻管泄漏电流试验	半年	额定电压 kV	工频耐压 kV	持续时间 min	泄漏电流 mA	
				10	10	1	≤2	
				35	35	1	≤2	
		动作电压试验	1年	最低动作电压应达0.25倍额定电压				
6	绝缘罩	工频耐压试验	1年	额定电压 kV	工频耐压 kV	持续时间 min		
				6～10	30	1		
				35	80	1		
7	绝缘隔板	表面工频耐压试验	1年	额定电压 kV	工频耐压 kV	持续时间 min		电极间距离 300mm
				6～35	60	1		
		工频耐压试验	1年	额定电压 kV	工频耐压 kV	持续时间 min		
				6～10	30	1		
				35	80	1		
8	绝缘胶垫	工频耐压试验	1年	电压等级	工频耐压 kV	持续时间 min		适用于带电设备区域
				高压	15	1		
				低压	3.5	1		
9	绝缘靴	工频耐压试验	半年	工频耐压 kV	持续时间 min	泄漏电流 mA		
				15	1	≤7.5		

续表

序号	器具	项目	周期	要求				说明
10	绝缘手套	工频耐压试验	半年	电压等级	工频耐压 kV	持续时间 min	泄漏电流 mA	
				高压	8	1	≤9	
11	导电鞋	直流电阻试验	穿用 ≤200h	电阻值小于100kΩ				
12	绝缘夹钳	工频耐压试验	1年	额定电压 kV	试验长度 m	工频耐压 kV	持续时间 min	
				10	0.7	45	1	
				35	0.9	95	1	
13	绝缘绳	工频耐压试验	半年	100kV/0.5m,持续时间5min				

（6）带电作业高架绝缘斗臂车试验标准按DL/T 854《带电作业用绝缘斗臂车使用导则》的规定执行。

（7）带电作业用屏蔽服装试验标准应按GB/T 6568《带电作业用屏蔽服装》的规定执行。

2. 保管要求

（1）带电作业用工器具的保管和存放应符合相关标准和出厂说明书的规定。

（2）作业机具和安全工器具应建立台账，统一编号，定置存放，专人保管。入库、出库应进行检查。

（3）作业机具和安全工器具应定期进行检查、维护、保养、保洁。

（4）作业机具和安全工器具应有专用库房（工具柜），应存放在适用的柜内或架上，库房（工具柜）应经常保持干燥、通风。不应与不合格或应报废的作业机具、安全工器具及其他物品混放。

（5）绝缘隔板和绝缘罩应存放在离地面200mm以上的架上或专用的柜内。

（6）绝缘工具在储存、运输时不应与酸、碱、油类和化学药品接触，并应防止阳光直射或雨淋，带电绝缘工具在运输过程中，应装在专用工具袋、工具箱或专用工具车内，橡胶绝缘用具应放在避光的柜内，并撒上滑石粉。

（7）作业现场使用的带电作业工具应放置在防潮的帆布或绝缘物上。

3.检查和使用要求

(1)新购置、自制、改装、检修、主要零部件更换和长期停用的作业机具和安全工器具，应按有关规定进行试验（检验、校验），经鉴定合格后方可使用。

(2)作业机具和安全工器具应按国家标准、行业标准和出厂说明书及铭牌的规定正确使用，不应超负荷使用。应由了解其性能并熟悉使用知识和技能的人员操作和使用。

(3)应制订作业机具和安全工器具安全操作规程或使用规定，且宜包括以下内容：

① 使用前应检查的项目和部位。

② 正确使用方法和操作程序。

③ 使用注意事项。

④ 使用范围。

⑤ 存放和保养方法及要求。

⑥ 试验（检验、校验）时限。

(4)作业机具和安全工器具使用前应进行外观及相关防护设施（措施）检查和试车，确认合格后方可使用。不应使用报废、超过有效使用期限和破损、变形、有故障等不合格的作业机具和安全工器具。

(5)安全工器具使用前的外观检查应包括绝缘部分有无裂纹、老化、绝缘层脱落、严重伤痕，固定连接部分有无松动、锈蚀、断裂等现象。对其绝缘有疑问时，应进行绝缘试验，合格后方可使用。

(6)个人使用的工具以不超过5kg为宜，在杆上集中使用的工具以不超过10kg为宜。

(四)风险管理

(1)带电作业前应从作业的人员、组织、设备和环境等方面进行危害辨识和风险评价，确定危害因素及其影响，并制订组织措施、技术措施和安全措施。

(2)工作负责人应向工作人员交代作业现场存在的风险和防控措施。

(3)作业中应执行制订的风险防控措施，将风险控制在允许的范围内。

(4)作业结束后应对作业过程进行总结分析、完善。

(五)作业组织措施

(1)带电作业前，作业单位应根据工作任务组织现场勘察，根据现场勘察结果，作出能否进行带电作业的判断。现场勘察应查看现场作业范围内设施情况，现场作业条件、环境等。对危险性、复杂性和困难程度较大的作业项目，应制订对应的组织措施、技术措施和安全措施。

（2）带电作业开始前，工作负责人应与电力调度联系。需要停用重合闸的作业由值班调度员履行许可手续。

（3）带电作业有下列情况之一者，应停用重合闸，并不应强送电：

① 中性点有效接地的系统中有可能引起单相接地的作业。

② 中性点非有效接地的系统中有可能引起相间短路的作业。

③ 工作票签发人或工作负责人认为需要停用重合闸的作业。

（4）不应约时停用或恢复重合闸。

（5）进入作业现场前，工作负责人应向带电作业全体人员交代工作任务、工艺程序、安全风险及控制措施，作业人员复诵确认后，方可开始工作。

（6）带电作业应设专责监护人，监护人不应擅离岗位或兼任其他工作。监护的范围不应超过一个作业点。

（7）复杂或高杆塔作业时应增设（塔上）监护人。

（8）在带电作业的过程中如设备突然停电，作业人员应视设备仍然带电。工作负责人应尽快与电力调度联系。在当值调度未查明停电原因，未与工作负责人取得联系前，不应强送电。

（9）带电作业工作负责人应在工作结束后向电力调度汇报。

（六）其他要求

（1）带电作业实行作业许可制，安全组织措施应符合 GB 26859《电力安全工作规程　电力线路部分》的相关要求。

（2）带电作业管理由单位分管生产技术领导（总工程师）负责，生产技术部门负责实施。

（3）带电作业常规项目应编制相应的现场操作规程，由生产技术部门审查，分管生产技术领导（总工程师）批准后执行。

（4）带电作业新项目应由生产技术部门组织编制作业安全技术措施，组织现场模拟操作，确认安全可靠，经分管生产技术领导（总工程师）批准后，方可实施。

（5）带电作业前应根据作业项目确定操作人员，应认真观察作业人员精神状况是否良好，如作业当天作业人员出现明显精神和体力不适的情况时，应及时更换人员，不应强行要求作业。

（6）带电作业人员应听从监护人员指挥。对操作产生疑问时，应立即停止工作。待疑问消除后，再进行作业。

（7）在工作中遇恶劣气象条件或其他威胁到工作人员安全的情况时，工作负责人或专责监护人应停止作业并组织人员撤离作业现场，工作人员有权停止作业并撤离作业现场。

（8）作业过程中，若因故需临时间断，在间断期间，工作现场的工具和器材应可靠固定，并保持安全隔离及派专人看守。

（9）间断工作恢复前，应检查作业现场的所有工具、器材和设备，确定安全可靠后才能重新工作。

（10）每项作业结束后，应仔细清理工作现场，工作负责人应检查设备上有无工具和材料遗留，设备是否恢复工作状态。全部工作结束后，应及时向值班调控人员或运维人员汇报。停用重合闸的作业和带电断、接引线工作应向值班调控人员履行工作终结手续。

（11）在海拔 1000m 以上地区进行带电作业时，应根据作业区不同海拔高度，修改各类空气与固体绝缘的安全距离和长度、绝缘子片数等，并编制带电作业现场安全规程，经单位分管生产技术领导（总工程师）批准后执行。

四、带电作业安全防护技术

（一）在带电线路杆塔上作业

带电杆塔上进行测量、防腐、巡视检查、校紧螺栓、清除异物等工作，工作人员活动范围及其所携带的工具、材料等，与带电导线最小距离应符合表 5-23 的规定。

风力大于 5 级时应停止工作。

表 5-23　在带电线路杆塔上工作与带电导线最小安全距离

电压等级，kV	安全距离，m
10 及以下	0.7
20、35	1.0
66、110	1.5
220	3.0
330	4.0

续表

电压等级，kV	安全距离，m
500	5.0
750	8.0
1000	9.5
±50	1.5
±500	6.8
±660	9.0
±800	10.1

注：1. 表中未列电压等级按高一档电压等级安全距离。
  2. 750kV 数据是按海拔 2000m 校正的，其他等级数据是按海拔 1000m 校正的。

（二）邻近或交叉其他线路的作业

工作人员和工器具与邻近或交叉的运行线路应符合表 5-24 的安全距离。

表 5-24　邻近或交叉其他电力线工作的安全距离

电压等级，kV	安全距离，m
10 及以下	1.0
20、35	2.5
66、110	3.0
220	4.0
330	5.0
500	6.0
750	9.0
1000	10.5
±50	3.0
±500	7.8
±660	10.0
±800	11.1

注：1. 表中未列电压等级按高一档电压等级安全距离。
  2. 750kV 数据是按海拔 2000m 校正的，其他等级数据是按海拔 1000m 校正的。

在变电站、发电厂出入口处或线路中间某一段有两条以上相互靠近的平行或交叉线路时，应满足以下要求：

（1）每基杆塔上都应有线路名称和杆号。

（2）经核对检修线路的名称无误，验明线路确已停电并装设接地线，方可开始工作。

（三）同杆塔多回线路中部分线路停电的作业

同杆塔多回线路中部分线路或直流线路中单极线路停电检修，应满足表5-23中规定的安全距离。

同杆塔架设的10kV及以下线路带电时，当满足表5-24中规定的安全距离且采取安全措施的情况下，只能进行下层线路的登杆塔检修工作。

风力大于5级时，不应在同杆塔多回线路中进行部分线路检修工作及直流单极线路检修工作。

防止误登同杆塔多回路带电线路或直流线路有电极，应采取以下措施：

（1）每基杆塔应标设线路名称和识别标记（色标等）。

（2）工作前应发给工作人员相对应线路的识别标记。

（3）经核对停电检修线路的识别标记和线路名称无误，验明线路确已停电并装设接地线后，方可开始工作。

（4）登杆塔和在杆塔上工作时，每基杆塔都应设专人监护。

（5）登杆塔至横担处时，应再次核对识别标记与双重称号，确实无误后方可进入检修线路侧横担。

在杆塔上工作时，不应进入带电侧的横担，或在该侧横担上放置任何物件。

（四）感应电压防护

在330kV、±500kV及以上电压等级的线路杆塔及变电站构架上作业，应采取防静电感应措施。

绝缘架空地线应视为带电体。在绝缘架空地线附近作业时，工作人员与绝缘架空地线之间的距离应不小于0.4m（1000kV为0.6m）。若需在绝缘架空地线上作业，应用接地线或个人保安线将其可靠接地或采用等电位方式进行。

用绝缘绳索传递大件金属物品（包括工具、材料等）时，杆塔或地面上工作人员应将金属物品接地后再接触。

（五）低压配电设备上带电作业

在低压配电设备不停电作业时，工作人员应穿绝缘鞋、全棉长袖工作服，戴手套、安全帽和护目眼镜，站在干燥的绝缘物上进行。

低压不停电工作，应使用有绝缘柄的工具。

高低压线路同杆塔架设，在低压带电线路上工作时，应先检查与高压线的距离，采取防止误碰带电高压设备的措施。在低压带电导线未采取绝缘措施时，工作人员不应穿越。

在带电的低压配电装置上工作时，应采取防止相间短路和单相接地的绝缘隔离措施。上杆前，应先分清相线、零线，选好工作位置。断开导线时，应先断开相线，后断开零线。搭接导线时，顺序应相反。人体不应同时接触两根线头。

第四节 其他环境下临时用电

在石油天然气行业，临时用电作业涉及的范围及类型广泛，除了常规临时用电外，还涉及受限空间作业、高处作业、夜间作业、异常天气、不间断电源和应急状态下的临时用电。本节重点描述在上述类型及范围内临时用电的安全技术措施。

一、受限空间作业临时用电要求

受限空间是指进出受限，通风不良，可能存在易燃易爆、有毒有害物质或缺氧，对进入人员的身体健康和生命安全构成威胁的封闭、半封闭设施及场所（包括反应器、塔、釜、槽、罐、炉膛、锅筒、管道及地下室、窨井、坑、池、管沟或其他封闭、半封闭场所）。进入或探入受限空间进行的作业称为受限空间作业。

受限空间作业时，应避免将配电箱、开关箱置于受限空间内，无法避免时应对配电箱、开关箱进行全面检查，确保漏电保护、接零保护到位，并在空间外部出口附近设置能切断受限空间供电的配电箱；涉及易燃易爆场所或内部有易燃易爆介质残留时，应选用隔爆型，并对配电箱、整个线路、用电设备的绝缘防护进行检测、确认；每次使用前应检查电气装置和保护设施的可靠性。

临时用电线路及设备应有良好的绝缘，所有的临时用电线路应采用耐压等级不低于500V的绝缘导线；临时用电线路不应有接头，并应采取相应的保护措施；穿越易受机械损伤的区域，应采取防机械损伤的措施，周围环境应保持干燥；在电缆敷设路径附近，当有产生明火的作业时，应采取防止火花损伤电缆的措施。

接入受限空间的电线、电缆、通气管应当在进口处进行保护或加强绝缘，应当避免与人员出入使用同一出入口。

应尽量避免在受限空间使用电气设备，无法避免时，应对电气设备绝缘性能、漏电保护或防爆性能进行检测、确认，操作者应采取穿戴绝缘靴、佩戴绝缘手套等防护措施。

在狭窄场所，如锅炉、金属管道内，应选用由安全隔离变压器供电的Ⅲ类手持式电动工具，其开关箱和安全隔离变压器均设置在受限空间之外便于操作的地方，且保护接地导体连接应符合要求；开关箱中的漏电保护动作保护器额定动作电流不应大于 15mA，额定剩余电流动作时间不应大于 0.1s，并应在操作过程中设置专人在外面监护。

其他受限空间应使用Ⅱ类或由安全隔离变压器供电的Ⅲ类工具，不得使用Ⅰ类手持式电动工具，开关箱和控制箱应设置在作业场所干燥区域。

受限空间作业应当使用安全电压和安全行灯。照明电压不应超过 36V，并满足安全用电要求；在潮湿容器、狭小容器内作业电压不应超过 12V；潮湿环境作业时，作业人员应当站在绝缘板上，同时保证金属容器接地可靠。需使用电动工具或照明电压大于 12V 时，应当按规定安装漏电保护器，其接线箱（板）严禁带入容器内使用；在盛装过易燃易爆气体、液体等介质的容器内作业，应当使用防爆电筒或电压不大于 12V 的防爆安全行灯，照明变压器必须使用双绕组型安全隔离变压器且不得放在容器内或容器上；应当使用防爆工具，严禁携带手机等非防爆通信工具和其他非防爆器材。

受限空间作业应当推行全过程视频监控，对难以实施视频监控的作业场所，可在受限空间出入口设置视频监控设施。受限空间作业宜使用智能监控系统，至少具备视频监控、气体检测及报警等功能。

二、高处作业临时用电要求

高处作业是指在距坠落基准面 2m 及以上有可能坠落的高处进行的作业，包括上下攀援等空中移动过程。坠落基准面是指坠落处最低点的水平面。根据作业高度，高处作业分为Ⅰ级、Ⅱ级、Ⅲ级和Ⅳ级。

（1）作业高度在 2~5m（含 2m 和 5m），为Ⅰ级高处作业，可能坠落范围半径为 3m。

（2）作业高度在5～15m（含15m），为Ⅱ级高处作业，可能坠落范围半径为4m。

（3）作业高度在15～30m（含30m），为Ⅲ级高处作业，可能坠落范围半径为5m。

（4）作业高度在30m以上，为Ⅳ级高处作业，可能坠落范围半径为6m。

高处作业临时用电前，应组织对现场进行勘察，确认用电地点、用电负荷、电源接入点、线路敷设路径，进而明确配电箱的设置、供电线路的敷设、电动机具的选择，并纳入供用电施工方案或施工组织设计。

分配电箱应设在用电设备或负荷相对集中的区域，分配电箱与开关箱的距离不宜超过30m或不宜超过两层，开关箱应与其控制的电动机具置于同一作业层且水平距离不宜超过3m。分配电箱、开关箱、用电设备应符合要求并做好可靠固定。

分配电箱、开关箱、电动机具应与钢结构平台、脚手架等高处作业平台进行有效绝缘隔离，保护零线应完整连接并测试畅通，钢结构平台、脚手架等金属结构应可靠接地。

高处使用电动机具时，应组织对高处作业平台的承载力和稳固性进行确认，避免超负荷使用或因电动机具振动等对平台造成破坏。

垂直敷设时，应选用满足抗拉要求的电缆，并充分利用在建工程的竖井、垂直孔洞等，每楼层设置固定点不应少于一处；电缆沿支架或墙壁敷设，应采用绝缘子固定，绑扎线应采用绝缘线，固定点间距应保证电缆能承受自重所带来的荷载；敷设电缆的支架应进行可靠接地。

电缆线路宜敷设在人不易触及的地方，敷设路径应有醒目的警告标识，沿地面或平台面明敷的电缆线路应沿根部敷设，采取防机械损坏、火星烫伤等措施。

在金属构架上操作时，应选用Ⅱ类或安全隔离变压器供电的Ⅲ类手持式电动工具，不得使用Ⅰ手持式电动工具。

高处作业的下方、坠落半径范围外，宜设置能够切断高处供电的配电箱，以实现对高处临时用电的统一管控。

高处进行带电作业时，应遵守本章第三节带电作业的要求。

三、夜间作业临时用电

夜间作业一般指晚22：00至晨6：00之间的作业。

鉴于夜间作业隐患较大、对员工健康影响较深，且根据国家对噪声控制的要求，除抢修、抢险作业或因生产工艺要求、特殊需要必须连续作业外，原则上禁止安排夜间作业。

涉及夜间作业的，应组织对夜间作业内容、涉及风险进行充分分析，制订相应的防护措施，并对临时用电进行详细规划，保障充足照明、应急照明设施到位。

夜间作业时，应安排专业电工值班，加强供用电设施的检查和维护；夜间作业人员应穿戴具有反光标志的防护服。

办公、生活、生产辅助设施、道路等应设置一般照明；同一工作场所内的不同区域有不同照度要求时，应分区采用一般照明或混合照明，不应只采用局部照明。工作场所均应设置正常照明；在坑井、沟道、沉箱内及高层构筑物内的走道、拐弯处、安全出入口、楼梯间、操作区域等部位，应设置应急照明；在危及航行安全的建筑物、构筑物上，应根据航行要求设置障碍照明。

作业现场可能危及安全的坑、井、沟、孔洞等周围，夜间应当设警示红灯。

作业现场应当根据需要设置护栏、盖板和警告标志；作业现场在人行道或车行路线附近时，应当设置维护和警告标志；夜间必须悬挂警示灯。

在夜间进行断路作业时设置的道路作业警示灯应当满足：高度离地面1.5m，不低于1.0m；设置在作业区域周围的锥形交通路标处，且能反映作业区域轮廓；应当开启，并能发出至少自150m以外清晰可见的连续、闪烁或旋转的红光；在爆炸危险区域内警示灯应当符合防爆要求。作业结束后，作业单位须清理现场，撤除作业区域、路口设置的路栏、道路作业警示灯、导向标等交通警示设施，报告相关部门恢复交通。

照明灯具的选择应满足环境对防雨、防潮、防爆的要求，安装应满足：照明开关应控制相导体。当采用螺口灯头时，相导体应接在中心触头上。照明灯具与易燃物之间，应保持一定的安全距离，普通灯具不宜小于300mm；聚光灯、碘钨灯等高热灯具不宜小于500mm，且不得直接照射易燃物。当间距不够时，应采取隔热措施。

夜间作业时，配电箱处、固定式电气设备、电动工具附近应设置反光或发光标志；作业位置宜设置明显的标识。严禁人员在未携带有效照明设施的情况下擅自进入非作业活动区域。

夜间作业结束后，应及时关闭电动工具，及时清理临时用电设施，避免遗留隐患，对后续作业产生影响。

四、极端天气下临时用电要求

极端天气一般包括高温（日最高气温35℃以上的天气）、低温（平均气温等于或低于5℃）、强风（风力等级达6级以上的风）、热带气旋［世界气象组织以近中心最大风速的大小将热带气旋划分为四个等级，即热带低压10.8~17.1m/s（风力6~7级），热带风暴17.2~24.4m/s（风力8~9级），强热带风暴24.5~32.6m/s（风力10~11级），台风32.7m/s以上（风力12级）]、雷暴（局地性强对流天气，发生时可伴随有雷击、闪电、强风和强降水）、暴雨（24h降水量为50mm以上的强降雨）、暴雪（24h降雪量达到10mm以上）、冻雨等。

在勘查、设计阶段，应充分结合当地可能出现的极端天气对临时用电进行规划。

电缆绝缘类型应根据环境温度、运行可靠性、施工和维护方便性及最高允许工作温度与造价等因素选择。60℃以上高温场所应按经受高温及其持续时间和绝缘类型要求，选用耐热聚乙烯、交联聚乙烯或乙丙橡皮绝缘等耐热型电缆；100℃以上高温环境宜选用矿物绝缘电缆。高温场所不宜选用普通聚氯乙烯绝缘电缆。年最低温度在-15℃以下应按低温条件和绝缘类型要求，选用交联聚乙烯、聚乙烯、耐寒橡皮绝缘电缆；低温环境不宜选用聚氯乙烯绝缘电缆。同时，在人员密集场所或有低毒性要求的场所，应选用交联聚乙烯或乙丙橡皮等无卤绝缘电缆，不应选用聚氯乙烯绝缘电缆。选用开关电器、电气设备时，应充分考虑使用环境温度和气温条件要求；无法选用高温或低温产品时，应将开关电器、电气设备等置于具备降温或取暖设施的环境。

电缆的选择及敷设应充分考虑可能出现的强风、热带气旋、暴雨、暴雪、冻雨等极端天气影响，架空敷设时固定点间距应保证电缆能承受自重及风雪等带来的荷载，档距内不应有接头；埋地敷设时应考虑雨水浸泡的影响，接头应做好有效的防水措施。

发电设施、变电所不应设在地势低洼和可能积水的场所，变电所应设置排水设施，采用箱式变电站时外壳防护等级不应低于IP32D，户外安装的箱式变电站底部距地面的高度不应小于0.5m，固定式配电箱的中心与地面的垂直距离宜为1.4~1.6m，户外落地安装的配电箱、柜底部离地面不应小于0.2m，户外使用的电气设备、照明灯具等用电设备均应具有防雨雪措施。

工程建设期间，建筑物的防雷设施应按照设计要求进行同步施工，高度在20m及以上的钢脚手架、幕墙金属龙骨、正在施工的建筑物及塔式起重机、井子架、施工升降机、机具、烟囱、水塔等设施，均应设有防雷保护措施；其他机械设备及高架设施应结合所在地平均雷暴日、高度进行设置，详见表5-25。当以上设施在其他建筑物或设施的防雷保护范围之内时，可不再单独设置。

表 5-25 施工现场内机械设备及高架设施需安装防雷装置的规定

地区年平均雷暴日，d	机械设备高度，m
≤15	≥50
>15 且<40	≥32
≥40 且<90	≥20
≥90 及雷害特别严重地区	≥12

低压配电室架空线的进线或出线处应将绝缘子铁脚、金具连在一起与配电室的接地装置相连接；低压配电室应装设电涌保护器。机械设备或设施的防雷引下线可利用该设备或设施的金属结构体，但应保证电气连接；机械设备上的接闪器长度应为 1~2m。塔式起重机、施工升降机、施工升降平台等设备可不另设接闪器；安装接闪器的机械设备，所有固定的动力、控制、照明、信号及通信线路，宜采用钢管敷设。钢管与该机械设备的金属结构体应做电气连接。

施工现场内所有防雷装置的冲击接地电阻值不应大于 30Ω。当机械设备已做防雷接地时，机械本身的电气设备所连接的保护接地导体（PE）应同时做 PE 接地，同一台机械电气设备的 PE 接地和机械的防雷接地可共用同一接地极，但接地应符合 PE 接地电阻值的要求。

在有静电的施工现场内，对集聚在机械设备上的静电应采取接地泄放措施。防静电接地宜选择共用接地方式；当选择单独接地方式时，接地电阻不宜大于 10Ω，并应与防雷接地装置保持 20m 以上间距。

强风、热带气旋、雷暴、暴雨、暴雪、冻雨等恶劣天气不宜进行室外临时用电作业；恶劣天气到来前应对临时用电设施进行全面检查、加固、防护，并应对非必要投用的临时用电设施进行断电；恢复用电前，应及时清理积水、结冰和积雪，组织对电气设备、配电设施进行全面检查，及时发现并处理各类故障或问题。

五、应急状态下临时用电要求

应急状态下用电是指在供电电网出现故障时，利用应急电源实施供电的情况。石油化工行业常用的应急电源包括：EPS 应急电源、UPS 不间断电源、自备应急柴油发电机组、有自动投入装置的独立于正常电源的专用馈电线路、自备应急燃气轮发电机组等。

应急状态下临时用电供电电源主要涉及发电机等发电设施和蓄电池等储能

装置。

发电设施的选址应根据负荷位置、交通运输、线路布置、污染源频率风向、周边环境等因素综合考虑，并应避免将发电设施设置在易燃易爆环境内；无法避免时，如在井场用柴油发电机时应在发电机上安装防火帽、油气线路设置可靠的静电释放装置等措施；发电机组应设置短路保护、过负荷保护，采用与原供电系统一致的接地型式；当两台或两台以上发电机组并列运行时，应采取限制中性点环流的措施；发电设施周围不得有明火，不得存放易燃、易爆物。

除非紧急情况，严禁通过运行装置的 EPS、UPS 等应急电源接引线路临时用电。使用 EPS、UPS 等应急电源作临时用电电源时，应由专业电工严格核实电气设备完整性、线路完好性、用电设备的符合性，并严格控制用电负荷、严禁超负荷使用；使用的蓄电池等储能装置应放置在专用房间或设施内，避免阳光直射、重压、与金属物品接触、潮湿或与易燃易爆物品存放，并应配备干粉灭火器、沙土等灭火器材。

发电机组电源必须与其他电源互相闭锁，严禁并列运行。

第六章 应急处置

第一节 应急救援装备

一、救援装备分类与功能

（一）分类

应急物资，是指为应对严重自然灾害、事故灾难、公共卫生事件和社会安全事件等突发公共事件应急全过程中所必需的物资保障。

按照 GB/T 38565《应急物资分类及编码》采用线分类法将应急物资分为大类、中类、小类和细类四个层次。依据应急物资的性质，分为基本生活保障物资、应急装备及配套物资、工程材料与机械加工设备三大类。每一大类按照其功能用途划分为中类。

基本生活保障物资分为：粮食、蔬菜、水果、坚果、禽蛋、食用盐、食用油、食糖、肉类、加工食品、纺织产品、救灾帐篷、日用品、简易厕所、其他基本生活保障物资等 15 个中类。

应急装备及配套物资分为：个人防护装备，搜救设备，医疗及防疫设备及常用应急药品，应急运输与专用作业交通设备，工程机械设备，能源动力设备及物资，应急照明设备及用品，洗消器材及设备，后勤支援装备，非动力手工工具，灭火及爆炸物处置设备，拦污封堵器材设备，泵类及通风排烟设备，安防及反恐防暴装备，分析检测类设备，监测预警仪器和装置，通信设备，雷达、无线电导航及无线电遥控设备，广播电视设备，信号标识类器材，信息技术设备，其他应急装备及配套物资等 22 个中类。

工程材料与机械加工设备分为：工程材料、机械加工设备、其他工程材料与机械加工设备等三个中类。

每一中类按照相互之间的种属关系和内在联系划分为小类；细类隶属于小类，

为构成种类的基本类别，根据应急物资的用途及使用场景，不是所有的中类及小类都需要进行细分。

（二）目录

按照国家发展改革委办公厅《应急保障重点物资分类目录（2015年）》依据结构清晰、易于扩展、方便实用的原则，将应急保障重点物资分为四个层级，构建了以"目标—任务—作业分工—保障物资"为主线分层次的物资分类方法（表6-1）。具体如下：

（1）第一层级主要体现应急保障工作的重点，分为现场管理与保障、生命救援与生活救助、工程抢险与专业处置三个大类。

（2）第二层级将保障重点按照不同的应急任务进一步分解为16个中类。

（3）第三层级将为完成特定任务涉及的主要作业方式或物资功能细分为65个小类。

（4）第四层级针对每一个小类提出了若干种重点应急物资名称，体现了各类作业所需的工具、材料、装备、用品等支撑条件。

表6-1 应急保障重点物资分类目录（2015年）（摘录）

应急保障类别（大类）	现场任务类型（中类）	主要作业方式或物资功能（小类）	重点应急物资名称
现场管理与保障	现场安全	现场照明	手电筒；防风灯；防水灯；探照灯；应急灯；移动式升降照明灯组；抢险照明车；帐篷灯；蜡烛；荧光棒；头灯等
		现场警戒	移动式交通信号装置；警戒标志杆（柱、牌）；安全警戒带；警示灯；紧急疏散标志灯；警报器（电动、手动）；照明弹；信号弹；烟雾弹；发（反）光标记等
		应急动力	汽柴油发动机；燃油发电机组；应急发电车（轮式、轨式）；应急电源车等
	能源动力保障	燃料供应	汽油、柴油、煤油、天然气、液化气、固体酒精等燃料；干电池、蓄电池（配充电设备）、燃料电池等；应急运油车；应急加油车等
生命救援与生活救助	人员安全防护	消防防护	消防头盔；消防手套；消防靴；避火服（防火服）；隔热服等
		通用防护	安全帽（头盔）；手套；安全鞋；工作服；安全警示背心；垫肩；护膝；护肘；防护镜；雨衣；水靴；呼吸面具；氧气（空气）呼吸器；呼吸器充填泵等

续表

应急保障类别（大类）	现场任务类型（中类）	主要作业方式或物资功能（小类）	重点应急物资名称
生命救援与生活救助	紧急医疗救护	伤员固定与转运	颈托；躯肢体固定托架（气囊）；关节夹板；担架；隔离担架；急救车；直升机救生吊具（索具、网）等
		院前急救	急救箱或背囊；除颤起搏器；输液泵；移动ICU；心肺复苏机；简易呼吸器；多人吸氧器；便携呼吸机；氧气机（瓶、袋）；高效轻便制氧设备；软体高压氧舱；手术床；麻醉机；监护仪；小型移动手术车；洗眼器；重伤员皮肤洗消装置；脱脂纱布、敷料；输液袋等
工程抢险与专业处置	交通与岩土工程抢修	岩土工程施工	推土机；挖掘机；铲运机；工程钻机；凿岩机；碎石机；打桩机；压拔桩机；平整机；翻土机；液压抛石机；液压岩石钻；水泥切割锯；电镐；风镐等
	电力工程抢修	电网抢修作业	电力设备检测车；电网输变电设备；电网应急抢修工器具；电网抢修材料等
		配电设备抢修	配电箱（开关）；电线杆；防爆电缆；防水电缆；铜芯铝绞线；合成绝缘子；玻璃绝缘子等
		融冰抢险作业	高压线路融冰装置；车载直流融冰装置；交流融冰变压器；移动式融冰设备等
	其他专业处置	火灾处置	消防车（船、飞机）；大功率水泵车；泡沫供应车；灭火器；风力灭火机；移动式排烟机；灭火拖把；油锯；割灌机；森林草原灭火器材等
		危险化学品处置	强酸、碱洗消器（剂）；洗消喷淋器；洗消液均混罐；移动式高压洗消泵；高压清洗机；洗消帐篷；生化细菌洗消器（剂）等

二、救援装备配置与维护

（一）应急物资的配置原则

国家按照集中管理、统一调拨、平时服务、灾时应急、采储结合、节约高效的原则，建立健全应急物资储备保障制度，动态更新应急物资储备品种目录，完善重要应急物资的监管、生产、采购、储备、调拨和紧急配送体系。

生产经营单位应按照"因地制宜、分级分类、系统配套、优化配置、平急（疫／战）结合"的原则，建立健全应急物资保障制度，完善应急物资管理体系；集团公司实行应急物资"定点储存、统一标志、分级管理、专项使用"的原则。

生产经营单位在配置应急物资时，应充分考虑：

（1）合规要求：严格遵守法律法规、标准规范及行业标准中关于应急物资配置的要求。

（2）针对实用：根据生产特点、危险特性、事故特征和事故风险评估结果等进行有效配置，保障应急物资的实用。

（3）系统配套：应急物资配置确保系统配套、搭配合理、功能齐全、数量充足，满足员工现场应急处置和企业应急救援队伍所承担救援任务的需要。

（4）先进适用：优先选择性能先进、适用性强、安全耐用、轻便高效的应急救援物资，并定期对已配备物资的有效性和使用效能等方面进行检查评估，及时淘汰过期和低效能物资。

（5）适量冗余：为了确保在突发事件中物资供应的稳定性和可靠性，可适当增加物资的数量和种类，保持适量冗余，以应对需求急剧增加或因运输中断、库存不足引发的物资短缺的情况。

（二）应急物资的维护

应设置专门库房储存应急物资，库房应避光、通风良好，应有防火、防盗、防潮、防鼠、防污染等措施。

应建立应急物资管理体系，特别要建立重要应急物资的采购、入库、保管、检查、维护、出库、使用、报废、补充、更新等管理制度，确保应急物资质量完好、储备充足、满足应急需求。

应注意收集应急物资的产品合格证、使用说明书等资料，设置应急物资标签，标明品名、规格、产地、编号、数量、质量、生产日期、入库时间、有效期等信息，根据应急物资特性制订检测、检查、维护、保养规程，并按照规程实施应急物资的日常检查、维护、保养管理，确保应急物资完好可靠。

应急物资的维护，特别是应急救援装备的维护不限于：

（1）日常维护：包括清洁、检查、润滑、紧固和调整等基本操作，确保装备的正常运行。

（2）等级维护：根据装备的使用情况和预设的周期进行定期维护，包括定时维护和定程维护，以确保装备在不同使用阶段都能保持良好的状态。

（3）特殊环境下的维护：针对特殊环境（如高温、低温、腐蚀性环境等）下的装备进行特殊维护，确保装备在这些极端条件下仍能正常工作。

(三)常用应急物资

目前,国家、行业主管部门和地方政府针对一些特殊行业、特殊领域陆续制定了一系列的应急救援物资储备要求,如 GB 30077《危险化学品单位应急救援物资配备要求》、YJ/T 26《应急避难场所 设施设备及物资配置》。集团公司 Q/SY 08136《生产作业现场应急物资配备选用指南》,对井场、油气集输、处理、储运场所、油库、加油站、炼化装置区、危险作业场所和特殊作业场所等生产作业现场应急物资的配备提供了指导。

涉及临时用电作业的应急物资的储备可参考表 6-2 配置。

表 6-2　涉及临时用电作业的部分应急物资储备

装备类型	装备名称	主要用途
应急发电照明类	应急发电机或车	用于突发事件现场应急发电,为相关设备提供电源
	应急照明车或灯塔	用于夜间应急救援照明
单兵装备类	应急救援服	用于个人防护
	应急救援鞋	用于个人防护
	防机械伤害手套	用于个人防护
	安全帽	用于个人防护
	护目镜	用于个人防护
	安全带	高处作业使用
	个人急救包	用于现场应急急救
	防护口罩	用于人员呼吸防护
	头灯	用于夜间突发事件救援,人员随身携带照明
医疗救护类	自救式呼吸器	用于现场人员救护
	急救箱(含急救药品)	用于现场人员救护
	担架	用于现场人员救护
	急救毯	用于现场人员救护
	骨折固定夹板	用于现场人员救护
	全自动体外除颤器(AED)	用于抢救心脏骤停人员
安全工器具类	绝缘操作杆	用于救援人员的绝缘保护
	绝缘手套	用于救援人员的绝缘保护
	绝缘靴	用于救援人员的绝缘保护
	携带型接地线	用于救援人员的绝缘保护
	高压验电器	用于救援人员的绝缘保护

三、消防设备设施

（一）消防设备设施分类

目前，常用的消防设备设施主要有九类：消防给水与消火栓系统，自动喷水灭火系统，水喷雾、细水雾灭火系统，固定消防炮、自动跟踪定位射流灭火系统，气体灭火系统，干粉灭火系统，灭火器，防烟与排烟系统，火灾自动报警系统。

根据设备设施的可移动特点，可将消防设备设施分为固定式消防设备设施和移动式消防设备设施。

灭火器类型与火灾类型匹配见表6-3。

表6-3 灭火器类型与火灾类型匹配表

火灾类型	干粉灭火器 碳酸氢钠	干粉灭火器 磷酸铵盐	二氧化碳灭火器	泡沫灭火器	水型灭火器	卤代烷灭火器
A类	指固体物质火灾。如木材、干草、煤炭、棉、毛、麻、纸张等		√		√	√	√
B类	指液体或可熔化的固体物质火灾。如煤油、柴油、原油、甲醇、乙醇、沥青、石蜡、塑料等	√	√	√	√		√
C类	指气体火灾。如煤气、天然气、甲烷、乙烷、丙烷、氢气等	√	√	√			√
D类	指金属火灾。如钾、钠、镁、钛、锆、锂、铝镁合金等						
E类	指带电火灾。物体带电燃烧的火灾		√	√			√
F类	指烹饪器具内的烹饪物（如动植物油脂）火灾	√	√	√	√		√

注：A类行实际结构为"火灾类型"和"描述"两列合并；以上表格将描述并入火灾类型列。

（二）电气火灾检测监测设备设施

目前，常用的电气火灾检测的消防设施包括电气火灾监控探测器、红外系列仪器、常规仪表和超声探测仪等，通过不同的技术手段对电气火灾进行监测和预警。

1. 电气火灾监控探测器

通过监测配电回路的剩余电流、温度等参数，预防接地性故障和过热引起的火灾，适用于电气火灾发生概率大的场所，如工厂、大型库房、办公室、商业建筑、宾馆、住宅及娱乐场所等。

2. 红外系列仪器

用于测量导线及其连接点、开关触头的温度，并通过拍热谱图来检测温度异常，适用于检测变压器绕组、高低压电缆（线）各接点等关键部位的温度变化，及时发现过热现象。

3. 常规仪表

用于测量各相线的电压（流）值、N 线的不平衡电流值、PE 线有无异常电流及接地电阻值等，帮助检测电气系统的异常情况。

4. 超声探测仪

主要用于测量有无打火放电现象，通过声波检测电气设备的放电情况，预防因接触不良或短路引起的火灾。

（三）常用的电气火灾消防设备设施

常用的电气火灾扑救的消防设备设施如下。

1. 细水雾灭火系统

细水雾灭火系统是由供水装置、过滤装置、控制阀、细水雾喷头等组件和供水管道组成，能自动和人工启动并喷放细水雾进行灭火或控火的固定灭火系统，可用于扑救电缆、控制柜等电子、电气设备火灾和变压器火灾等。细水雾灭火系统是以水为介质，通过高压或中低压技术将水雾化为直径 10～1000μm 的微小水滴，利用其物理化学特性实现高效灭火的自动消防装置。

1）分类

根据技术标准，可分为以下类型：

（1）按供水方式分为瓶组式（适用于小空间或供电不稳定场所）与泵组式（主流类型，通过高压泵组供水）。

（2）按工作压力分为高压系统（不低于 3.50MPa）、中压系统（1.20～3.50MPa）、低压系统（低于 1.20MPa）。

（3）按喷头类型分为开式系统（全淹没或局部应用，适用于配电室、厨房等场所）与闭式系统（用于非密集存储的图书库、档案库等）。

2）灭火机理

（1）高效吸热：细水雾蒸发吸收大量热量，降温速度远超传统喷淋系统。

（2）窒息作用：水蒸气稀释氧气浓度，抑制燃烧链式反应。

（3）阻隔辐射热：雾状水幕屏蔽热辐射，防止火势蔓延。

（4）电气绝缘性：雾滴非连续导电，可安全扑灭 E 类电气火灾（带电设备或线路在通电状态下燃烧的火灾类型，具有触电风险与火势蔓延快的特点）。

3）优势

（1）环保安全：无污染、无腐蚀，适合机房、文物库等精密场所，用水量仅为传统喷淋系统的 1%～5%，避免次生水损。

（2）快速响应：开式系统的响应时间不高于 30s，闭式系统的作用面积不低于 $140m^2$。

（3）适应性强：可穿透遮挡物灭火，解决全空间防护难题，支持与电力监控系统联动，实现"感知—判断—处置"闭环。

2.气体灭火系统

气体灭火系统是以气体为主要灭火介质的灭火系统，常用的有卤代烷、二氧化碳、氮气及六氟丙烷（HFC-236fa）和七氟丙烷（HFC-227ea）气体灭火系统。是通过释放惰性气体或化学气体抑制燃烧反应的自动灭火装置，适用于扑救电气、液体及精密设备火灾。

1）分类与灭火机理

（1）惰性气体系统。如 IG541（氮气/氩气/二氧化碳混合气体），通过稀释氧气浓度实现窒息灭火。

（2）化学气体系统。如六氟丙烷和七氟丙烷气体灭火系统。七氟丙烷气体灭火系统以化学抑制为主，通过捕获燃烧链式反应的自由基实现灭火，兼具物理冷却作用；六氟丙烷气体灭火系统主要依赖物理冷却降低燃烧温度，同时具备部分化学抑制能力，尤其对 A 类火灾效果更优。

2）优势

（1）无残留不导电：灭火后无腐蚀性残留物，保护精密仪器并避免二次短路风险。

（2）快速灭火能力：七氟丙烷系统可在10s内释放药剂，30s内扑灭火灾。

（3）环保与安全性：IG541等惰性气体对臭氧层无破坏，且对人体无毒性（安全浓度不高于43%）。

3）适用场景

（1）变配电房、电缆隧道等电气火灾，适用七氟丙烷、二氧化碳气体灭火系统。

（2）数据中心、通信基站等精密设备场所，适用IG541、七氟丙烷气体灭火系统。

（3）燃油储罐、化工厂反应釜等液体火灾，适用二氧化碳气体灭火系统。

（4）IG541和七氟丙烷气体灭火系统适用于不高于35kV带电设备，二氧化碳气体灭火系统适用于不高于10kV带电设备。

4）安全操作与注意事项

（1）释放前需启动声光报警并延时30s，确保人员撤离。

（2）七氟丙烷正常灭火浓度下对人体相对安全，但高浓度或高温环境可能分解产生氟化氢等有毒物质。七氟丙烷灭火浓度超过9%时需配置呼吸装置。每10年更换一次。

（3）IG541每月检查压力表及瓶组状态，每年进行系统联动测试。

3. 干粉灭火系统

干粉灭火系统是由干粉供应源通过输送管道连接到固定的喷嘴上，通过喷嘴喷放干粉的灭火系统。干粉灭火系统是以氮气或惰性气体为驱动介质，通过管道输送干粉灭火剂至固定喷嘴进行喷射的自动灭火装置。

1）分类及组成

主要包含以下组件：干粉储存装置（储气瓶/储压罐），驱动气体储瓶（氮气、二氧化碳等），输粉管路与喷头（软管最长可达40m），控制单元（火灾探测器、联动切断阀等）。

按照储存方式分为储气瓶型（外置驱动气体，适合大型场所）和储压型（内置驱动气体，适用于小型空间）。

按照应用方式分为全淹没系统（30s内充满防护区，灭火浓度不低于$0.65kg/m^3$，适合油泵房等封闭空间）和局部应用系统（直接喷射火源，持续喷放不低于60s，用于甲/乙/丙类液体罐、电气设备等）。

按照结构特点分为组合分配系统（一套装置保护不多于 8 个防护区，优先用于多区域联动的工业场景）和预制型系统（适合小型场所）。

2）灭火机理

（1）化学抑制：干粉（如碳酸氢钠、磷酸铵盐）捕获燃烧链式反应的—OH 和—H 自由基，中断燃烧反应。

（2）物理隔绝：粉末覆盖燃烧物表面形成隔离层，阻止复燃。

（3）冷却与窒息：分解反应吸收热量，释放二氧化碳稀释氧气浓度。

4. 水基型灭火器

水基型灭火器的灭火剂主要由碳氢表面活性剂、氟碳表面活性剂、阻燃剂和助剂组成，可以扑救 36kV 以下的电气火灾。水基型灭火器是以水为主要介质，添加表面活性剂、阻燃剂等成分的消防器材，通过物理隔离和化学抑制实现高效灭火。

1）组成

其核心成分包括：

（1）AFFF 水成膜泡沫灭火剂（形成隔离水膜）。

（2）氮气驱动气体（提供喷射压力）。

（3）碳氢/氟碳表面活性剂（增强渗透性与阻燃性）。

2）灭火机理

（1）物理隔离：喷射后形成 20～100μm 细水雾，快速蒸发吸收热量（约 300kW/喷头），并在可燃物表面形成连续水膜，隔绝氧气。

（2）化学抑制：表面活性剂渗透燃烧物内部，阻断火势蔓延，尤其对 A 类固体火灾效果显著。

（3）双重防护：兼具冷却与窒息作用，抗复燃能力优于干粉灭火器。

3）优势

（1）安全环保：无毒无腐蚀，可直接用于人体火场自救（喷射后涂抹皮肤隔热）。

（2）喷射残留物易清理，适合精密仪器场所。

（3）高效便捷：无须倒置使用，喷射时间达 40s 以上（干粉灭火器的两倍）。

（4）有效灭火浓度低，用水量仅为传统喷淋系统的 1/514。

（5）环境适应性：抗风性能强，可在 -20～55℃环境中正常使用。

4）安全操作与注意事项

（1）首次检测后需每年检测一次，确保压力正常、药剂无沉淀。

（2）避免阳光直射，存放温度不高于 45℃，远离酸碱性物质。

第二节 应急救援准备与实施

一、应急救援的准备

应急救援准备工作包括：

（1）针对本单位可能发生的触电事故的特点和危害，进行风险辨识和评估，制订应急救援预案，并向从业人员公布。

（2）易燃易爆物品、危险化学品等危险物品的生产、经营、储存、运输单位，矿山、金属冶炼、城市轨道交通运营、建筑施工单位，以及宾馆、商场、娱乐场所、旅游景区等人员密集场所经营单位，应当将制定的生产安全事故应急救援预案按照国家有关规定报送县级以上人民政府负有安全生产监督管理职责的部门备案，并依法向社会公布。

（3）易燃易爆物品、危险化学品等危险物品的生产、经营、储存、运输单位，矿山、金属冶炼、城市轨道交通运营、建筑施工单位，以及宾馆、商场、娱乐场所、旅游景区等人员密集场所经营单位，应当建立应急救援队伍；其中，小型企业或微型企业等规模较小的生产经营单位，可以不建立应急救援队伍，但应当指定兼职的应急救援人员，并且可以与邻近的应急救援队伍签订应急救援协议。

应急救援队伍的应急救援人员应当具备必要的专业知识、技能、身体素质和心理素质。

（4）应急救援队伍建立单位或兼职应急救援人员所在单位应当按照国家有关规定对应急救援人员进行培训；应急救援人员经培训合格后，方可参加应急救援工作。

（5）应急救援队伍应当配备必要的应急救援装备和物资，并定期组织训练。

（6）易燃易爆物品、危险化学品等危险物品的生产、经营、储存、运输单位，矿山、金属冶炼、城市轨道交通运营、建筑施工单位，以及宾馆、商场、娱乐场所、旅游景区等人员密集场所经营单位，应当根据本单位可能发生的生产安全事故的特点和危害，配备必要的灭火、排水、通风及危险物品稀释、掩埋、收集等应急救援器材、设备和物资，并进行经常性维护、保养，保证正常运转。

（7）危险物品的生产、经营、储存、运输单位及矿山、金属冶炼、城市轨道交通运营、建筑施工单位、应急救援队伍等单位或机构应当建立应急值班制度，配备应急值班人员；规模较大、危险性较高的易燃易爆物品、危险化学品等危险物品的生产、经营、储存、运输单位应当成立应急处置技术组，实行 24h 应急值班。

（8）对从业人员进行应急教育和培训，保证从业人员具备必要的应急知识，掌握风险防范技能和事故应急措施。

二、临时用电作业事故后果分析

（一）风险与事故

应急预案体系示意图如图 6-1 所示。根据表 3-6 和表 3-7，临时用电所引发的事故分为安装、投电、维护和拆除阶段的起重伤害、高处坠落、触电、机械伤害和其他伤害，以及使用阶段的火灾和触电，见表 6-4。

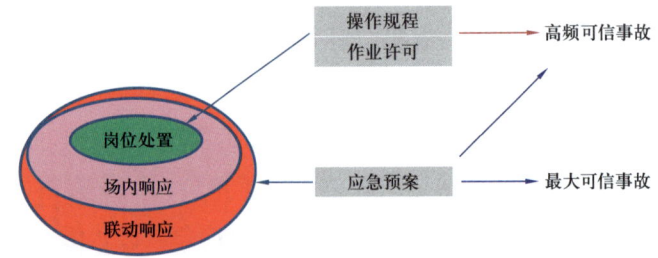

图 6-1　应急预案体系示意图

表 6-4　临时用电作业可能导致的事故及影响程度

阶段	步骤	存在的风险（可信事故）	影响程度
安装阶段	1. 盘柜基础制作	其他伤害	岗位
	2. 盘柜安装	起重伤害，机械伤害，其他伤害	
	3. 电缆沟制作	其他伤害	
	4. 架空线路槽盒或支架安装	高处坠落	
	5. 电缆敷设	其他伤害，高处坠落	
	6. 接线	机械伤害，其他伤害	
投电阶段	1. 前端盘柜或电源切断	触电	岗位
	2. 接线	机械伤害，其他伤害	
	3. 从一级至三级逐级送电	触电	
使用阶段	1. 用户设备就位或安装	其他伤害	岗位
	2. 启动前安全检查		

续表

阶段	步骤	存在的风险（可信事故）	影响程度
使用阶段	3. 送电	触电	岗位或场内
	4. 日常维护	触电，火灾	
	5. 断电	触电	
维修阶段	1. 切断电源	触电	岗位
	2. 验电	触电	
	3. 拆除接线、开关或漏保部件（装置）	其他伤害，机械伤害	
	4. 更换开关或漏保、接线	其他伤害，机械伤害	
	5. 送电	触电	
拆除阶段	1. 切断电源	触电	岗位
	2. 放电	触电	
	3. 拆除电源端接线	其他伤害	
	4. 拆除电缆及盘柜	其他伤害	

（二）可信事故

最大可信事故：在所有预测的概率不为零的事故中，危害最严重的事故。

高频可信事故：在所有预测的概率不为零的事故中，触发频率高的事故。

临时用电作业应急情景构建见表6-5。

表6-5　临时用电作业应急情景构建

存在的风险（可信事故）	影响程度	后果	可信程度	适用情景
其他伤害	岗位	创伤	高频	安装、拆除及维护阶段作业
起重伤害	岗位	创伤	最大	安装或拆除阶段使用起重设备时
机械伤害	岗位	创伤	高频	安装、拆除及维护阶段作业
高处坠落	岗位	创伤	最大	安装或拆除阶段高处作业时
触电	岗位	触电	高频	临时用电作业各阶段
火灾	岗位	烧伤	最大	临时用电设施由于内外因起火
火灾	场内	火灾、爆炸	最大	当用于易燃易爆场所时，临时用电成为点火源

(三)应急预案体系

根据表 6-5 所构建的情景,临时用电作业须建立以下应急预案体系:

(1)创伤急救规程:专门针对临时用电作业因其他伤害、起重伤害、机械伤害、高处坠落等导致的人员创伤的急救处置。

(2)心肺复苏:专门针对临时用电作业因其他伤害、起重伤害、机械伤害、高处坠落等导致的人员心脏骤停的急救处置。

(3)烧伤急救规程:专门针对临时用电设施在使用阶段因老化、接触不良或外界点火源引发的火灾烧伤的急救处置。

(4)触电急救规程:专门针对临时用电作业各阶段可能导致的人员触电的急救处置。

(5)易燃易爆场所火灾专项应急预案:专门针对易燃易爆场所内因临时用电设施问题所引发的火灾事故甚至引发爆炸的应急响应。

三、应急预案

(一)创伤急救规程

创伤急救规程见表 6-6。

表 6-6 创伤急救规程

作业步骤	注意事项
基本要求	1. 现场急救原则: 1)应遵循四个步骤: (1)先止血后包扎,先固定后搬运。 (2)止血应优先大创口(大出血)后小创口。 (3)对于穿刺物应交由专业医疗机构处置。 (4)致命性创伤,应先复后固,即当伤员心跳、呼吸骤停又有骨折时,应首先恢复心跳呼吸,再骨折固定。 2)区分伤口的致因,正确采取冷敷或热敷(活血)的方式。当受到外力且无伤口、存在淤血的可能时,通常采取热敷;当扭伤存在肿胀的可能时或有伤口出血时应首先采取冷敷
	2. 施救者应具备以下基本知识: (1)能够对伤病员的病情进行初步判断。 (2)掌握判断动静脉、心脏、脾胃、骨骼位置等基本生理常识。 (3)接受急救知识培训、掌握止血包扎的方法
	3. 工程建设项目现场应储备的基本急救物资包括但不限于:创可贴、纱布、绷带、酒精等,并每月检查防止出现污染、损坏、过度消耗或其他影响使用等情况

续表

作业步骤	注意事项
伤情的判断	1. 首先判断伤员的生命体征是否平稳。如果平稳应检查是否有外伤出血，或询问伤者痛处，外伤出血常见于擦伤、切割伤、刺伤、砸伤、挤压伤等。如无外伤或伤员生命体征不平稳，应考虑骨折、挫伤、扭伤、内出血等可能性，内出血的皮肤没有伤口，常见于脑出血、内脏出血等 2. 骨折有以下症状： （1）伤处肿胀明显，有严重皮下淤血、青紫，出现外观畸形及功能性障碍，应考虑为骨折。 （2）根据受伤时用力大小或姿势，一般用力大更容易造成骨折；受伤时姿势，如滑倒，手会不由自主先着地易造成手臂骨折；遭受物体打击时易发生骨折。 （3）局部出现骨擦音和骨擦感。骨折断端移位，局部骨质发生碰撞，造成的一种杂音即骨擦音，产生触摸以后骨头折了的感觉，即骨擦感。 （4）凡有疑似骨折的伤员，均应按骨折处理 3. 挫伤有以下症状： （1）四肢软组织挫伤：局部红、肿胀、淤血、压疼，活动不便。 （2）内脏挫伤：腹部挫伤出现面色苍白、口渴、出冷汗、脉搏快而细弱 4. 扭伤有以下症状： 伤员损伤部位疼痛、肿胀、青紫和关节活动受限，而无骨折、脱臼、皮肉破损等
出血救治	1. 外部出血 （1）止血：出血部位流速慢的可用清洁敷料压迫在出血部位止血。流速快的应使用止血带止血，但每隔30min须放松一次，每次30～60s，以防肢体缺血坏死。 （2）包扎：须用消毒纱布或干净布进行包扎，不可直接用棉花、卫生纸等，以防伤口被污染。伤口表面的异物要去掉，外露的骨折端切勿推入伤口，以免污染深层组织。 （3）小而深的伤口不宜与上包扎，特别是锈钉扎伤、切割伤、刺伤等，应及时进行清理，再送往医院进行清创并注射破伤风抗毒素 2. 内部出血（脑出血、内脏出血）： （1）保持伤员安静：让伤员平躺在平坦的表面上，避免挪动伤员，以免加重出血。 （2）保持呼吸道通畅：将伤员的头部偏向一侧，以防止有呕吐物或分泌物堵塞呼吸道。 （3）提供基本急救支持：如果伤员失去意识，可进行心肺复苏，直到急救人员到达。 注意：避免给伤员喂食或饮水
骨折救治	骨折固定方法应简单而有效，可就地取材。目的是固定折断部位、减少继续损伤，便于伤员的搬运和转送。 （1）颈椎固定：伤员平卧，头部中立位，头两侧置支撑物，用布带固定，勿使头转动。 （2）胸腰椎骨折：平卧在木板上，躯干用2～3根布带固定在担架上。 （3）骨盆骨折：平卧在木板上，用宽布带横跨两侧髂嵴固定在担架上。 （4）股骨骨折：要用"上、下超关节"木板固定，上段固定到腰部，下段固定到踝关节。 （5）小腿骨折：用长度由足跟至大腿中部的两块夹板，分别置于小腿内外侧，再用三角巾或绷带固定；也可将伤员伤肢固定在健肢上。 （6）肱骨固定：手臂呈屈肘状，用两块夹板固定，一块放于上臂内侧，另一块放在外侧，用绷带固定。如只有一块夹板，则夹板放在外侧加以固定，用三角巾悬吊伤肢。 （7）前臂骨折：将夹板置于前臂外侧，然后固定腕关节，用三角巾将前臂屈曲悬吊胸前，用另一三角巾将伤肢固定于胸廓。 （8）指（趾）固定：相邻指（趾）都受伤时包扎要分开，不要把相邻的伤指（趾）捆在一起。不要扎得太紧，以免影响血运

续表

作业步骤	注意事项
挫伤、扭伤救治	1. 挫伤的一般处理： （1）四肢软组织挫伤：只需局部制动、冷敷、抬高患肢。 （2）对胸腹部挫伤及头部挫伤，应考虑有无深部血肿或内脏损伤出血，密切观察，及时送医
	2. 扭伤的一般处理： （1）安定伤员情绪，用冷湿布敷盖患处。 （2）颈部、腰部扭伤者在搬运时不可移动患部
搬运送医	病员搬运：应根据受伤情况，采用不同的搬运方法，同时根据季节采取保暖、防暑措施。随时观察伤员意识、呼吸、心跳的变化，且禁止给需手术的伤病员饮水或进食，以免麻醉时因呕吐造成窒息或吸入性肺炎。对于间断抽搐的伤员，用纱布、手绢包裹木棍垫在上下牙之间，防止咬伤。 （1）脊柱损伤：硬担架，3～4人同时搬运，固定颈部不能前屈、后伸、扭曲。 （2）颅脑损伤：半卧位或侧卧位。 （3）胸部伤：半卧位或坐位。 （4）腹部伤：仰卧位，屈曲下肢。 （5）呼吸困难：坐位。 （6）昏迷：除脊柱骨折外，应采用平卧、头转向一侧或侧卧位。对于佩戴假牙者，取出假牙，防止因舌根后坠或呕吐物造成窒息。 （7）休克：平卧位，不用枕头，头部略低，脚抬高，以保证大脑血液和氧气供应

（二）触电急救规程

触电事故应急处置规程见表6-7。

表6-7 触电事故应急处置规程

作业步骤	注意事项
基本要求	1. 现场急救原则： （1）采用"心肺复苏法"，把握"黄金时间"4～6min。触电伤害的死亡概率非常高、急救成功率低，故所有人员须严格执行安全用电规程，该规程为事故状态下的一项被动措施。 （2）应遵循避免伤者双手或单手单脚与电压形成电流回路的原则。 （3）应坚持"一切绝缘皆有可能失效"的原则，尤其是阴雨天或潮湿环境、工具破损等情况。 （4）当判断为高压触电且不能确定是否或无法断开电源情况下，禁止盲目施救
	2. 施救者须掌握以下知识和技能： （1）安全用电基本知识、触电伤害基本知识。 （2）电源及开关位置等现场环境（当不熟悉环境时，不应盲目施救）。 （3）心肺复苏法（经过专业医师培训或事后可提供相关证明。经风险评估，当本单位存在触电风险较大时，应配置一定数量的掌握心肺复苏法的人员）
	3. 工程建设项目现场应储备的基本急救物资包括但不限于：酒精、纱布、生理盐水等，并每周检查防止出现污染、损坏、过度消耗或其他影响使用等情况

续表

作业步骤	注意事项
事件的判断	1.判断伤员是否触电应满足两个基本条件： （1）周边存在电源或存在电压的条件（包括但不限于：电缆电线、雷电、电气设备）。 （2）有症状人员处于电场影响区域内 2.伤员触电症状分为电击伤和电灼伤。对于电击伤有以下症状： （1）伤员出现惊吓、呆滞、面色苍白。 （2）当伤员自述皮肤灼伤处疼痛，或有头晕、心动过速和全身乏力。 （3）伤员出现发抖、昏迷、持续抽搐或呼吸停止、休克时。 对于电灼伤有以下症状： （1）伤员局部表现有不同程度的烧伤、出血、焦黑等。 （2）伤员烧伤区与正常组织界线清楚。 （3）伤员出现全身机能障碍，如休克、呼吸心跳停止
初步处置	1.判断伤员周围环境是否安全： （1）首先判断是否属于跨步电压触电。当存在以下情况时可能处于跨步电压：附近有高压电线垂落，地面有积水，导电地板、甲板。当跨步电压存在时发现人员应向反方向单脚跳跃逃离，至少20m以外。 （2）当发现伤员附近有电线电缆时，应首先确认最近的电源开关是否处于闭合状态，伤员未脱离电线电缆前，为非安全状态，禁止双方皮肤接触。 （3）当不能确定电源是否闭合且环境潮湿或处于水环境时，为非安全状态，不应盲目施救 2.当确认为跨步电压时，施救者应在安全区域外迅速采取双脚绝缘措施。如果发现垂落电线，佩戴绝缘手套、手持5m以上长柄绝缘工具，尽可能小跨步奔向垂落电线，抢击电源线使其远离伤者方向，双手拉起伤者双手、抱起伤者，迅速向二次垂落电线反方向逃离至安全区域。如果为积水或导电地板环境，施救者应佩戴绝缘手套、穿干燥防护服、尽可能小跨步奔向伤者，双手拉起伤者双手、抱起伤者，迅速向反方向逃离至安全区域。 当不能确定电源（不超过380V）是否闭合时，将触电者脱离电源应遵循以下方法： （1）应迅速用绝缘完好的钢丝钳或断线钳剪断电线，以断开电源。 （2）导线绝缘损坏造成的触电，施救人员可用绝缘工具或干燥的木棍等将电线挑开。 （3）不直接接触触电者，佩戴绝缘手套或使用绝缘工具、器材将伤者拖离电线
现场救治	1.将脱离电源的触电者迅速移至通风、干燥处，将其仰卧，松开上衣和裤带。遣散无关人员，保持环境安静 2.触电伤员出现惊吓、呆滞、头晕、心悸、面色苍白、四肢软弱、全身乏力、神志清醒、呼吸心跳均自主，应让伤员就地平卧，严密观察，暂时不要站立或走动，防止继发休克或心衰 3.触电伤员出现发抖、持续抽搐时（多数是电击伤）： （1）将伤员平放于地面，头偏向一侧，松开上衣和裤带。 （2）迅速清除口鼻咽喉分泌物与呕吐物，保证呼吸道通畅和防止牙齿咬伤舌头，应该用纱布或布条包绕的木棍放在上下牙齿之间。 （3）用手指按人中穴和合谷穴。 动作要迅速。防止病人在剧烈抽搐时与周围硬物碰撞造成伤害，但绝不可以强力把抽搐的肢体压住，以免骨折

续表

作业步骤	注意事项
现场救治	4. 触电伤员昏迷、休克，可针刺或掐人中穴位。触电伤员出现呼吸心跳都停止的，应马上进行心肺复苏术，切勿轻易放弃
	5. 皮肤明显出现烧伤、出血、焦黑（多数是电灼伤）：先止血，再用生理盐水冲洗，最后用纱布或干净布包扎好。施救者不得用手直接触摸伤口，也不准在伤口上随便用药
	6. 送医过程中或等待救护车过来期间，应保持伤员平躺、环境空气流通
意外情况处置	当施救过程中发现施救者本人触电时，应中止施救，检查器材、工具或防护用品的绝缘性能，并纠正后方可继续施救。未发现问题前不得继续施救

（三）心肺复苏急救规程

心肺复苏急救规程见表 6-8。

表 6-8　心肺复苏急救规程

作业步骤	注意事项
基本要求	1. 心肺复苏的黄金时间为 4～6min，时间是生命，速度是关键
	2. 施救者必须了解心肺复苏的知识并接受专业医师的培训和专门的训练，或在专业医师的直接指导下才可以为他人实施心肺复苏（经过专业医师培训或事后可提供相关证明）
	3. 简易呼吸囊：结构简单，操作方便，可用以进行长时间的人工呼吸
	4. 当有 AED（自动体外除颤仪）设备时应优先采用 AED 设备，再进行心肺复苏
事件的判断	1. 拍摇伤员并大声询问，手指掐压人中穴约 5s，如无反应表示意识丧失
	2. 检查呼吸是否停止，已经丧失意识的患者，使其水平仰卧，松解衣领和裤带，清除口腔异物，仰头抬颏，用耳贴近口鼻，如未感到气流或胸部无起伏，则表示已无呼吸
	3. 检查心脏是否跳动，最简易、最可靠的是颈动脉。用 2～3 个手指放在患者气管与颈部肌肉间轻轻按压，判断时间 5～10s
	4. 心跳、呼吸都停止时，应立即进行心肺复苏术来抢救。心肺复苏 =（清理呼吸道）+ 人工呼吸 + 胸外按压
操作方法	1. 对"有心跳而呼吸停止"的伤员，应采用"人工呼吸法"进行急救。 （1）口对口人工呼吸法：在保持患者仰头抬颏前提下，施救者用一只手捏闭伤员的鼻孔，把伤员的嘴撑开，然后深吸一大口气，迅速用力向伤员口内吹气，然后松开鼻孔，使吹入其肺部的气体自然排出，照此每 5s 反复一次，直到恢复自主呼吸或专业抢救人员的到来。但要注意，吹气力量需适中，不要过猛，以免吹破肺泡。

续表

作业步骤	注意事项
操作方法	（2）口对鼻人工呼吸法：口对鼻吹气法与口对口吹气法基本相同。在伤员牙关紧闭，不能做口对口吹气法时，可用此方法。具体方法是，施救者用一只手捏闭病人嘴唇，对准鼻孔吹气，吹气的力量要稍大，吹的时间要稍长
	2. 对"有呼吸而心跳停止"的伤员，应采用"胸外按压法"进行抢救。 （1）施救者应握紧拳头，拳眼向上，快速有力猛击伤员胸骨正中下段一次。此举有可能使伤员心脏复跳，如一次不成功可按上述要求再次叩击一次。如心脏不能复跳，就要通过胸外按压，使心脏和大血管血液产生流动。以维持心、脑等主要器官最低血液需要量。 （2）施救者站在或跪在伤员一侧，左手掌根置于两乳头连线中点（胸骨中下 1/3 处），右手掌根重叠于左手的手背上，左手五指翘起，双臂伸直，按压力量经手跟而向下，以冲击动作压迫胸骨，对中等体重的成人下压深度为 3~4cm，然后解除压力，让胸廓自行复位，如此有节奏地反复进行，按压频率为每分钟 100 次
	3. 对"呼吸和心跳都已停止"的触电者，应同时采用"心肺复苏法"进行急救。 单人/双人心脏按压 30 次，人工呼吸两次，交替进行。进行人工呼吸或胸外按压法要及时和坚持不懈。统计材料表明，触电后 1min 开始抢救，救活率可达 90%；触电后 6min 开始抢救，救活率只有 10%。要坚持不懈，是因为有抢救近 5h 而使触电者得救的实例
	4. 心肺复苏的体征： （1）观察颈动脉搏动，有效时每次按压后就可触到一次搏动。若停止按压后搏动停止，表明应继续进行按压。如停止按压后搏动继续存在，说明病人自主心搏已恢复，可以停止胸外心脏按压。 （2）若无自主呼吸，人工呼吸应继续进行，或自主呼吸很微弱时仍应坚持人工呼吸。 （3）复苏有效时，可见伤员有眼球活动，口唇、甲床转红，甚至脚可动；观察瞳孔时，可见由大变小，并有对光反射
意外情况处置	当有下列情况可考虑终止复苏： （1）心肺复苏持续 30min 以上，仍无心搏及自主呼吸，现场又无进一步救治和送治条件，可考虑终止复苏。 （2）脑死亡，如深度昏迷，瞳孔固定、角膜反射消失，将患者头向两侧转动，眼球位置不变等，如无进一步救治和送治条件，现场可考虑停止复苏。 （3）当现场危险威胁到施救人员安全（如坍塌）时及医学专业人员认为病人死亡，无救治指征时

（四）烧伤急救规程

烧伤急救规程见表 6-9。

（五）易燃易爆场所火灾专项应急预案

易燃易爆场所火灾应急响应流程见表 6-10。

表 6-9 烧伤急救规程

作业步骤	注意事项
基本要求	1. 现场急救原则： （1）应遵循烧伤急救原则：迅速脱离热源、立即冷疗、就近急救和转运。烧伤若救治及时可以减轻烧伤深度，减少合并症，降低死亡率等。 （2）烧伤很难得到根治且治疗周期漫长，所以应遵循"预防为主"的原则，在工作前采取有效措施防止热量对人体的伤害
	2. 施救者应懂得烧伤的急救措施
	3. 所有可能发生烧伤烫伤伤害的作业活动前，人员必须穿戴全身防护的隔热服，或采取空间隔离措施，防止伤害的发生
事件的判断	1. 一度烧伤：表面红斑状、红肿、干燥、有烧灼感，无皮肤破损。3～5d 愈合。短期内局部皮肤颜色较深，一般不留瘢痕
	2. 浅二度烧伤：出现大小不一的水疱，局部红肿比较明显。去除水疱皮后创面基底潮红、疼痛明显，创面皮肤温度较高。如不发生感染，约 1～2 周愈合。短期内局部皮肤颜色较深，一般不留瘢痕
	3. 深二度烧伤：出现小水疱，去除水疱皮后创面基底呈红白相间或猩红色。患者痛觉较迟钝、皮肤温度较低。如无感染，约 3～4 周愈合，但常伴有瘢痕增生
	4. 三度及四度烧伤：创面无水疱，因致病原因不同痂皮可呈焦黄、焦黑或蜡白等颜色，甚至碳化，触之如皮革，创面干燥、发凉、痛觉消失
	5. 伴随症状：吸入性损伤，可出现呼吸困难或吸入性窒息（常见于火灾）全身中毒症状。烧伤面积较大没有及时接受复苏治疗时，会出现休克表现
现场救治	1. 迅速脱离热源： （1）火焰烧伤：衣服着火，应迅速脱去燃烧的衣服，或就地卧倒打滚压灭火焰，或以水浇，或用衣、被等物扑盖灭火。切勿直立奔跑、呼喊以免助长燃烧，引起呼吸道烧伤，也不要用双手扑火。 （2）热液、蒸汽烫伤：应立即将被热液浸湿的衣服脱去
	2. 冷疗：就地寻找冷水源，可用自来水、井水、矿泉水、冰水等湿敷、冲洗或浸泡伤区，时间不少于 30min。手足烧伤的剧痛，常用冷浸泡减轻
	3. 烧伤创面的保护：防止再次污染，可用纱布敷料或清洁衣服、被单等简单包扎或覆盖创面。现场急救时，创面尽量不要涂抹任何外用药物，尤其是油性的或带有颜色的药物（如汞溴红、甲紫等），以免影响后续治疗中对烧伤创面深度的判断和清创。对二度烧伤的水疱和浮动的水疱表皮最好不要处理
	4. 当伤员还存在可危及生命的合并伤，如呼吸困难、窒息、昏迷、骨折、大出血等情况，应先进行紧急处理，维持伤员的基本生命体征
	5. 送医过程中或等待救护车过来期间，应保持伤处向上以免受压，保持环境清洁、空气流通

表6-10　易燃易爆场所火灾应急响应流程

流程步骤	注意事项
基本要求	1. 现场急救原则： （1）应遵循"先救人后保财产"的原则。 （2）大型火灾应遵循"现场急救处置与联系应急消防机构尽可能同步"的原则。大型火灾的界定由属地单位负责人组织在风险分析的基础上结合可燃物的量与点火源的性质综合确定。 （3）危险化学品发生火灾事故，严禁盲目施救，未经批准严禁使用消防水灭火。 （4）任何火灾事故的发生后果难以预料，应遵循"隐患险于明火，防范胜于救灾，责任重于泰山"的原则
	2. 按照动火作业规程要求，严格执行用火审批程序。火灾事故的风险主要来源于：火焰烧伤、可燃物燃烧后的烟气窒息、中毒和环境污染，结构物遇火之后的坍塌，着火引起的爆炸等
	3. 施救者应具备以下基本知识： （1）会正确判断着火原因、可燃物及火势，掌握火灾事故的危害及基本特征。 （2）会正确选择和使用灭火器材。 （3）掌握火灾事故应对自救知识，会组织人员逃生
	4. 一般作业人员或管理人员应掌握以下基本知识： （1）掌握火灾事故的发生原理，了解工作场所存在的可燃物、点火源。 （2）熟知逃生通道，掌握自救和互救知识。 （3）会正确选择和使用灭火器材
	5. 灭火器材应设置在明显和便于取用的地点，且不得影响安全疏散。定期（每月一次）做好消防器材的检查、维护与更新工作，保证始终处于完好状态
	6. 始终保持安全通道畅通，便于紧急时刻快速逃生
火情判断	任何员工一旦发现火情，应从以下两个方面进行初步判断： （1）可燃物的性质、数量或分布。可燃物分为固体、液体、气体，其中气体风险最高。 （2）点火源的性质及点火方式。可分为明火、高温、电源、静电、摩擦火星、自燃、雷击等。对于无法判断可燃物或点火源的，应按最危险的后果考虑，先远离着火点避免自身受到伤害
初期处置	1. 当火场存在电气电力设施时，首先要切断电源
	2. 对于较小的火灾，可采取的扑救方法包括但不限于： （1）冷却：利用现场的消防给水系统、灭火器、水桶等进行灭火。 （2）窒息：油锅着火时，立即盖上锅盖；将毯子、棉被、麻袋等浸湿后覆盖在燃烧物表面；对忌水物质，必须采用干燥沙、土扑救。 （3）隔离：将燃烧点附近可能成为火势蔓延的可燃物移走；切断流向燃烧点的可燃气体和液体；采用泥土、黄沙筑堤等方法，阻止流淌的可燃液体流向燃烧点
	3. 判断火势的大小，当存在包括但不限于以下情况时，应报火警同时采取自救互救措施： （1）消防器材数量难以控制火势蔓延，或消防水源不足或缺水。 （2）有人员被困的可能。 （3）无法判断可燃物数量、性质或无法切断可燃物料介质时。 （4）距离人员密集场所较近时或运行装置较近时

续表

流程步骤	注意事项
自救互救	火场人员逃生注意事项： （1）在充满烟雾的房间和走廊内时，应用毛巾、手帕、衣物遮掩口鼻，放低身体姿势，浅呼吸、快速、有序地向安全出口撤离。尽量避免大声呼喊，防止有毒烟雾进入呼吸道。 （2）衣服着火，应迅速脱去燃烧的衣服，或就地卧倒打滚压灭火焰，或以水浇，或用衣、被等物扑盖灭火。切忌站立喊叫或奔跑呼救，以防增加头面部及呼吸道损伤。 （3）生活区、办公区着火时，可利用普通楼梯进行逃生；多层可利用房间床单等物连接起来，把一端捆扎在牢固的固定物件上，顺另一端落到地面逃生
人员撤离	（1）撤离时严禁乘坐电梯。 （2）撤离时应少带或不带贵重物品。 （3）尽可能沿逆风向撤离。 （4）群体撤离时应遵循"有序、快速"的原则
后期处置	（1）清点人数，发现有缺少人员的情况时，立即向领导汇报。 （2）发现有人员受伤，立即送往医院或拨打救护电话。对构成危及生命的伤情，应采取现场紧急救治。 （3）在事故调查部门未查清火灾原因前注意保护现场

四、应急演练基本要求

应急演练，是指针对某一特定发生的潜在事故或突发事件，按照一定程序有计划组织开展的预警、响应行动，事故（事件）信息报告，指挥协调、救援疏散、现场处置、恢复重建及危机处理等推演、训练活动。

（一）应急演练目的

（1）检验预案：发现应急预案中存在的问题，提高应急预案的针对性、实用性和可操作性。

（2）完善准备：完善应急管理标准制度，改进应急处置技术，补充应急装备和物资，提高应急能力。

（3）磨合机制：完善应急管理部门、相关单位和人员的工作职责，提高协调配合能力。

（4）宣传教育：普及应急管理知识，提高参演和观摩人员风险防范意识和自救互救能力。

（5）锻炼队伍：熟悉应急预案，提高应急人员在紧急情况下妥善处置事故的能力。

（二）应急演练分类

应急演练按照演练内容分为综合演练和单项演练，按照演练形式分为实战演练和桌面演练，按照目的与作用分为检验性演练、示范性演练和研究性演练，不同类型的演练可相互组合。

（三）应急演练工作原则

（1）符合相关规定：按照国家相关法律法规、标准及有关规定组织开展演练。

（2）依据预案演练：结合生产面临的风险及事故特点，依据应急预案组织开展演练。

（3）注重能力提高：突出以提高指挥协调能力、应急处置能力和应急准备能力组织开展演练。

（4）确保安全有序：在保证参演人员、设备设施及演练场所安全的条件下组织开展演练。

（四）应急演练基本流程

应急演练基本流程包括计划、准备、实施、评估总结、持续改进五个阶段。

企业应当制订本单位的应急预案演练计划，根据本单位的事故风险特点，每年至少组织一次综合应急预案演练或专项应急预案演练，每半年至少组织一次现场处置方案演练。易燃易爆物品、危险化学品等危险物品的生产、经营、储存、运输单位，矿山、金属冶炼、城市轨道交通运营、建筑施工单位，以及宾馆、商场、娱乐场所、旅游景区等人员密集场所经营单位，应当至少每半年组织一次生产安全事故应急救援预案演练。

应急预案演练结束后，应急预案演练组织单位应当对应急预案演练效果进行评估，评估内容包括演练的执行情况，应急预案的实用性和可操作性，指挥协调和应急联动机制运行情况，应急人员的处置情况，演练所用设备装备的适用性，对完善应急预案、应急准备、应急机制、应急措施等方面的意见和建议等。撰写应急预案演练评估报告，分析存在的问题，并对应急预案提出修订意见。

应急预案编制单位应当建立应急预案定期评估制度，对预案内容的针对性和实用性进行分析，并对应急预案是否需要修订作出结论。

矿山、金属冶炼、建筑施工企业和易燃易爆物品、危险化学品等危险物品的生产、经营、储存、运输企业，使用危险化学品达到国家规定数量的化工企业，烟花爆竹生产、批发经营企业和中型规模以上的其他生产经营单位，应当每三年进行一次应急预案评估。

第三节 触电事故的处置与急救

一、处置方案与演练

（一）触电的现场处置方案

现场处置方案，是生产经营单位应急预案的一种，是指生产经营单位根据不同生产安全事故类型，针对具体场所、装置或设施所制订的应急处置措施。

对于危险性较大的场所、装置或设施，生产经营单位应当编制现场处置方案；事故风险单一、危险性小的生产经营单位，可以只编制现场处置方案。

现场处置方案应当规定应急工作职责、应急处置措施和注意事项等，主要内容如下。

1. 事故特征

（1）危险性分析，可能发生的事故类型。

（2）事故发生的区域、地点或装置的名称。

（3）事故可能发生的季节和造成的危害程度。

（4）事故前可能出现的征兆。

2. 应急组织与职责

（1）基层单位应急自救组织形式及人员构成情况。

（2）应急自救组织机构、人员的具体职责，应同单位或车间、班组人员工作职责紧密结合，明确相关岗位和人员的应急工作职责。

3. 应急处置

（1）事故应急处置程序。根据可能发生的事故类别及现场情况，明确事故报警、各项应急措施启动、应急救护人员的引导、事故扩大及同企业应急预案的衔接的程序。

（2）现场应急处置措施。针对可能发生的火灾、爆炸、危险化学品泄漏、坍塌、水患、机动车辆伤害等，从操作措施、工艺流程、现场处置、事故控制、人员救护、消防、现场恢复等方面制订明确的应急处置措施。

（3）报警电话及上级管理部门、相关应急救援单位联络方式和联系人员，事故报告的基本要求和内容。

4.注意事项

（1）佩戴个人防护器具方面的注意事项。

（2）使用抢险救援器材方面的注意事项。

（3）采取救援对策或措施方面的注意事项。

（4）现场自救和互救注意事项。

（5）现场应急处置能力确认和人员安全防护等事项。

（6）应急救援结束后的注意事项。

（7）其他需要特别警示的事项。

（二）触电事故应急处置卡

生产经营单位在编制应急预案的基础上，针对工作场所、岗位的特点，编制简明、实用、有效的应急处置卡。应急处置卡应当规定重点岗位、人员的应急处置程序和措施，以及相关联络人员和联系方式，便于从业人员携带。见表6-11。

表6-11 触电事故应急处置卡

事故类型	触电事故
发生征兆	1.带电体裸露。 2.临时用电线路没有按规定设置，无临时用电审批手续。 3.无证人员进行电工作业。 4.单人进行电工作业。 5.作业人员未采取任何防护措施进行带电作业。 6.雷雨天气
现场处置措施	1.迅速切断电源，或用绝缘物体挑开电线或带电体，使触电者尽快脱离电源。 2.将触电者转移至安全地带（就近原则）。 3.若触电者失去知觉，心跳、呼吸还在，应使其平卧、解开衣服，以利于呼吸；若触电者呼吸、心跳停止，必须实施人工呼吸或胸外心脏按压抢救。 4.向上级报告，并拨打120急救电话或本地就近医院电话，寻求专业救护
个人防护措施	1.绝缘手套。 2.绝缘鞋。 3 其他绝缘工具（如干燥木棒、木板等）。 4.应急照明

续表

事故类型	触电事故
注意事项	1. 拉闸停电或将触电者脱离电源时应佩戴绝缘手套、绝缘鞋，使用绝缘工具，不得直接用手将触电者脱离电源或拿电线，防止二次触电。 2. 如无法立即切断电源时应立即通知电工或应急救援部。 3. 必须在现场附近就地抢救，在专业医护人员达到现场前心肺复苏抢救不得中断

值班电话：×××××× 　　负责人电话：××××××
消防：119　公安：110　急救：120　属地政府及应急局电话：××××××
（应提前了解本地就近的消防、公安、医院等单位电话联系方式）

（三）应急演练

演练可以以模拟实际作业情景、桌面推演等方式进行。为保证安全，演练过程中不建议使用带电状态。

二、应急救援的实施

发生触电事故时，应当第一时间启动应急响应，组织现场力量进行救援。

（一）应急救援的原则

迅速：施救者要迅速将触电者移到安全的地方进行施救，并迅速切断电源或用绝缘物使触电者与电源隔离。

就地：在现场（安全地方）就地抢救触电者，争取时间进行急救处理，避免长途护送延误救治。

准确：抢救的方法和施救的动作要正确，包括正确使用人工呼吸、胸外心脏按压等救护措施。

坚持：急救必须坚持到底，直至医务人员判定触电者已经死亡，才能停止抢救。

（二）应急救援程序

应急救援程序一般包括：脱离电源→将触电者转移至安全地带→判断伤情并就地急救→联系医院或急救中心等专业机构实施伤员救助→根据现场实际制订恢复措施并组织实施。

脱离电源，就是要把触电者接触的那一部分带电设备的所有断路器（开关）、隔离开关（刀闸）或其他断路设备断开；或设法将触电者与带电设备脱离开。在脱离电源过程中，救护人员也要注意保护自身的安全。如触电者处于高处，应采取相应措施，防止该伤员脱离电源后自高处坠落形成复合伤。

1. 低压触电可采用下列方法使触电者脱离电源

（1）如果触电地点附近有电源开关或电源插座，可立即拉开开关或拔出插头，断开电源。但应注意到拉线开关或墙壁开关等只控制一根线的开关，有可能因安装问题只能切断零线而没有断开电源的相线。

（2）如果触电地点附近没有电源开关或电源插座（头），可用有绝缘柄的电工钳或有干燥木柄的斧头切断电线，断开电源。

（3）当电线搭落在触电者身上或压在身下时，可用干燥的衣服、手套、绳索、皮带、木板、木棒等绝缘物作为工具，拉开触电者或挑开电线，使触电者脱离电源。

（4）如果触电者的衣服是干燥的，又没有紧缠在身上，可以用一只手抓住他的衣服，拉离电源。但因触电者的身体是带电的，其鞋的绝缘也可能遭到破坏，救护人不得接触触电者的皮肤，也不能抓他的鞋。

（5）若触电发生在低压带电的架空线路上或配电台架、进户线上，对可立即切断电源的，则应迅速断开电源，救护者迅速登杆或登至可靠地方，并做好自身防触电、防坠落安全措施，用带有绝缘胶柄的钢丝钳、绝缘物体或干燥不导电物体等工具使触电者脱离电源。

2. 高压触电可采用下列方法之一使触电者脱离电源

（1）立即通知有关供电单位或用户停电。

（2）戴上绝缘手套，穿上绝缘靴，用相应电压等级的绝缘工具按顺序拉开电源开关或熔断器。

（3）抛掷裸金属线使线路短路接地，迫使保护装置动作，断开电源。注意抛掷金属线之前，应先将金属线的一端固定可靠接地，然后另一端系上重物抛掷，注意抛掷的一端不可触及触电者和其他人。另外，抛掷者抛出线后，要迅速离开接地的金属线 8m 以外或双腿并拢站立，防止跨步电压伤人。在抛掷短路线时，应注意防止电弧伤人或断线危及人员安全。

3. 脱离电源后救护者应注意的事项

（1）救护人不可直接用手、其他金属及潮湿的物体作为救护工具，而应使用适当的绝缘工具。救护人最好用一只手操作,以防自己触电。

(2)防止触电者脱离电源后可能的摔伤,特别是当触电者在高处的情况下,应考虑防止坠落的措施。即使触电者在平地,也要注意触电者倒下的方向,注意防摔。救护者也应注意救护中自身的防坠落、摔伤措施。

(3)救护者在救护过程中特别是在杆上或高处抢救伤者时,要注意自身和被救者与附近带电体之间的安全距离,防止再次触及带电设备。电气设备、线路即使电源已断开,对未做安全措施挂上接地线的设备也应视作有电设备。救护人员登高时应随身携带必要的绝缘工具和牢固的绳索等。

(4)如事故发生在夜间,应设置临时照明灯,以便于抢救,避免意外事故,但不能因此延误切断电源和进行急救的时间。

如果触电者处于高处,可利用下列方法将触电者转移至安全地带(图6-2):

(1)单人营救法。首先在杆上安装绳索,将绳子的一端固定在杆上,固定时绳子要绕2~3圈,绳子的另一端放在伤员的腋下,绑的方法为先用柔软的物品垫在腋下,然后用绳子绕一圈,打三个靠结,绳头塞进伤员腋旁的圈内并压紧,绳子的长度应为杆的1.2~1.5倍,最后将伤员的脚扣和安全带松开,再解开固定在电杆上的绳子,缓缓将伤员放下。

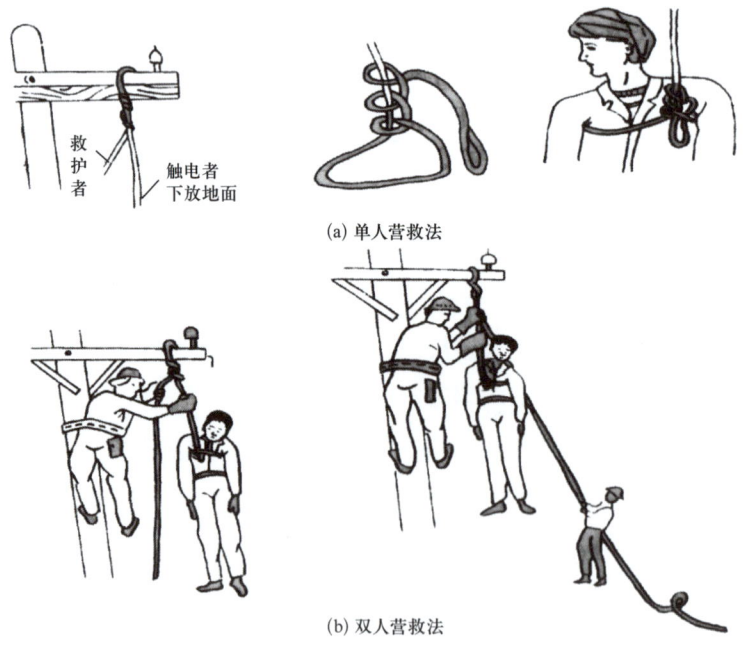

图6-2 杆塔上或高处触电者放下方法

（2）双人营救法。该方法基本与单人营救方法相同，指示绳子的另一端由杆下人员握住缓缓下放，此时绳子要长一些，应为杆高的 2.2～2.5 倍，营救人员要协调一致，防止杆上人员突然松手，杆下人员没有准备而发生意外。

触电者脱离电源以后，现场救护人员应迅速对触电者的伤情进行判断，对症抢救。同时设法联系医院或急救中心等专业机构的医生到现场接替救治。要根据触电伤员的不同情况，采用不同的急救方法。

（1）触电者神志清醒、有意识，心脏跳动，但呼吸急促、面色苍白，或曾一度电休克但未失去知觉。此时不能用心肺复苏法抢救，应将触电者抬到空气新鲜，通风良好的地方躺下，安静休息 1～2h，让他慢慢恢复正常。天凉时要注意保温，并随时观察呼吸、脉搏变化。条件允许，送医院进一步检查。

（2）触电者神志不清，判断意识无，有心跳，但呼吸停止或极微弱时，应立即用仰头抬颏法，使气道开放，并进行口对口人工呼吸。此时切记不能对触电者施行心脏按压。如此时不及时用人工呼吸法抢救，触电者将会因缺氧过久而引起心跳停止。

（3）触电者神志丧失，判定意识无，心跳停止，但有极微弱的呼吸时，应立即施行心肺复苏法抢救。不能认为尚有微弱呼吸，只需做胸外按压，因为这种微弱呼吸已起不到人体需要的氧交换作用，如不及时人工呼吸即会发生死亡，若能立即施行口对口人工呼吸法和胸外按压，就能抢救成功。

（4）触电者心跳、呼吸停止时，应立即进行心肺复苏法抢救，不准延误或中断。

（5）触电者和雷击伤者心跳、呼吸停止，并伴有其他外伤时，应先迅速进行心肺复苏急救，然后再处理外伤。

（6）发现杆塔上或高处有人触电，要争取时间及早在杆塔上或高处开始抢救。触电者脱离电源后，应迅速将伤员扶卧在救护人的安全带上（或在适当地方躺平），然后根据伤者的意识、呼吸及颈动脉搏动情况来进行（1）～（5）项不同方式的急救。应提醒的是高处抢救触电者，迅速判断其意识和呼吸是否存在是十分重要的。若呼吸已停止，开放气道后立即口对口（鼻）吹气两次，再测试颈动脉，如有搏动，则每 5s 继续吹气一次；若颈动脉无搏动，可用空心拳头叩击心前区两次，促使心脏复跳。为使抢救更为有效，应立即设法将伤员营救至地面，并继续按心肺复苏法坚持抢救。

第四节　电气火灾事故应急救援准备与实施

一、应急救援的准备

应急救援准备工作包括以下几方面：

（1）制订电气火灾事故应急预案。

（2）建立电气火灾应急救援队伍。由专业的救援人员组成，具备丰富的救援经验和专业的救援技能。

（3）建立应急救援物资库。电气火灾事故发生后，能提供必要的救援物资。包括救援车辆、救援器材、救援药品等必要的救援物资，如消防车、救生梯、灭火器、防护面罩等。

（4）开展应急救援演练。模拟不同类型电气火灾事故，制订演练方案，定期组织救援模拟演练，以便在事故发生时能够迅速、有效地进行救援和处置。

（5）建立应急值班制度。

（6）对应急管理人员的教育和培训。

二、处置方案与演练

电气火灾应急处置见表6-12。

表6-12　电气火灾应急处置卡

事故类型	电气火灾
发生征兆	1. 短路。 2. 过负荷。 3. 接触电阻过大。 4. 电热设备使用不当。 5. 电气设备使用维护不当。 6. 恶劣天气
现场处置措施	1. 迅速切断相关电源。 2. 初期火灾扑救，优先使用二氧化碳灭火器进行扑救。 3. 信息上报：上报主管领导或中控室。 4. 切断总电源，火势无法控制时，切断所有电源，撤离现场。 5. 等待增援，设置警戒，非抢险人员不得进入现场

续表

事故类型	电气火灾
个人防护措施	1. 绝缘手套。 2. 绝缘鞋。 3 防火服。 4. 防护面罩
注意事项	1. 切断电源时必须使用可靠的绝缘工具，以防操作过程中发生触电事故。 2. 切断电源的地点选择要适当，以免影响灭火工作。 3. 剪断导线时，非同相的导线应在不同的部位剪断，以免造成人为短路。 4. 如果导线带有负荷，应先尽可能消除负荷，再切断电源。 5. 人在带电灭火时应注意与带电体保持必要的安全距离，不得使用水、泡沫灭火器灭火，应该使用干黄沙和二氧化碳、干粉灭火器灭火。 6. 防止手、足等身体部位或使用的消防灭火器等直接与有电部分接触或过于接近导致触电。 7. 带电灭火时，应该戴上绝缘橡胶手套，以防触电
值班电话：××××××　　负责人电话：×××××× 消防：119　公安：110　急救：120　属地政府及应急局电话：×××××× （应提前了解本地就近的消防、公安、医院等单位电话联系方式）	

三、应急救援的实施

发生电气火灾事故时，应当第一时间启动应急响应，迅速组织现场力量实施救援。

（一）应急救援原则

（1）先救人，后救物：在火灾现场，首要任务是救人，确保人员的安全。

（2）边报警，边扑救：在报警的同时，应立即采取措施进行初步的扑救，以减少损失。

（3）报警早，损失小：一旦发现火灾，应立即报警，以便迅速采取措施控制火势。

（4）先控制，后灭火：对于无法立即扑灭的火灾，应首先控制火势的蔓延，然后再进行全面扑救。

（5）防触电，防中毒窒息：在扑救过程中，要注意防止触电和有毒烟雾、气体对救援人员的侵害。

（6）听指挥，莫惊慌：救援过程中应听从指挥，保持冷静，避免因惊慌失措导致混乱。

(二)应急救援程序

电气火灾的应急救援程序一般包括：切断电源→现场迅速形成灭火第一力量开展应急救援→单位形成灭火第二力量开展应急救援→消防队到场后，全面配合消防机构开展应急救援→根据现场实际制订恢复措施并组织实施。

（1）切断电源方式包括：

① 拉闸断电：即通过拔掉插销、切开断路器、切断开关等方式切断上游的供电。

② 切断电源线：若着火地点附近没有或一时找不到电源开关或插销，可用电工绝缘钳或具有干燥木柄的铁锹、斧子等切断电源线，断线时应该做到一根一根切断，在切断护套线时应防止短路、弧电光电流伤人。

③ 短路法：在高压情况下，可以采取抛掷金属导体的方法，使线路短路，迫使保护装置动作而断开电源。

（2）当火灾发生时，在火灾现场的员工应在 1min 内形成灭火第一力量，并做到：

① 距起火点近的员工负责利用灭火器、室内消火栓、消防软管等进行灭火：这些员工应迅速使用附近的消防器材进行灭火，以控制火势的蔓延。

② 距电话或火灾报警点近的员工向消防队和单位值班室或应急领导小组报警：这些员工应立即拨打火警电话，并通知单位值班室或应急领导小组组长，以便迅速组织救援。

③ 距安全通道或出口近的员工立即组织引导人员向安全地点疏散：这些员工应迅速组织人员疏散，确保人员安全。

（3）应急领导小组组长接到火警通知后，应迅速组织专兼职消防队员向火场集结，应在 3min 内到场组成灭火第二力量，接应灭火第一力量进行灭火救援，具体任务包括：

① 启动灭火和应急疏散预案：火灾确认后，应立即启动预案，通知专兼职消防队员赶赴火场，并与公安消防队保持联络，报告火灾情况，传达火场指挥员的指令。

② 组织灭火行动：根据火灾情况，使用单位的消防设施和器材，扑救初起火灾。这包括使用消火栓、灭火器等设备进行灭火。

③ 引导疏散：按照分工，组织引导现场人员疏散，确保人员安全。

④ 安全救护：协助抢救、护送受伤人员，维持火场秩序，阻止无关人员进入。

⑤ 后勤保障：协调组织抢险物资、器材的供应及后勤保障，确保灭火和救援工作的顺利进行。

（4）消防队等专职消防救援机构到场后，单位应如实汇报火源、火势及被困人员等情况，并配合制订应急救援方案，全面服从专职消防救援机构的指挥，根据分工参与或配合开展应急救援。

四、电气火灾的类型与扑救

（一）类型

按火灾发生的部位可将电气火灾分为：

（1）发电设施火灾，包括燃油发电机、燃气发电机、水力发电机、太阳能发电设备、风力发电设备及其配套设施等发生的火灾，石油化工行业常用发电设施包括燃油发电机、燃气发电机、太阳能发电设施等。

（2）输变电设施火灾，包括变压器、变电所、配电房、开闭所、配电箱、开关箱等设施发生的火灾。

（3）充储电设施火灾，包括充电桩、蓄电池及其配套设施等发生的火灾。

（4）电气线路火灾，包括高压供电线路、低压配电线路等发生的火灾。

（5）用电设备火灾，包括电动机、低压电器、电热设备、电焊设备、电动工具、日用电器、医用电器、电力牵引设备、电加工机床等设备发生的火灾。

实施电气火灾扑救一般按照立即切断电源、使用不导电的灭火器（二氧化碳、干粉、卤代烷灭火器等）扑灭火灾、疏散人员并报警等程序实施。石油化工企业在实施电气火灾扑救时，还应考虑以下因素：

是否有人员被困；是否处于带电环境；切断电源的影响；带电设备的电压等级；灭火器材的适用性；救援工具的适用性；火势扩大或出现二次事故的可能；周边危险化学品的存在；烟雾和不良气体的影响；救火人员的个体防护。

（二）电气火灾初期处置方法

针对不同部位发生的电气火灾，应选用不同的处置方法：

1. 发电设施火灾的初期处置方法

（1）关闭外输电源、切断发电设施的燃料供应。

（2）利用附近的固定式或移动式消防设施对火灾进行扑救，控制火势。

（3）组织对火场附近储存的燃料进行降温或转移，避免火势延伸。

（4）停电后影响消防设施投用或对装置运行构成安全威胁的，应立即启动应急发电设施进行供电。

（5）实施火灾扑救的同时，应分别安排人员拨打119报警、报告消防安全负责人、到路口迎候消防车。

2. 输变电设施火灾的初期处置方法

1）变压器着火

（1）检查变压器的断路器是否已跳闸，如未跳闸，应立即断开各侧电源的断路器，以防止火势扩大。

（2）使用不导电的灭火器材（二氧化碳、干粉或1211等灭火器材）进行灭火。

（3）根据不同情况分别采取相应措施：

① 如果油在变压器顶盖上燃烧，应立即打开变压器底部放油阀，将油面降低，并开启水喷雾装置，使油冷却。

② 如果变压器外壳裂开着火，应将变压器内的油全部放掉，以防止爆炸。

③ 如果变压器外壳下部着火，且火势不大并有足够安全距离时，可以不停电迅速处理，但要做好停电准备。

④ 如果变压器内部故障引起着火，禁止放油，以防变压器发生严重爆炸。

（4）扑救火灾的同时，拨打119报警，并报告消防安全负责人，以便获得消防支援和专业支持。

2）变配电室着火

（1）大声呼喊，通知室内人员进行疏散、撤离，并立即报警，报告相关部门和人员。

（2）由专业人员迅速切断电源，以防止火势扩大和人员触电。切断电源时应使用适当的工具和设备，并注意操作安全。

（3）视火势情况及室内人员疏散情况启动室内固定式灭火系统，如室内有人时不得启动气体灭火系统。

（4）使用干粉灭火器或二氧化碳灭火器进行灭火，应注意保持安全距离。

（5）在切断电源时，由于受潮或烟熏，开关设备的绝缘能力会降低，拉闸时应使用绝缘工具操作；高压设备断电时，应先操作油断路器，而不应该先拉隔离刀闸，防止引起弧光短路。

3. 充储电设施火灾的初期处置方法

（1）大声呼喊，通知并组织疏散附近受影响的人员。

（2）通过关闭上游供电开关等方式切断充电设施的电源。

（3）利用干粉、二氧化碳等不导电灭火剂的灭火器进行火灾扑救，控制火势。

（4）组织人员对附近未着火的蓄电池等设施进行清理，选用合适的灭火器对已着火的蓄电池进行灭火、降温。

（5）处于房间等通风不畅区域时，应立即启动强制通风设施，排出不良气体。

（6）对蓄电池进行扑救时应切实做好个人防护，做好防触电、防酸碱腐蚀、防中毒窒息措施。

（7）实施火灾扑救的同时，应分别安排人员拨打119报警、报告消防安全负责人，以获得消防支援。

4. 电气线路火灾的初期处置方法

（1）立即疏散撤离火场附近的人员，并通知可能受影响的人员进行撤离。

（2）联系供电部门或电力维护管理人员切断上游供电开关，紧急情况下可采取使线路短路接地迫使保护装置动作的方式断开电源。

（3）利用附近的固定式消防设施（消火栓等）、移动式消防设施（灭火器等）进行灭火，控制火势。

（4）组织对火势扩展区域内的可燃物、易燃物等进行清理，降低二次事故发生的概率。

（5）同时，分别安排人员拨打119报警、报告消防安全负责人、到路口迎候消防车。

5. 用电设备火灾的初期处置方法

（1）关闭电源开关。

（2）一般可以直接利用附近的固定式消防系统（如消火栓、泡沫灭火系统、干粉灭火系统等）和移动式消防器材（如干粉灭火器、二氧化碳灭火器等）进行扑救，避免火势扩大。

（3）用电设备停运可能产生二次事故的，应在不停电的情况下利用不导电消防器材进行灭火，并应迅速启动备用设备以保障生产的正常运行。

（4）着火设备内或附近存在可燃物、易燃易爆物品时，应在对火势进行控制、扑救的同时，组织对可燃物、易燃易爆物品进行清理。

（5）实施火灾扑救的同时，组织对附近及受影响的人员进行疏散、撤离，并分别安排人员拨打119报警、报告消防安全负责人、到路口迎候消防车。

五、火灾中疏散与逃生

（1）要了解和熟悉环境：当你进入生产运行、施工作业、检维修作业等生产区域或公共场所时，要注意观察安全出口、疏散通道、灭火器、消防报警装置的位置，以便在发生意外时及时疏散和灭火。

（2）要迅速撤离：一旦听到火灾警报或意识到自己被火围困时，要立即想办法撤离逃生。

（3）要从通道疏散，如疏散楼梯、消防电梯、室外疏散楼梯等进行撤离；也可考虑利用窗户、阳台、屋顶、避雷线、落水管等脱险。

（4）要利用标志引导脱险：在生产区域、工程建设施工现场及公共场所均设置有"紧急出口""安全通道""火警电话"和逃生方向箭头等标志，被困人员按标志指示方向顺序逃生，可解"燃眉之急"。

（5）要利用绳索滑行：用结实的绳子或将窗帘、床单被褥等撕成条，拧成绳，用水沾湿后将其拴在牢固的暖气管道、窗框、床架上，被困人员逐个顺绳索滑到下一楼层或地面。

（6）要保护呼吸系统：逃生时可用湿毛巾或餐巾布、口罩、衣服等将口鼻捂严，烟雾较大时要弯腰或匍匐撤离，否则会有中毒和被热空气灼伤呼吸系统软组织窒息致死的危险。

（7）要借助器材：通常使用的有缓降器、救生袋、网、气垫、软梯、滑竿、滑台、导向绳、救生舷梯等。

（8）低层跳离：适用于二层楼。跳前先向地面扔一些棉被、枕头、床垫、大衣等柔软的物品，以便"软着陆"，然后用手扒住窗户，身体下垂，自然下滑，以缩短跳落高度，快速从火灾逃生。

（9）暂时避难：火灾很大，在无路逃生的情况下，可利用卫生间等暂时避难。避难时要用水喷淋迎火门窗，把房间内一切可燃物淋湿，延长时间。在暂时避难期间，要主动与外界联系，以便尽早获救。

（10）要提倡利人利己：遇到不顾他人死活的行为和前拥后挤现象，要坚决制止。只有有序地迅速疏散逃生，才能最大限度地减少伤亡。

第五节 人员急救

一、触电急救

触电者一旦脱离电源后,应立即开展急救。

(一) 判断意识、呼救和体位放置

1. 判断伤员有无意识的方法

(1) 如图 6-3 所示,轻轻拍打伤员肩部,高声喊叫:"喂!你怎么啦?"

(2) 如认识,可直呼喊其姓名。若伤员有意识,立即送医院。

(3) 若伤员眼球固定、瞳孔散大,无反应时,立即用手指甲掐压人中穴、合谷穴约 5s。

图 6-3 判断伤员有无意识方法

注意:以上 3 步动作应在 10s 以内完成,不可太长,伤员如出现眼球活动、四肢活动及疼痛感后,应即停止掐压穴位,拍打肩部不可用力太重,以防加重可能存在的骨折等损伤。

2. 呼救

一旦初步确定伤员意识丧失,应立即招呼周围的人前来协助抢救,如图 6-4 所示,哪怕周围无人,也应该大叫"来人啊!救命啊!"

注意:一定要呼叫其他人来帮忙,因为一个人作心肺复苏术不可能坚持较长时间,而且劳累后动作易走样。叫来的人除协助作心肺复苏外,还应立即打电话给救护站或呼叫受过救护训练的人前来帮忙。

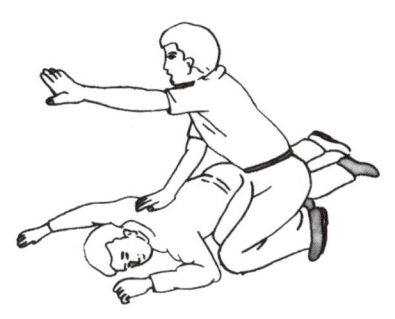

图 6-4 呼救方法

3. 放置体位

正确的抢救体位是仰卧位。患者头、颈、躯干平卧无扭曲,双手放于两侧躯干旁。

如伤员摔倒时面部向下,应在呼救同时小心将其转动,使伤员全身各部位成一个整体。尤其要注意保护颈部,可以一手托住颈部,另一手扶着肩部,以脊柱为轴心,使伤员头、颈、躯干平

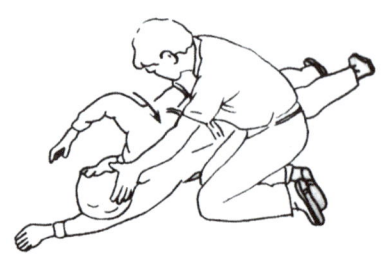

图 6-5 放置体位方法

稳地直线转至仰卧,在坚实的平面上,四肢平放,如图 6-5 所示。

注意:抢救者跪于伤员肩颈侧旁,将其手臂举过头,拉直双腿,注意保护颈部。解开伤员上衣,暴露胸部(或仅留内衣),冷天要注意使其保暖。

(二)通畅气道、判断呼吸与人工呼吸

1. 通畅气道

当发现触电者呼吸微弱或停止时,应立即通畅触电者的气道以促进触电者呼吸或便于抢救。通畅气道主要采用仰头举颏法。即一手置于前额使头部后仰,另一手的食指与中指置于下颌骨近下颌角处,抬起下颏,如图 6-6 所示。

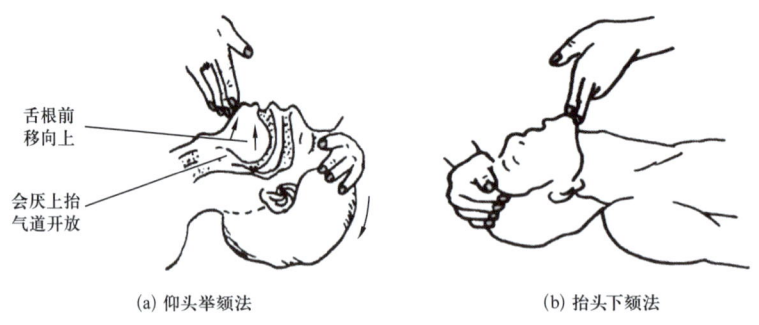

(a) 仰头举颏法　　　　(b) 抬头下颏法

图 6-6 通畅气道方法

注意:严禁用枕头等物垫在伤员头下;手指不要压迫伤员颈前部、颏下软组织,以防压迫气道,颈部上抬时不要过度伸展,有假牙托者应取出。儿童颈部易弯曲,过度抬颈反而使气道闭塞,因此不要抬颈牵拉过甚。成人头部后仰程度应为 90°,儿童头部后仰程度应为 60°,婴儿头部后仰程度应为 30°,颈椎有损伤的伤员应采用双下颌上提法,如图 6-7 所示。

检查伤员口、鼻腔,如有异物立即用手指清除。

2. 判断呼吸

触电伤员如意识丧失,应在开放气道后 10s 内用看、听、试的方法判定伤员有无呼吸,如图 6-8 所示。

(1) 看:看伤员的胸、腹壁有无呼吸起伏动作。

图6-7 双下颌上提法

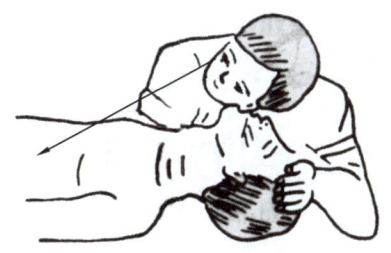
图6-8 看、听、试伤员呼吸

（2）听：用耳贴近伤员的口鼻处，听有无呼气声音。

（3）试：用颜面部的感觉测试口鼻部有无呼气气流。

若无上述体征可确定无呼吸。一旦确定无呼吸后，立即进行两次人工呼吸。

3. 口对口（鼻）呼吸

当判断伤员确实不存在呼吸时，应即进行口对口（鼻）的人工呼吸，其具体方法是：

（1）在保持呼吸通畅的位置下进行。用按于前额一手的拇指与食指，捏住伤员鼻孔（或鼻翼）下端，以防气体从口腔内经鼻孔逸出，施救者深吸一口气屏住并用自己的嘴唇包住（套住）伤员微张的嘴。

（2）每次向伤员口中吹（呵）气持续1～1.5s，同时仔细地观察伤员胸部有无起伏，如无起伏，说明气未吹进，如图6-9所示。

（3）一次吹气完毕后，应即与伤员口部脱离，轻轻抬起头部，面向伤员胸部，吸入新鲜空气，以便作下一次人工呼吸。同时使伤员的口张开，捏鼻的手也可放松，以便伤员从鼻孔通气，观察伤员胸部向下恢复时，则有气流从伤员口腔排出，如图6-10所示。

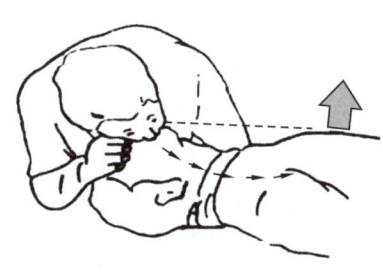
图6-9 口对口吹气

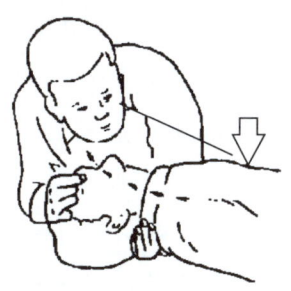
图6-10 口对口吸气

抢救一开始，应立即向伤员先吹气两口，吹气时胸廓隆起者，人工呼吸有效；吹气无起伏者，则气道通畅不够，或鼻孔处漏气，或吹气不足，或气道有梗阻，应

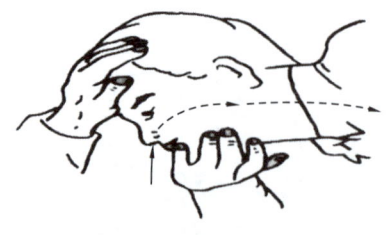

图 6-11 吹时不要压胸部

及时纠正。

注意：① 每次吹气量不要过大，约 600mL（6~7mL/kg），大于 1200mL 会造成胃扩张。② 吹气时不要按压胸部，如图 6-11 所示。③ 儿童伤员需视年龄不同而异，其吹气量约为 500mL，以胸廓能上抬时为宜。④ 抢救一开始的首次吹气两次，每次时间约 1~1.5s。⑤ 有脉搏无呼吸的伤员，则每 5s 吹一口气，每分钟吹气 12 次。⑥ 口对鼻的人工呼吸，适用于有严重的下颌及嘴唇外伤，牙关紧闭，下颌骨骨折等情况，难以采用口对口吹气法的伤员。⑦ 婴幼儿急救操作时要注意，因婴幼儿韧带、肌肉松弛，故头不可过度后仰，以免气管受压，影响气道通畅，可用一手托颈，以保持气道平直；另一方面婴幼儿口鼻开口均较小，位置又很靠近，抢救者可用口贴住婴幼儿口与鼻的开口处，施行口对口鼻呼吸。

（三）判断伤员有无脉搏与胸外心脏按压

1. 脉搏判断

在检查伤员的意识、呼吸、气道之后，应对伤员的脉搏进行检查，以判断伤员的心脏跳动情况（非专业救护人员可不进行脉搏检查，对无呼吸、无反应、无意识的伤员立即实施心肺复苏）。具体方法如下：

（1）在开放气道的位置下进行（首次人工呼吸后）。

（2）一手置于伤员前额，使头部保持后仰，另一手在靠近抢救者一侧触摸颈动脉。

（3）可用食指及中指指尖先触及气管正中部位，男性可先触及喉结，然后向两侧滑移 2~3cm，在气管旁软组织处轻轻触摸颈动脉搏动，如图 6-12 所示。

注意：① 触摸颈动脉不能用力过大，以免推移颈动脉，妨碍触及。② 不要同时触摸两侧颈动脉，造成头部供血中断。③ 不要压迫气管，造成呼吸道阻塞。④ 检查时间不要超过 10s。⑤ 未触及搏动：心跳已停止，或触摸位置有错误；触及搏动：有脉搏、心跳，或触摸感觉错误（可能将自己手指的搏动感觉为伤员脉搏）。⑥ 判断应综合审定：如无意识，无呼吸，瞳孔散大，面色紫绀或苍白，再加上触不到脉搏，

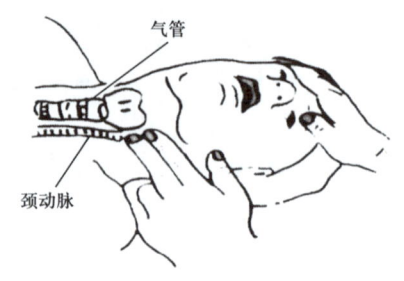

图 6-12 触摸颈动脉搏

可以判定心跳已经停止。⑦ 婴幼儿因颈部肥胖,颈动脉不易触及,可检查肱动脉。肱动脉位于上臂内侧腋窝和肘关节之间的中点,用食指和中指轻压在内侧,即可感觉到脉搏。

2. 胸外心脏按压

在对心跳停止者未进行按压前,先手握空心拳,快速垂直击打伤员胸前区胸骨中下段 1～2 次,每次 1～2s,力量中等,若无效,则立即胸外心脏按压,不能耽误时间。

(1) 按压部位。胸骨中 1/3 与下 1/3 交界处,如图 6-13 所示。

(2) 伤员体位。伤员应仰卧于硬板床或地上。如为弹簧床,则应在伤员背部垫一硬板。硬板长度及宽度应足够大,以保证按压胸骨时,伤员身体不会移动。但不可因找寻垫板而延误开始按压的时间。

(3) 快速测定按压部位的方法。快速测定按压部位可分五个步骤,如图 6-14 所示。

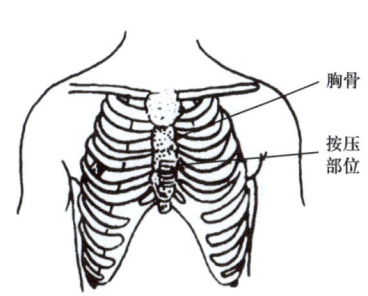

图 6-13　胸外按压位置

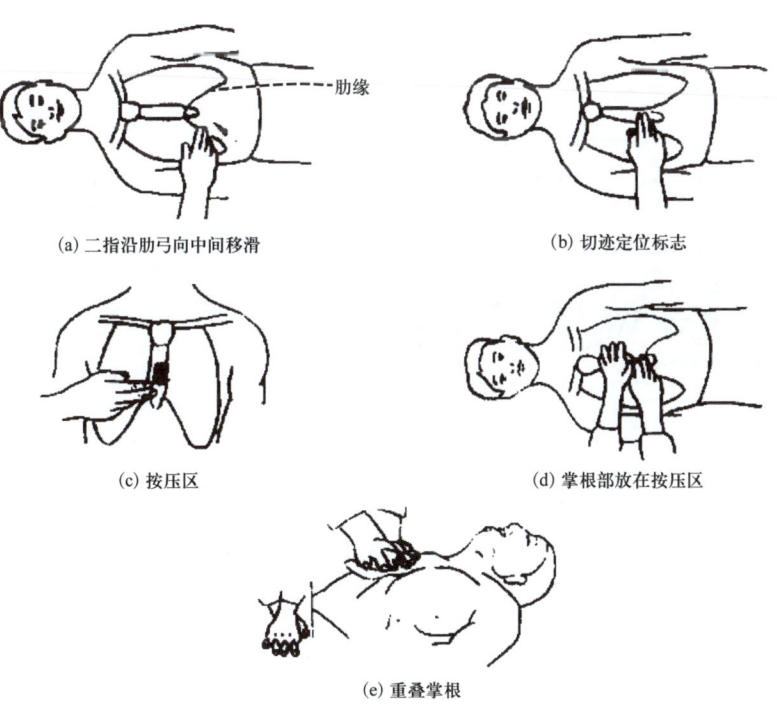

图 6-14　快速测定按压部位方法

① 首先触及伤员上腹部,以食指及中指沿伤员肋弓处向中间移滑,如图6-14(a)所示。

② 在两侧肋弓交点处寻找胸骨下切迹。以切迹作为定位标志。不要以剑突下定位,如图6-14(b)所示。

③ 将食指及中指两横指放在胸骨下切迹上方,食指上方的胸骨正中部即为按压区,如图6-14(c)所示。

④ 以另一手的掌根部紧贴食指上方,放在按压区,如图6-14(d)所示。

⑤ 再将定位之手取下,重叠将掌根放于另一手背上,两手手指交叉抬起,使手指脱离胸壁,如图6-14(e)所示。

(4) 按压姿势。正确的按压姿势如图6-15所示。抢救者双臂绷直,双肩在伤员胸骨上方正中,靠自身重量垂直向下按压。

(5) 按压用力方式如图6-16所示。按压应平稳,有节律地进行,不能间断;不能冲击式的猛压;下压及向上放松的时间应相等;压按至最低点处,应有一明显的停顿;垂直用力向下,不要左右摆动;放松时定位的手掌根部不要离开胸骨定位点,但应尽量放松,务使胸骨不受任何压力。

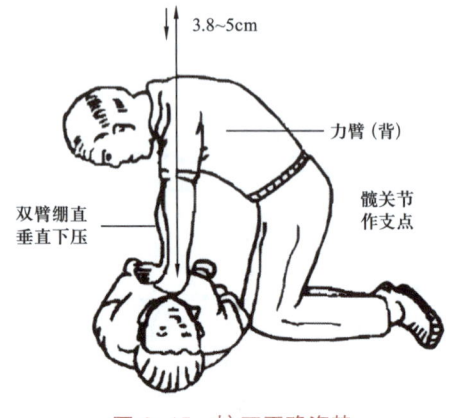

图6-15 按压正确姿势

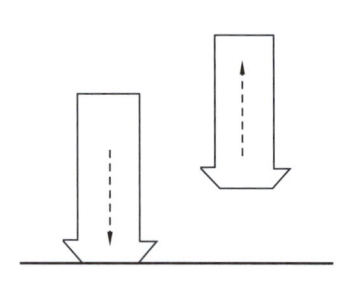

图6-16 按压用力方式

① 按压频率:按压频率应保持在100次/min。

② 按压与人工呼吸比例:按压与人工呼吸的比例关系通常是,成人为30∶2,婴儿、儿童为15∶2。

③ 按压深度:通常成人伤员为4~5cm,5~13岁伤员为3cm,婴幼儿伤员为2cm。

(四)心肺复苏法

1. 操作过程

(1)首先判断昏倒的人有无意识。

(2)如无反应,立即呼救"来人啊!救命啊!"等。

(3)迅速将伤员放置于仰卧位,并放在地上或硬板上。

(4)开放气道(仰头举颏或颌;清除口、鼻腔异物)。

(5)判断伤员有无呼吸(通过看、听和感觉来进行)。

(6)如无呼吸,立即口对口吹气两口。

(7)保持头后仰,另一手检查颈动脉有无搏动。

(8)如有脉搏,表明心脏尚未停跳,可仅做人工呼吸,每分钟12~16次。

(9)如无脉搏,立即在正确定位下在胸外按压位置进行心前区叩击1~2次。

(10)叩击后再次判断有无脉搏,如有脉搏即表明心跳已经恢复,可仅做人工呼吸即可。

(11)如无脉搏,立即在正确的位置进行胸外按压。

(12)每做30次按压,需做两次人工呼吸,然后再在胸部重新定位,再做胸外按压,如此反复进行,直到协助抢救者或专业医务人员赶来。按压频率为100次/min。

(13)开始2min后检查一次脉搏、呼吸、瞳孔,以后每4~5min检查一次,检查不超过5s,最好由协助抢救者检查。

(14)如有担架搬运伤员,应该持续做心肺复苏,中断时间不超过5s。

2. 心肺复苏操作的时间要求

(1)0~5s:判断意识。

(2)5~10s:呼救并放好伤员体位。

(3)10~15s:开放气道,并观察呼吸是否存在。

(4)15~20s:口对口呼吸两次。

(5)20~30s:判断脉搏。

(6)30~50s:进行胸外心脏按压30次,并再人工呼吸两次,连续反复进行。

以上程序尽可能在50s以内完成,最长不宜超过1min。

3. 双人复苏操作要求

(1)两人应协调配合,吹气应在胸外按压的松弛时间内完成。

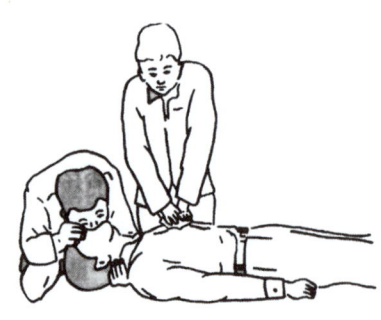

图6-17 双人复苏法

（2）按压频率为100次/min。

（3）按压与呼吸比例为30：2，即30次心脏按压后，进行两次人工呼吸。

（4）为达到配合默契，可由按压者数口诀"1、2、3、4、…、29、吹"，当吹气者听到"29"时，做好准备，听到"吹"后，即向伤员嘴里吹气，按压者继而重数口诀"1、2、3、4、…、29、吹"，如此循环进行，如图6-17所示。

（5）人工呼吸者除需通畅伤员呼吸道、吹气外，还应经常触摸其颈动脉和观察瞳孔等。

4. 心肺复苏法注意事项

（1）吹气不能在向下按压心脏的同时进行。数口诀的速度应均衡，避免快慢不一。

（2）操作者应站在触电者侧面便于操作的位置，单人急救时应站立在触电者的肩部位置；双人急救时，吹气人应站在触电者的头部，按压心脏者应站在触电者胸部、与吹气者相对的一侧。

（3）人工呼吸者与心脏按压者可以互换位置，互换操作，但中断时间不超过5s。

（4）第二抢救者到现场后，应首先检查颈动脉搏动，然后再开始做人工呼吸。如心脏按压有效，则应触及到搏动，如不能触及，应观察心脏按压者的技术操作是否正确，必要时应增加按压深度及重新定位。

（5）可以由第三抢救者及更多的抢救人员轮换操作，以保持精力充沛、姿势正确。

5. 心肺复苏的有效指标

心肺复苏术操作是否正确，主要靠平时严格训练，掌握正确的方法。而在急救中判断复苏是否有效，可以根据以下五方面综合考虑：

（1）瞳孔：复苏有效时，可见伤员瞳孔由大变小。如瞳孔由小变大、固定、角膜混浊，则说明复苏无效。

（2）面色（口唇）：复苏有效，可见伤员面色由紫绀转为红润，如若变为灰白，则说明复苏无效。

（3）颈动脉搏动：按压有效时，每一次按压可以摸到一次搏动，如若停止按压，搏动亦消失，应继续进行心脏按压；如若停止按压后，脉搏仍然跳动，则说明伤员心跳已恢复。

（4）神志：复苏有效，可见伤员有眼球活动、睫毛反射与对光反射出现，甚至手脚开始抽动，肌张力增加。

（5）出现自主呼吸：伤员自主呼吸出现，并不意味可以停止人工呼吸。如果自主呼吸微弱，仍应坚持口对口呼吸。

6. 伤员转移

在现场抢救时，应力争抢救时间，切勿为了方便或让伤员舒服去移动伤员，从而延误现场抢救的时间。

现场心肺复苏应坚持不断地进行，抢救者不应频繁更换，即使送往医院途中也应继续进行。鼻导管给氧绝不能代替心肺复苏术。如需将伤员由现场移往室内，中断操作时间不得超过 7s；通道狭窄、上下楼层、送上救护车等的操作中断不得超过 30s。

将心跳、呼吸恢复的伤员用救护车送医院时，应在伤员背部放一块宽阔适当的硬板，以备随时进行心肺复苏。将伤员送到医院而专业人员尚未接手前，仍应继续进行心肺复苏。

7. 心肺复苏的终止

何时终止心肺复苏是一个涉及医疗、社会、道德等方面的问题。不论在什么情况下，终止心肺复苏，决定于医生或医生组成的抢救组的首席医生。否则不得放弃抢救。高压或超高压电击的伤员心跳、呼吸停止，更不应随意放弃抢救。

（五）抢救过程注意事项

1. 抢救过程中的再判定

（1）按压吹气 2min 后（相当于单人抢救时做了 5 个 30∶2 压吹循环），应用看、听、试的方法在 5~10s 内完成对伤员呼吸和心跳是否恢复的再判定。

（2）若判定颈动脉已有搏动但无呼吸，则暂停胸外按压，再进行两次口对口人工呼吸，接着每 5s 吹气一次（即每分钟 12 次）。如脉搏和呼吸均未恢复，则继续坚持心肺复苏法抢救。

（3）抢救过程中，要每隔数分钟再判定一次，每次判定时间均不得超过 5~10s。在医务人员未接替抢救前，现场抢救人员不得放弃现场抢救。

2. 使用药物

现场触电抢救，对采用肾上腺素等药物应持慎重态度。如没有必要的诊断设备条件和足够的把握，不得乱用。在医院内抢救触电者时，由医务人员经医疗仪器设备诊断，根据诊断结果决定是否采用。

3. 抢救方法

对触电者实施抢救时，不能使用除颤仪（AED）代替心肺复苏法（CPR）。因为除颤仪是一种用于治疗心律失常的医疗设备，它通过电击电流来中断异常的心脏活动，并促进正常心脏活动恢复，从而达到纠正心律的目的；而心肺复苏则是针对心脏骤停和呼吸停止的情况进行急救措施的方法，其主要是通过人工按压和通气的方式维持患者的循环和呼吸功能。

二、电气火灾事故急救

火灾致人死亡的原因主要有有毒气体、缺氧、烧伤、吸入热气；而电气火灾事故对人的伤害主要包括高温烫伤、火焰烧伤、电击伤害、有毒烟雾引发的中毒窒息及其他诸如出血、骨折等伤害。

（一）高温烫伤急救

（1）冷水冲洗：立即将烫伤部位放在冷水下冲洗，时间至少10~20min。这有助于降低皮肤温度，减轻疼痛和炎症。切勿使用冰水，以免加重伤口。

（2）清洁伤口：冲洗后，用干净的湿纱布轻轻擦拭伤口，避免使用棉签等易掉屑的物品。切勿使用肥皂、酒精等刺激性物质清洗，以免加重疼痛。

（3）勿外涂各种药膏偏方：勿外用各种复方药膏，也不要使用牙膏、鸡蛋清等非专业药物。

（4）包扎伤口：用干净的纱布轻轻覆盖伤口，避免过紧，以免影响血液循环。注意保持伤口干燥，避免感染。

（5）观察病情：密切关注伤口愈合情况，如出现红肿、疼痛加重、化脓等症状，应及时就医。

（二）火焰烧伤急救

（1）首先检查有无危及伤员生命的情况，如大出血、窒息、开放性气胸、严重中毒等，应立即优先抢救。

（2）脱离火灾现场。

（3）判断伤情：初步估计烧伤面积与深度，有无吸入性损伤、复合伤或中毒等。

（4）镇静止痛：轻症可口服止痛片或肌注哌替啶（度冷丁）；大面积烧伤则宜缓慢静脉注射哌替啶与异丙嗪合剂。

（5）保持气道通畅：尤其是吸入性损伤或面部烧伤伴呼吸困难者，可考虑气管插管或切开，并吸氧。

（6）创面处理：灭火后宜用敷料或清洁布单等保护创面，冬天应注意保暖。

（7）冷疗：用自来水连续冲洗创面或将创面浸入冷水（水温宜在15°～20°，可在水中加冰），或用冷水浸湿毛巾外敷，时间一般 0.5～1h，应至停止冷疗后患者不再有疼痛为宜；但大面积烧伤者应慎用冷疗。

（8）复合伤处理：对危及生命的复合伤，如颅脑、胸、腹及严重骨折等严重创伤应积极抢救。

（9）补液治疗：急救现场可口服烧伤饮料，对总面积超过 20%～30% 或已出现休克症状的患者应进行静脉补液。在现场不具备输液条件者，可口服含盐饮料，防止单纯大量饮水发生水中毒。

（10）应用抗生素：对大面积烧伤伤员应尽早口服或注射广谱抗生素。

（三）电击伤害急救

详见本节"一、触电急救"。

（四）中毒窒息急救

详见本节"三、中毒与窒息急救"。

（五）创伤急救

创伤急救原则上是先抢救，后固定，再搬运，并注意采取措施，防止伤情加重或污染。需要送医院救治的，应立即做好保护伤员措施后送医院救治。急救成功的条件是：动作快，操作正确，任何延迟和误操作均可加重伤情，并可导致死亡。

抢救前先使伤员安静躺平，判断全身情况和受伤程度，如有无出血、骨折和休克等。

外部出血立即采取止血措施，防止失血过多而休克。外观无伤，但呈休克状态，神志不清或昏迷者，要考虑胸腹部内脏或脑部受伤的可能性。

为防止伤口感染，应用清洁布片覆盖。救护人员不得用手直接接触伤口，更不得在伤口内填塞任何东西或随便用药。

搬运时应使伤员平躺在担架上，腰部束在担架上，防止跌下。平地搬运时伤员头部在后，上楼、下楼、下坡时头部在上，搬运中应严密观察伤员，防止伤情突变。伤员搬运时的方法如图6-18所示。

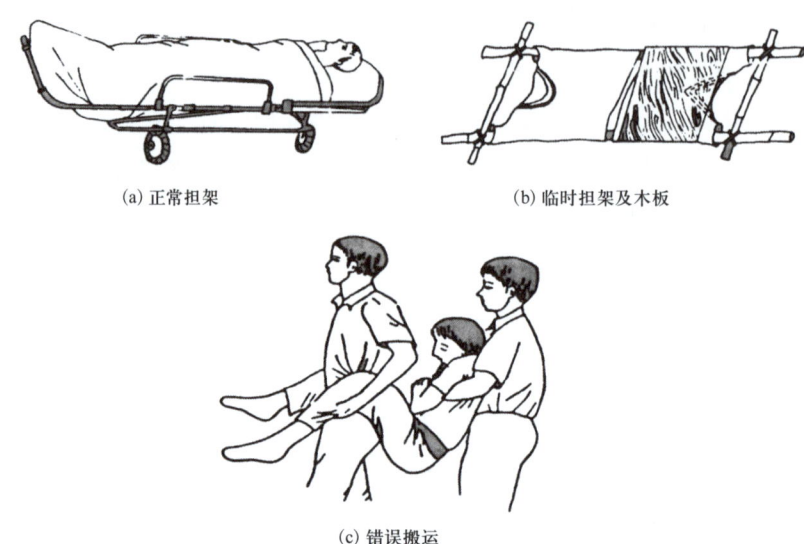

图 6-18 搬运伤员

若怀疑伤员有脊椎损伤（高处坠落者），在放置体位及搬运时必须保持脊柱不扭曲、不弯曲，应将伤员平卧在硬质平板上，并设法用沙土带（或其他代替物）放置头部及躯干两侧以适当固定之，以免引起截瘫。

（六）止血

（1）伤口渗血：用较伤口稍大的消毒纱布数层覆盖伤口，再进行包扎。若包扎后仍有较多渗血，可再加绷带适当加压止血。

（2）伤口出血呈喷射状或鲜红血液涌出时，立即用清洁手指压迫出血点上方（近心端），使血流中断，并将出血肢体抬高或举高，以减少出血量。

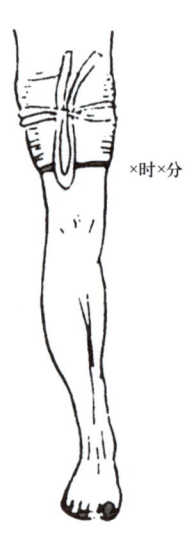

图 6-19 止血带止血法

（3）如图6-19所示，用止血带或弹性较好的布带等止血时，应先用柔软布片或伤员的衣袖等数层垫在止血带下面，再扎紧止血带以刚使肢端动脉搏动消失为度。上肢每 60min、下肢每 80min 放松一次，每次放松 1~2min。开始扎紧与每次放松的时间均应书面标明在止血带旁。扎紧时间不宜超过 4h。不要在上臂中 1/3 处和窝下使用止血带，以免损伤神经。若放松时观察已无大出血可暂停使用。

（4）严禁用电线、铁丝、细绳等作止血带使用。

（5）高处坠落、撞击、挤压可能有胸腹内脏破裂出血。受伤者外观无出血但表现面色苍白，脉搏细弱，气促，冷汗淋漓，四肢厥冷，烦躁不安，甚至神志不清等休克状态，应迅速躺平，抬高下肢（图 6-20），保持温暖，速送医院救治。若送院途中时间较长，可给伤员饮用少量糖盐水。

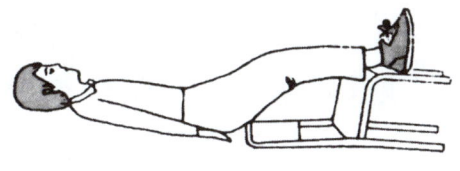

图 6-20　抬高下肢

（七）骨折急救

（1）肢体骨折可用夹板或木棍、竹竿等将断骨上、下方两个关节固定，如图 6-21 所示，也可利用伤员身体进行固定，避免骨折部位移动，以减少疼痛，防止伤势恶化。

(a) 上肢骨折固定

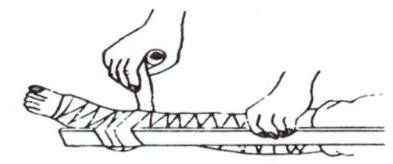
(b) 下肢骨折固定

图 6-21　骨折固定方法

图 6-22　颈椎骨折固定

开放性骨折，伴有大出血者，先止血，再固定，并用干净布片覆盖伤口，然后速送医院救治。切勿将外露的断骨推回伤口内。

（2）疑有颈椎损伤，在使伤员平卧后，用沙土袋（或其他代替物）放置头部两侧使颈部固定不动（图 6-22）。进行口对口呼吸时，只能采用抬颏使气道通畅，不能再将头部后仰移动或转动头部，以免引起截瘫或死亡。

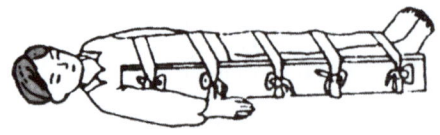

图 6-23 腰椎骨折固定

（3）腰椎骨折应使伤员平卧在平硬木板上，并将腰椎躯干及两侧下肢一同进行固定预防瘫痪（图 6-23）。搬动时应数人合作，保持平稳，不能扭曲。

（八）颅脑外伤急救

（1）应使伤员采取平卧位，保持气道通畅，若有呕吐，应扶好头部和身体，使头部和身体同时侧转，防止呕吐物造成窒息。

（2）耳鼻有液体流出时，不要用棉花堵塞，只可轻轻拭去，以利降低颅内压力。也不可用力擤鼻，排出鼻内液体，或将液体再吸入鼻内。

（3）颅脑外伤时，病情可能复杂多变，禁止给予饮食，速送医院诊治。

三、中毒与窒息急救

（一）中毒急救

电气火灾事故引发中毒的主要原因为一氧化碳中毒、缺氧及吸入有毒气体（如二氧化硫、氮氧化物等），危险化学品生产企业还可能存在硫化氢、氨等有毒有害物质。中毒急救一般应：

（1）立即将中毒者带离中毒现场：当发生火灾中毒事故时，要首先确保中毒者的安全，并尽可能迅速地将其带离中毒现场，避免进一步受到危害。

（2）切勿直接接触或吸入有毒气体：在处理有毒气体中毒的情况下，切勿直接接触或吸入有毒气体，以免自己也受到毒害。

（3）提供新鲜空气并保持呼吸道通畅：迅速将中毒者转移到有新鲜空气的地方，保持呼吸道通畅。

（4）及时用清水冲洗受污染的皮肤：如果中毒者的皮肤有受到污染，应立即用清水冲洗，以减少毒物的吸收。

（5）根据中毒情况进行相应的急救措施：根据不同的中毒情况，如化学中毒、烟雾中毒等，进行相应的急救措施，比如恢复呼吸、洗胃等。

（6）尽快送往医院急救：对于严重中毒的情况，应立即将中毒者送往医院，以接受进一步的专业急救。

注意：在实施中毒者急救时，必须对可能存在的中毒源进行充分辨识。

（二）窒息急救

（1）迅速将患者移离中毒现场至空气新鲜处。

（2）判断窒息程度：如果患者无法说话、咳嗽或呼吸，面部呈现发紫或变色，表示窒息情况严重，需要立即采取紧急措施。

（3）呼叫急救电话：无论窒息情况有多严重，第一时间呼叫当地的急救电话号码通知医护人员前来救助。

（4）检查口腔：清理口腔及鼻喉中异物，保持气道畅通。

（5）给予五次背部拍击：如果患者仍然有意识，但无法呼吸，可以给予背部拍击。需站在患者背后，用力拍击患者的背部，帮助其排出阻塞物。

（6）进行腹部挤压：如果背部拍击无效，可以尝试进行腹部挤压。需站在患者身后，将手放在患者的腹部上方，用力向内挤压，以帮助排出阻塞物。

（7）进行人工呼吸：如果患者失去意识，无法自主呼吸，需要进行人工呼吸。

（8）进行胸外心脏按压：如果心跳停止，需进行胸外心脏按压。

（9）持续急救措施：在等待急救人员到达之前，持续进行人工呼吸和胸外心脏按压，直到患者恢复意识或急救人员接手。

（10）凡硫化氢、一氧化碳、氰化氢等有毒气体中毒者，切忌对其口对口人工呼吸（二氧化碳等窒息性气体除外），以防施救者中毒；宜采用胸廓按压式人工呼吸。

参 考 文 献

[1]《国家安全生产事故灾难应急预案》（中华人民共和国国务院 2006 年 1 月 22 日颁布实施）.

[2]《电力安全事故应急处置和调查处理条例》（中华人民共和国国务院令第 599 号）.

[3]《生产安全事故应急条例》（中华人民共和国国务院令第 708 号）.

[4] 中华人民共和国国家质量监督检验检疫总局，中国国家标准化管理委员会.火灾分类：GB/T 4968—2008［S］.北京：中国标准出版社，2008.

[5] 中华人民共和国工业和信息化部.国家电气设备安全技术规范：GB 19517—2023［S］.北京：中国标准出版社，2023.

[6] 国家市场监督管理总局，国家标准化管理委员会.危险化学品单位应急救援物资配备要求：GB 30077—2023［S］.北京：中国标准出版社，2023.

[7] 中华人民共和国住房和城乡建设部.建筑灭火器配置验收及检查规范：GB 50444—2008［S］.北京：中国标准出版社，2008.

[8] 中华人民共和国住房和城乡建设部.消防设施通用规范：GB 55036—2022［S］.北京：中国计划出版社，2022.

[9] 中华人民共和国应急管理部.灭火器维修：XF 95—2015［S］.

[10]《2022 国际心肺复苏指南》（美国心脏协会 AHA）.

第七章 临时用电作业常见违章及典型事故案例

第一节 常见临时用电作业违章

一、常见违章图例

表 7-1 为工程实践一线人员整理的常见违章作业照片。

表 7-1 现场常见临时用电作业违章实例

序号	照片	问题描述
1		配电箱内插头用导线直接连接开关
2		发电车上配置的配电箱仅总开关带有漏保功能，分路为断路器，不满足"一机一闸一保护"配电原则

续表

序号	照片	问题描述
3		配电箱内一闸两用,且断路器安装未固定
4		电源线缆未经插头直接插入插座取电
5		配电箱室外安装无防雨措施,固定不牢,且未上锁
6		用电设备电源线均为两芯线,缺少 PE 线

续表

序号	照片	问题描述
7		接地装置形同虚设
8		打磨机通体为全金属，属于一类用电设备，电源线的 PE 线未有效连接，手扶操作部位未进行绝缘保护
9		配电箱未固定安装
10		配电箱内断路器之间安全间距不足

续表

序号	照片	问题描述
11		配电箱无铭牌或标志
12		配电箱被遮挡，无操作空间
13		配电箱缺少零线端子排和接零保护端子排；使用无双重绝缘的单芯电源线进行接线；配电箱未实行总分配电方式，下端设四个空开未设置漏电保护器；一处出线影响开关操作
14		开关一闸多接

续表

序号	照片	问题描述
15		带电体外露，开关电气损坏或绝缘破坏
16		配电箱内 PE 线串联
17		配电箱附近堆积杂物、电缆缺少保护措施，缺少防触电标志、负责人标识等
18		配电箱无护栏且箱门不关，配电箱附近堆积杂物，进出电缆保护不足

第七章 临时用电作业常见违章及典型事故案例

续表

序号	照片	问题描述
19		设备专用开关箱安装位置距地面距离偏小,且箱内存放杂物,存在一闸多机现象
20		配电箱出线从箱门位置出,电缆保护不足,容易夹断电缆发生事故
21		配电箱总开关下口并接设备、一闸多机
22		配电箱存在一闸多机、带电体明露等隐患

- 233 -

续表

序号	照片	问题描述
23		从配电箱总开关下口接线供设备用
24		电源线进配电箱时漏接保护接地线，带电明露，电器之间距离偏小等
25		多台设备缺少保护接地
26		设备缺少保护接地，存在带电体明露现象

第七章 临时用电作业常见违章及典型事故案例

续表

序号	照片	问题描述
27		打夯机电源无漏电保护,配电箱箱门安装电器带电体明露
28		开关箱内漏电保护动作电流 50mA,不符合要求
29		电源进线不规范,动力照明混用
30		一闸多用易导致电流过大,烧毁开关及电线、设备及用电器,引起火灾

续表

序号	照片	问题描述
31		配电箱内控制开关无标识
32		配电箱接地装置与金属管道连接
33		配电箱线缆引出部分无防止损伤的措施
34		配电箱进出线导管管口应高出基础面
35		配电箱箱体和箱盖未接地跨接

续表

序号	照片	问题描述
36		配电箱配线混乱，存在绞线现象
37		配电箱内配线凌乱，电缆头未按要求制作
38		配电箱未标明控制设备编号、名称等信息的标识
39		配电箱进线处未封闭

续表

序号	照片	问题描述
40		配电箱无警示标志
41		线路未从配电箱规定位置接入
42		配电箱重复接地直接接到箱支架上,未接入配电箱PE排
43		配电箱内存在火线接线端子板、带电体明露现象

第七章　临时用电作业常见违章及典型事故案例

续表

序号	照片	问题描述
44		配电箱电源线保护不当，采用金属丝绑扎
45		配电箱内插座破损，形成带电体明露
46		配电箱无门、倒放，使用导线直接插入插座（未使用插头）
47		低压变压器及控制箱直接放置在地面上，未固定。开关箱无门，二次侧缺少必要的线路熔断保护等

续表

序号	照片	问题描述
48		配电箱、变压器无防砸措施
49		电缆插头附近存在破损现象
50		配电箱存在带电体明露现象
51		开关箱距所保护设备距离远

第七章 临时用电作业常见违章及典型事故案例

续表

序号	照片	问题描述
52		配电柜距梁底距离小于 0.6m
53		配电柜侧面与墙距离小于 0.2m
54		开关柜操作面地面未铺设绝缘胶垫
55		配电室出入口无挡板
56		配电室的门开启方向错误，且门材质达不到防火要求

续表

序号	照片	问题描述
57		直通室外的门未设置纱门
58		配电室外开窗户未设置纱窗
59		配电室堆放杂物
60		电缆沟盖板不全,沟内积尘

续表

序号	照片	问题描述
61		插座使用不规范，应置于配电箱上，且用专用插座
62		潮湿场所插座安装高度低于1.5m
63		暗装插座面板未安装牢固
64		潮湿环境未使用防护型插座

续表

序号	照片	问题描述
65		车间插座安装高度小于 0.3m
66		电源插座积尘
67		接地线采用缠绕方式,无专用接地装置
68		电缆水平敷设高度不足 2.5m,且宜采取保护措施

第七章　临时用电作业常见违章及典型事故案例

续表

序号	照片	问题描述
69		电缆敷设混乱，无固定点
70		电缆沟未封闭
71		并列敷设的电缆间距小于35mm
72		线路穿墙无防护

续表

序号	照片	问题描述
73		电源线缆随意拖拉，接头处理过于简单
74		电缆压在钢筋下，易损伤
75		电缆不允许直接悬挂在钢筋上
76		导线直接插入插座

续表

序号	照片	问题描述
77		无齿锯电源线随意拖拉
78		电源线随意拖地拖拉
79		电源线保护不足
80		电缆缺少保护措施

续表

序号	照片	问题描述
81		主干电缆保护不足
82		主干电缆缺少保护措施
83		电源线缺少保护措施
84		配电箱出线缺少保护措施

续表

序号	照片	问题描述
85		设备电源线保护不足
86		设备电源线无保护措施
87		木工机具电源线保护不足
88		设备电源线保护不足

续表

序号	照片	问题描述
89		设备电源线保护不足
90		线缆连接混乱，易导致电线挤压裸露、短路、漏电等事故
91		电缆线等随意敷设，乱拉乱接，易导致短路、漏电、触电、火灾等事故

续表

序号	照片	问题描述
92		设备使用电缆拖地，易导致电线破损、裸露、短路、漏电等事故
93		电缆外保护层破损
94		电线连接线头裸露，易导致直接触电、短路等事故

续表

序号	照片	问题描述
95		设备电缆破损裸露,易导致直接触电、短路等事故
96		电线敷设与管道距离不符合要求
97		电缆与金属接触位置、穿墙部位未采取保护措施
98		过路电缆未采取保护措施

续表

序号	照片	问题描述
99		线路垂直敷设低于 1.8m 未穿管
100		严重腐蚀场所使用金属布线
101		防爆灯具线路接合不严密
102		食堂等潮湿场所灯具无防潮保护措施

续表

序号	照片	问题描述
103		碘钨灯隐患问题，碘钨灯电源线缺少保护措施，并用铅丝绑扎，保护地线接不实
104		灯具镇流器缺少保护罩
105		灯具固定在脚手架上存在安全隐患
106		壁扇下侧边缘距地面高度小于1.8m

续表

序号	照片	问题描述
107		应急照明与普通照明线路混接
108		配电室未设置警示标志
109		电焊机直接放在钢筋上
110		电焊机隐患问题，电焊机防护罩处于非防护状态，电源线随意拖拉在操作层

续表

序号	照片	问题描述
111		电焊机一次侧电源线外绝缘保护削得太多，应采用绝缘胶布加强绝缘
112		电焊机二次侧无防护罩，未使用接线端子
113		电焊机二次侧无防护罩
114		电焊机接线柱带电明露

续表

序号	照片	问题描述
115		使用脚手架作为电焊机二次线回路
116		电焊机一次侧带电明露,外壳无保护接地
117		电焊机焊把线破损
118		电焊机把线铜芯裸露

续表

序号	照片	问题描述
119		电焊机把线接头处铜芯裸露
120		设备缺少保护导体
121		打夯机手柄未做绝缘处理
122		低压照明线路随意拖拉

续表

序号	照片	问题描述
123		Ⅰ类手持电动工具无保护接地
124		手持电动工具隐患问题,施工现场Ⅰ类手持电动工具电源线为两芯线,缺少保护导体
125		设备无保护接地
126		设备布置不合理

二、可供借鉴的做法

（1）配电箱进出线缆密封防护设施，如图 7-1 所示。

图 7-1　配电箱进出线缆密封防护设施

（2）配电箱遮阳挡雨设施，如图 7-2、图 7-3 所示。

图 7-2　配电箱遮阳挡雨设施实物

（3）箱变或配电室的保护设施，包括围栏、遮阳遮雨棚、警示标志等，如图 7-4 所示。

（4）配电箱的保护设施，包括围栏、遮阳遮雨棚、目视化管理、消防配备等，如图 7-5 所示。

第七章 临时用电作业常见违章及典型事故案例

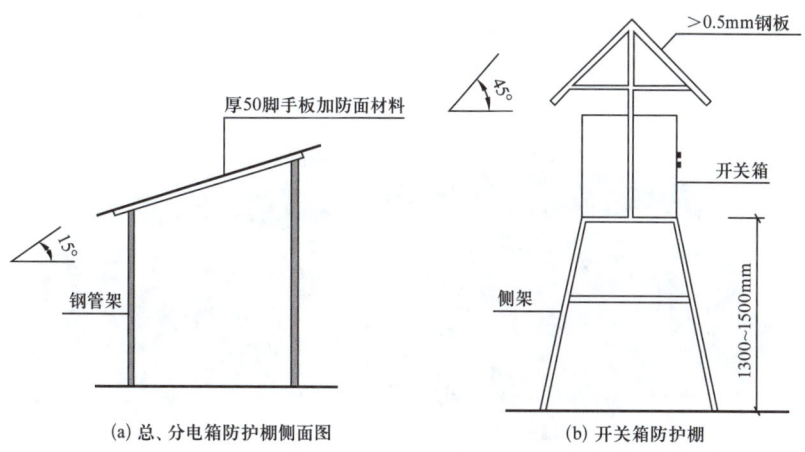

图 7-3 配电箱遮阳挡雨设施简图

图 7-4 箱变或配电室保护设施

图 7-5 配电箱保护设施

（5）配电箱安全设施，包括围栏、遮阳遮雨棚、消防器材、上锁、警示标志等，如图7-6所示。

1——防雨防晒棚；2——灭火器；3——上锁；4——配电箱统一编号。

图7-6　配电箱安全设施

（6）配电箱箱门外安全设施，包括安全标识、上锁、维修电工、相关证件等，如图7-7所示。

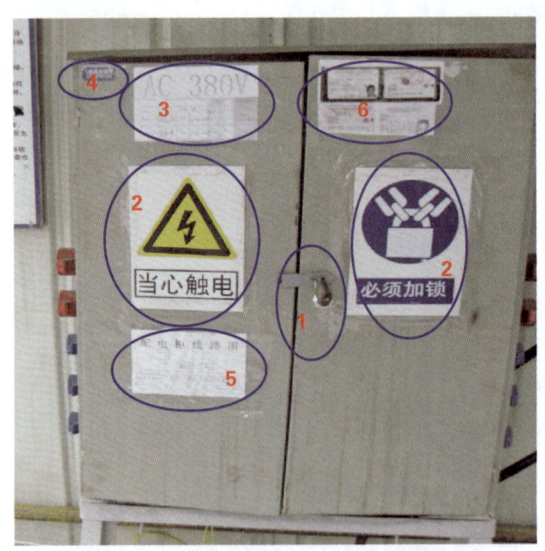

1——箱门上锁，防止无关人员误操作；2——张贴警示标识；3——张贴配电柜电源类型标识及维护电工联系方式；4——张贴检查期限标签，提示下次检查时间；5——张贴配电柜线路图，标明箱内线路流程；6——张贴电工特种作业证复印件。

图7-7　配电箱箱门外安全设施

(7)配电箱箱内安全设施,包括警示标识、开关标识、绝缘板等,如图7-8所示。

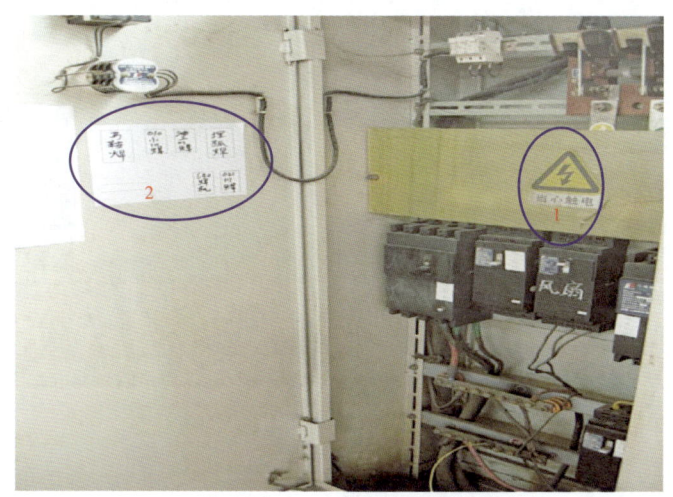

1——警示标识;2——各回路开关控制标识。

图7-8 配电箱箱内安全设施

(8)配电箱箱内功能分区及布线,如图7-9所示。

图7-9 配电箱箱内功能分区及布线

(9)线缆过路保护措施,如图7-10所示。

(10)配电箱安全设施及操作安全规程,包括围栏、遮阳遮雨棚、消防器材、警示标志、安全操作规程等,如图7-11所示。

图 7-10 线缆过路保护措施

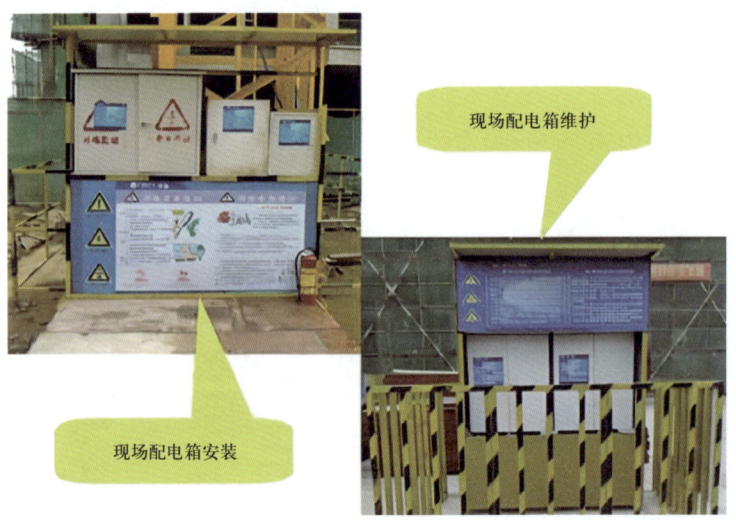

图 7-11 配电箱安全设施及操作安全规程

三、临时用电作业违章的管理原因

（一）人员的资质与能力

事例：无有效电工作业证书人员对电气设备进行运行、维护、安装、检修、改造、施工、调试等作业或持有低压电工作业证书的人员对 1 千伏（kV）及以上的高压电气设备进行运行、维护、安装、检修、改造、施工、调试、试验及绝缘工、器具进行试验的作业。

要求：

（1）《安全生产法》第三十条规定：生产经营单位的特种作业人员必须按照国家有关规定经专门的安全作业培训，取得相应资格，方可上岗作业。特种作业人员的范围由国务院应急管理部门会同国务院有关部门确定。

第九十七条规定：生产经营单位有下列行为之一的，责令限期改正，处十万元以下的罚款；逾期未改正的，责令停产停业整顿，并处十万元以上二十万元以下的罚款，对其直接负责的主管人员和其他直接责任人员处二万元以上五万元以下的罚款：……（七）特种作业人员未按照规定经专门的安全作业培训并取得相应资格，上岗作业的。

（2）《特种作业人员安全技术培训考核管理规定》（2015年5月29日国家安全生产监督管理总局令第80号第二次修正）将"电工作业：指对电气设备进行运行、维护、安装、检修、改造、施工、调试等作业（不含电力系统进网作业）"纳入《特种作业目录》，并将其分为高压电工作业、低压电工作业、防爆电气作业三类。

高压电工作业：指对1千伏（kV）及以上的高压电气设备进行运行、维护、安装、检修、改造、施工、调试、试验及绝缘工、器具进行试验的作业。

低压电工作业：指对1千伏（kV）以下的低压电气设备进行安装、调试、运行操作、维护、检修、改造施工和试验的作业。

防爆电气作业：指对各种防爆电气设备进行安装、检修、维护的作业。适用于除煤矿井下以外的防爆电气作业。

（二）人员的个人防护

事例： 现场电工进行涉及在停电的设施上进行接配电作业时，未佩戴绝缘手套、穿绝缘鞋等劳动防护用品或使用超过有效期、功能失效的防护用品。

用人单位未组织对电绝缘鞋等个体防护装备进行预防性试验，或未选用具有有效合格证的、与电压等级相匹配的绝缘防护用品。

要求：

（1）《安全生产法》第四十五条规定：生产经营单位必须为从业人员提供符合国家标准或者行业标准的劳动防护用品，并监督、教育从业人员按照使用规则佩戴、使用。

（2）GB 39800.1—2020《个体防护装备配备规范 第1部分：总则》：5.1.2 用

人单位应在入库前对个体防护装备进行进货验收，确定产品是否符合国家或行业标准；对国家规定应进行定期强检的个体防护装备，用人单位应按相关规定，委托具有检测资质的检验检测机构进行定期检验。

5.1.3 在作业过程中发现存在其他危害因素，现有个体防护装备不能满足作业安全要求，需要另外配备时，应立即停止相关作业，按照本部分的要求配备相应的个体防护装备后，方可继续作业。

（三）临时用电系统的设施完整性

事例： 施工现场设置专用变压器时，配电系统未采用 TN-S 系统接地型式或采用三相四线供电时未选用五芯电缆、采用单相供电时未选用三芯电缆。

总配电箱中未设置具备剩余电流保护功能的电气装置。

总配电箱中设置的总剩余电流动作保护器的额定剩余动作电流和开关箱设置的末端剩余电流动作保护器的额定剩余动作电流均为 30mA，末端剩余电流动作保护器的额定剩余电流动作时间为 0.2s。

要求：

JGJ/T 46—2024：《建筑与市政工程施工现场临时用电安全技术标准》3.1.1 施工现场临时用电工程专用的电源中性点直接接地的 220V/380V 三相四线制低压电力系统，应符合下列规定：

1 应采用三级配电系统。

2 应采用 TN-S 系统。

3 应采用二级剩余电流动作保护系统。

3.3.2 剩余电流动作保护器应装设在总配电箱、开关箱靠近负荷的一侧，且不得用于启动电气设备的操作。

3.3.3 总配电箱中剩余电流动作保护器的额定剩余动作电流应大于 30mA，额定剩余动作时间应大于 0.1s，但其额定剩余动作电流与额定剩余电流动作时间的乘积不应大于 30mA·s。

3.3.4 开关箱中剩余电流动作保护器的额定剩余动作电流不应大于 30mA，额定剩余动作时间不应大于 0.1s。潮湿或有腐蚀介质场所的剩余电流动作保护器应采用防溅型产品，其额定剩余动作电流不应大于 15mA，额定剩余电流动作时间不应大于 0.1s。

4.2.1 总配电箱内的电器装置应具备电源隔离、正常接通与分断电路,以及短路、过负荷、剩余电流保护功能。电器设置应符合下列规定:

1 当总路设置总剩余电流动作保护器时,还应装设总隔离开关、分路隔离开关,以及总断路器、分路断路器或总熔断器、分路熔断器……

(四)用户设备的设施完整性

事例: 工程现场配备的户外型配电箱无防护等级标识或防护等级低于 IP44,配电箱箱体损坏严重、无法实施上锁管理。

现场使用的圆盘锯控制开关损坏后拆除,直接利用工业插头进行断送电控制。

使用的搅拌机等存在正反转要求的设备直接利用双向转换开关进行控制。

未组织对使用的电焊机、磨光机等用电设备进行定期绝缘检测,特别是潜水泵等设备极易出现漏电情况。

要求:

(1) GB 50194—2014《建设工程施工现场供用电安全规范》:6.3.5 户外安装的配电箱应使用户外型,其防护等级不应低于本规范附录 A 外壳防护等级(IP 代码)IP44,门内操作面的防护等级不应低于 IP21。

(2) GB 19517—2023《国家电气设备安全技术规范》:5.6 电源控制及其危险防护

电源控制及其危险防护的要求包括以下方面。

a)产品的电源应能安全可靠地通、断或控制。

b)控制装置和联锁机构应具有危险防护的功能。

c)下列情况,产品应装设应急切断电源线路:

1)出现危险时,操作开关不能快速和无危险地切断……

(3) JGJ/T 46—2024《建筑与市政工程施工现场临时用电安全技术标准》:

7.1.5 ……开关箱内正、反向运转控制装置中的控制电器应采用接触器、继电器等自动控制电器,不得采用手动双向转换开关作为控制电器。

7.6.5 手持式电动工具的标识、外壳、手柄、插头、开关、负荷线等应完好无损,使用前对工具外观检查合格后进行空载检查,空载运转正常后方可使用。应定期对工具绝缘电阻进行测量,绝缘电阻值不应小于表 7.6.5 规定的数值。

表 7.6.5　手持式电动工具绝缘电阻限值

被试绝缘		绝缘电阻，MΩ
带电部分与壳体之间	基本绝缘	2
	加强绝缘	7
带电部分与Ⅱ类工具中仅用基本绝缘与带电部分隔离的金属零件之间		2
Ⅱ类工具中仅用基本绝缘与带电部分隔离的金属零件与壳体之间		5

注：绝缘电阻用 500V 兆欧表或绝缘电阻测试仪测量。

（五）临时用电系统的安装质量

事例： 总配电箱设置在远离供电电源的位置，开关箱与其控制的固定式用电设备距离远超 3m，且配电箱置于隐蔽角落、周边放置杂物、草木丛生，直接影响操作和维护，不便紧急断电操作。

配电箱内线缆凌乱甚至直接影响电气元件的动作，电器固定不牢、松动且间隙过小影响操作，个别临时使用的设备直接接入保护电器的进线端或与其他设备共用一个保护电器。

现场设置的临时供电线缆随意沿地面敷设，未进行有效防护；电缆采用直埋敷设时，未设置标识桩。

重复接地极长度极短或设置数量不够，个别人员仍然选用螺纹钢做接地极。

要求：

（1）JGJ/T 46—2024《建筑与市政工程施工现场临时用电安全技术标准》：4.1.1　总配电箱可下设若干台分配电箱；分配电箱可下设若干台开关箱。总配电箱应设在靠近电源的区域，分配电箱应设在用电设备或负荷相对集中的区域，分配电箱与开关箱的距离不应超过 30m，开关箱与其控制的固定式用电设备的水平距离不宜超过 3m。

4.1.8　配电箱、开关箱内的电器（含插座）应先安装在金属或非木质阻燃绝缘电器安装板上，再整体紧固在配电箱、开关箱箱体内。金属电器安装板应与保护接地导体（PE）做电气连接。

（2）GB 50194—2014《建设工程施工现场供用电安全规范》：6.3.3　用电设备或插座的电源宜引自末级配电箱，当一个末级配电箱直接控制多台用电设备或插座时，每台用电设备或插座应有各自独立的保护电器。

6.3.4　当分配电箱直接控制用电设备或插座时，每台用电设备或插座应有各自独立的保护电器。

6.3.11 配电箱内的导线与电气元件的连接应牢固、可靠。导线端子规格与芯线截面适配，接线端子应完整，不应减小截面积。

7.1.2 配电线路的敷设方式应符合下列规定：

……

2 供用电电缆可采用架空、直埋、沿支架等方式进行敷设。

3 不应敷设在树木上或直接绑挂在金属构架和金属脚手架上。

7.3.2 直埋敷设的电缆线路应符合下列规定：……2 直埋电缆应沿道路或建筑物边缘埋设，并宜沿直线敷设，直线段每隔20m处、转弯处和中间接头处应设电缆走向标识桩。

8.1.2 TN-S系统应符合下列规定：1 总配电箱、分配电箱及架空线路终端，其保护导体（PE）应做重复接地，接地电阻不宜大于10Ω……

8.1.8 接地装置的敷设应符合下列要求：

1 人工接地体的顶面埋设深不宜小于0.6m。

2 人工垂直接地体宜采用热浸镀锌圆钢、角钢、钢管，长度宜为2.5m；人工水平接地体宜采用热漫镀锌的扁钢或圆钢；圆钢直径不应小于12mm；扁钢、角钢等型钢截面不应小于90mm²，其厚度不应小于3mm；钢管壁厚不应小于2mm；人工接地体不得采用螺纹钢筋。

（六）临时用电施工组织设计的编制质量

事例： 项目部编制的临时用电工程组织设计的具体内容不符合"三级配电、两级剩余电流动作保护、TN-S系统"的原则，且未对配电装置内的电器选择明确技术要求。

现场采用发电机提供电源时，未按照要求编制临时用电施工组织设计或安全用电和电气防火措施。

随着工程的展开和现场条件的变化，现场配电设施发生重大变更时，未组织对临时用电工程组织设计进行变更。

要求：

（1）GB 50194—2014《建设工程施工现场供用电安全规范》：3.1.1 供用电设计应按照工程规模、场地特点、负荷性质、用电容量、地区供用电条件，合理确定设计方案。

3.1.2 供用电设计应经审核、批准后实施。

3.1.3 供用电设计至少应包括下列内容：设计说明；施工现场用电容量统计；负荷计算；变压器选择；配电线路；配电装置；接地装置及防雷装置；供用电系统图、平面布置图。

（2）JGJ/T 46—2024《建筑与市政工程施工现场临时用电安全技术标准》：10.1.2 临时用电工程组织设计应在现场勘测和确定电源进线、变电所或配电室位置及线路走向后进行，并应包括下列主要内容：工程概况；编制依据；施工现场用电容量统计；负荷计算；选择变压器；设计配电系统和装置（包括设计配电线路，选择电线或电缆；设计配电装置，选择电器；设计接地装置；设计防雷装置；绘制临时用电工程图纸，主要包括临时用电工程总平面图、配电装置布置图、配电系统接线图、接地装置设计图）；确定防护措施；制定安全用电措施和电气防火措施；制定临时用电设施拆除措施；制定应急预案，并开展应急演练。

10.1.4 临时用电工程组织设计编制及变更时，应按照《危险性较大的分部分项工程安全管理规定》的要求，履行"编制、审核、审批"程序。变更临时用电工程组织设计时，应补充有关图纸资料。

10.1.5 临时用电工程应经总承包单位和分包单位共同验收，合格后方可使用。

10.1.6 施工现场临时用电设备在5台以下或设备总容量在50kW以下的，应制定安全用电和电气防火措施，并应符合本标准第10.1.4条、第10.1.5条的规定。

（七）作业许可票证合规性

事例：施工单位未办理作业许可手续，擅自打开装置区的运行用配电箱进行接线。

在化工装置区施工时，施工单位办理完成临时用电作业许可票证后，擅自改变用电地点、增加用电设备、加大用电负荷实施作业。

要求：

GB 30871—2022《危险化学品企业特殊作业安全规范》：4.6 作业前，危险化学品企业应组织办理作业审批手续，并由相关责任人签字审批。同一作业涉及两种或两种以上特殊作业时，应同时执行各自作业要求，办理相应的作业审批手续。

作业时，审批手续应齐全、安全措施应全部落实、作业环境应符合安全要求。

10.7 未经批准，临时用电单位不应向其他单位转供电或增加用电负荷，以及变更用电地点和用途。

(八)操作规程的合理性

事例: 实施临时用电工程的施工时,从电源侧开始施工,而进行临时用电工程的拆除时,从用电设施侧开始。

在进行用电设备的维修时,仅对设备启动控制器进行了关闭,未关闭开关箱内的控制电器或未对控制电器进行上锁、挂牌。

要求:

(1) GB 50194—2014《建设工程施工现场供用电安全规范》:12.0.4 在全部停电和部分停电的电气设备上工作时,应完成下列技术措施且符合相关规定:

1 一次设备应完全停电,并应切断变压器和电压互感器二次侧开关或熔断器。

2 应在设备或线路切断电源,并经验电确无电压后装设接地线,进行工作。

3 工作地点应悬挂"在此工作"标示牌,并应采取安全措施。

13.0.5 拆除工作应从电源侧开始。

13.0.6 在临近带电部分的应拆除设备拆除后,应立即对拆除处带电设备外露的带电部分进行电气安全防护。

13.0.7 在拆除容易与运行线路混淆的电力线路时,应在转弯处和直线段分段进行标识。

(2) JGJ/T 46—2024《建筑与市政工程施工现场临时用电安全技术标准》:4.3.4 对配电箱、开关箱进行定期维修、检查时,应将其前一级相应的电源隔离开关分闸断电,设置专人监护,并悬挂"禁止合闸、有人工作"的停电标识牌,不得带电作业。

(九)作业环境的符合性

事例: 化工生产装置的0区、1区气体爆炸危险场所使用的配电设施不符合防火防爆要求。

在潮湿环境使用0类或Ⅰ类手持式电动工具,在钢制容器内、潮湿环境中使用220V临时照明灯具。

要求:

GB 50194—2014《建设工程施工现场供用电安全规范》:11.2.1 在易燃、易爆环境中使用的电气设备应采用隔爆型,其电气控制设备应安装在安全的隔离墙外或与该区域有一定安全距离的配电箱中。

11.4.4 在潮湿环境中不应使用0类和Ⅰ类手持式电动工具,应选用Ⅱ类或由安全隔离变压器供电的Ⅲ类手持式电动工具。

11.4.5 在潮湿环境中所使用的照明设备应选用密闭式防水防潮型，其防护等级应满足潮湿环境的安全使用要求。

11.4.6 潮湿环境中使用的行灯电压不应超过12V。其电源线应使用橡皮绝缘橡皮护套铜芯软电缆。

（十）安全通道的通畅性

事例：总配电箱或分配电箱置于隐蔽角落内，且无提示标识、平面布置图。

配电箱周围堆放型钢材料或可燃物、易燃物，直接阻碍检修通道；火灾配电箱放置地点杂草丛生或被雨水浸泡、空间狭小，作业人员无法进行操作。

要求：

JGJ/T 46—2024《建筑与市政工程施工现场临时用电安全技术标准》：4.1.4 配电箱、开关箱应装设在干燥、通风及常温场所，不得装设在有严重损伤作用的瓦斯、烟气、潮气及其他有害介质中，亦不得装设在易受外来固体物撞击、强烈振动、液体浸溅及热源烘烤场所。

4.1.5 配电箱、开关箱周围应有足够2人同时工作的空间和通道，不得堆放任何妨碍操作和维修的物品，不得有灌木和杂草。

第二节 临时用电作业事故案例分析

一、触电类事故

（一）案例

1. 案例1

2010年9月6日，某公司项目部员工在1×10^5t/a聚丙烯装置冷水塔检查照明线路过程中，发生触电事故，造成陈某某一人死亡。

直接原因：电工陈某某安全意识淡薄，自我防护意识差，在检修循环水塔照明线路时，违章操作，导致触电死亡事故发生。

间接原因：

（1）教育培训不够：相关人员的能力与岗位要求之间存在差距，缺乏知识。具体表现在：① 作业电工缺乏电气作业安全知识，如安全技术措施：停电；验电；装设接地线；使用个人保安线；悬挂标示牌和装设遮拦及上锁挂牌管理程序等。② 管理人员缺乏作业许可知识。

（2）个人防护用品缺少：没有配备绝缘鞋、绝缘手套；询问相关人员对这种专业个人防护用品没见过，不尽知（以为常规的个人劳保手套、鞋就绝缘）。

（3）劳动组织不合理：该电气队在项目合计18人，分为两个班组，两个代理班长为电焊工，持电工特种作业证两人，此项检修工作由陈某某（持证）带领三名实习人员作业。

（4）没有认真执行作业许可要求。

2. 案例2

2017年7月27日15时38分，某工程建设有限责任公司一名施工人员在某油田公司变电所6kVⅡ段母联开关柜进行作业时发生一起触电事故，死亡一人。

直接原因：电工在松解8号母联柜静触头母线固定螺栓时，由于触头带电，造成其触电死亡。

间接原因：作业现场带电区域与非带电区域界限不明；现场设备不满足施工需要；作业人员违章操作；现场防暑降温措施不到位，造成员工精力不集中。

3. 案例3

某油气田公司"6·25"触电事故。2014年6月25日某油气田公司承包商人员在实施光缆接入作业过程中，作业人员手握的光缆镀锌保护套管与10kV变压器令克距离过近，导致电击，造成一人死亡。

直接原因：作业人员蒋某手握的光缆镀锌保护套管靠近井站10kV变压器令克，由于连日下雨，空气湿度增大，令克与钢套管间距离过近产生电弧，瞬间电流通过套管传至蒋某身体，导致电击。（GB 26859《电力安全工作规程 电力线路部分》规定，人员与10kV带电体的最小安全距离为0.7m）。

间接原因：

（1）作业申请人办理完作业许可证、准入证后，未亲自携带作业许可证和准入证到磨53井现场，而是直接交施工现场负责人。施工单位在未得到生产单位通知情况下持准入证，代替生产单位在作业许可证上签字后，开展53井光缆接入作业。

（2）作业人员蒋某在已被告知风险且签字，明知变压器带电的情况下，冒险作业。

（3）作业期间变压器带电，因连日下雨，空气湿度增大，令克与金属间产生电弧的距离范围增大，导致蒋某在提举镀锌保护套管过程中，令克与套管间产生电弧。

4. 案例 4

2024 年 3 月 7 日 14 时 55 分左右，海南某建设工程有限公司一名员工在东方市新龙镇下通天村大坡田污水排污处理站的污水池持电钻施工时触电，经 120 送医抢救无效死亡。

直接原因： 陈某某（死者）无高低压电工作业证，安全防范意识淡薄，未佩戴绝缘手套和绝缘水鞋等安全防护用品，徒手在污水池（有大量水作为导电体的情况下）用冲击钻拆除模板时，由于所使用设备设施漏电，造成陈某某触电，导致陈某某心肺功能障碍，经 120 医护抢救无效死亡。

间接原因：

（1）赵某某作为项目现场测量员，兼职现场指挥员，违反电气安全工作规程等电力作业要求，发现作业人员未佩戴劳保用品（如绝缘手套和绝缘水鞋等）情况下，未制止冒险作业。

（2）建设单位对施工单位安全监理不到位，未安排监理人员现场监护，未能督促施工方落实临时用电等危险作业审批手续，在作业准备时未督促现场施工人员对临时用电线路设备设施进行安全检查。

（3）施工单位落实安全管理制度不到位，未安排项目安全员到位，对现场施工人员疏于管理，未制订临时用电作业方案，未落实临时用电等危险作业审批手续，未进行施工安全作业交底及安全培训教育，进场后未对临时用电设备设施进行安全检查，作业前未开展作业现场安全风险辨识，未设置安全警示标志及防护措施。

5. 案例 5

2024 年 5 月 23 日 16 时 20 分，广西某建筑工程有限公司一名施工员在拆除低压裸线过程中，由于旧线缆被树枝卡住，拉扯过程中电线反弹碰到附近高压电导致现场一人触电，后经 120 抢救无效死亡，直接经济损失 137.5 万元。

直接原因： 施工队在收拉停运高压线路导线过程中，电线被山上的树木卡住，由于持续拉力的作用使末端的导线弯曲，从山上弹下来触碰到正常带电的高压线路，从而导致触电。

间接原因：

（1）施工队安全意识淡薄，在施工过程中未按照操作规程进行施工。

（2）施工单位未制订施工技术方案，没有认真监督施工队现场施工情况。

6. 案例 6

2024 年 7 月 10 日 9 时 30 分许，福建某石业有限公司施工现场一名工人在进行振动筛焊接作业时，发生触电，事故造成一人死亡，直接经济损失约 185 万元。

直接原因：洗砂工张某某（死者）安全防范意识淡薄，在未经专门的安全作业培训并取得特种作业操作资格证书（焊工证）且未佩戴劳动防护用品（焊工手套）的情况下违规冒险作业。

间接原因：石业有限公司安全生产主体责任落实不到位，安全生产责任制不健全，未落实全员安全责任制；部分安全生产规章制度和岗位操作规程缺失；主要负责人和相关安全管理人员未有效督促检查安全生产工作，及时消除生产安全事故隐患。

7. 案例 7

2024 年 6 月 27 日，在深圳市南山街道创新六街项目工程施工现场，一名工人在天花吊顶内进行检修作业时发生触电，事故造成一名工人死亡，直接经济损失约 170 万元。

直接原因：

（1）徐某某（死者）个人安全意识淡薄，在未持有特种作业操作证（电工作业）的情况下，违反规定进入天花板作业检修电灯，作业时身体不慎触碰到天花板内裸露的线头，同时身体其他部位与天花板上金属构件接触形成回路，导致其触电身亡。

（2）涉事房间电源开关火零线处于接反状态，导致徐某某关闭涉事房间电源开关后，事发位置处导线依旧处于带电状态。天花板内电线线头裸露，存在漏电隐患。

间接原因：

（1）施工单位进行电线铺设作业时违反规定用蓝色电线做火线，导致火线零线接反，现场断电后电线仍处于带电状态，存在重大安全隐患，现场检查不到位。

（2）天花板内电线线头裸露，存在漏电风险，施工单位未及时排查风险隐患。

（3）施工单位未能及时发现并阻止徐某某在未持有特种作业操作证（电工作业）的情况下违规进入涉事房间天花板作业的行为，对工人的安全培训教育不到位，现场安全管理不到位。

（4）监督单位未全面履行安全监理工作职责，日常监理巡查过程中未能发现工地现场存在工人违规作业的情况，对作业现场监理不到位。

8. 案例 8

2023 年 9 月 23 日上午 10 时 50 分左右，湖北某机械设备有限公司一名作业人员在襄阳市樊城区中航大道航天佳园项目工地检查配电柜过程中，发生一起触电事故，造成一人死亡，直接经济损失 145 万元。

直接原因：机械设备有限公司勤杂工王某某（死者）无相关资质，未佩戴防护用品，擅自打开 3# 配电柜推电闸通电，将熔断保护器当成通电开关，在下拉熔断保护器时，左手触碰到 3# 配电柜带电母排裸露的连接螺栓，导致发生触电身亡。

间接原因：

（1）机械设备有限公司安全生产主体责任落实不到位，未制订生产安全事故应急救援预案，在施工安全条件不具备的情况下，违规冒险作业。

（2）在下雨停工状态下，机械设备有限公司未与项目方对接，擅自安排人员进行塔吊作业，现场无安全管理人员，施工人员未佩戴安全防护用品，未对施工人员开展安全生产教育培训，施工人员安全意识淡薄。

9. 案例 9

2021 年 8 月 15 日上午 9 时 32 分至 10 时 17 分，重庆某建设工程有限公司在江北区铁山坪街道某船舶工业有限公司钢结构厂内场 / 项目施工现场进行钢结构预制施工时，发生一起触电事故，造成现场作业工人代某某受伤，经医院抢救无效死亡，直接经济损失 160 万元。

直接原因：代某某（死者）无焊接作业资格，不具备相应的安全操作知识，安全意识淡薄，在未做好个人安全防护的情况下，使用存在严重触电事故隐患的电焊钳违章冒险作业。

间接原因：

（1）施工单位隐患排查治理不到位。作业前，未审核代某某的作业资格；作业中，未发现代某某没有穿戴绝缘手套和绝缘鞋等个人安全防护用品，其使用的电焊钳存在触电的隐患。

（2）施工单位安全教育培训和安全技术交底未落实。经查，事故相关单位提供的工人安全教育培训资料中，无施工单位的工人安全教育培训资料，无员工安全技术交底资料。

（二）引发触电类事故的常见原因

（1）电气设备未按规定接地或施工人员未穿戴绝缘防护装备，可能导致电流通过人体。

（2）电气线路老化或破损：长期使用中，电气线路可能因高温、高湿、粉尘等因素导致绝缘损坏，增加触电风险。

（3）违章在高压线下或高压供电设施附近施工：不遵守操作规程或在高压线下施工，金属构件物接触高压线路，容易造成触电。

（4）供电线路架设不符合安装规程：施工供电线路架设不当，使人易碰到导线或由跨步电压造成触电。

（5）维护检修工作不合理：在维护检修时，未严格遵守电工操作规程，麻痹大意，造成事故。

（6）电气设备损坏或不符合规格：电气设备损坏或不符合规格，又没有定期检修，导致绝缘老化、破损而漏电。

（7）施工现场电线架设不当：电线架设不当，如拖地、与金属物接触、高度不够等，也可能导致触电。

二、电气火灾类事故

（一）案例

1. 案例1：河南平顶山"5·25"特别重大火灾事故

2015年5月25日19时30分许，河南省平顶山市鲁山县康乐园老年公寓发生特别重大火灾事故，造成39人死亡、6人受伤，过火面积745.8m^2，直接经济损失2064.5万元。

直接原因：

老年公寓不能自理区西北角房间西墙及其对应吊顶内，给电视机供电的电气线路接触不良发热，高温引燃周围的电线绝缘层、聚苯乙烯泡沫、吊顶木龙骨等易燃可燃材料，造成火灾。

造成火势迅速蔓延和重大人员伤亡的主要原因是建筑物大量使用聚苯乙烯夹芯彩钢板（聚苯乙烯夹芯材料燃烧的滴落物具有引燃性），且吊顶空间整体贯通，加剧火势迅速蔓延并猛烈燃烧，导致整体建筑短时间内垮塌损毁；不能自理区老人无自主活动能力，无法及时自救，造成重大人员伤亡。

间接原因：

（1）康乐园老年公寓违规建设运营，管理不规范，安全隐患长期存在。

（2）地方民政部门违规审批许可，行业监管不到位。

（3）地方公安消防部门落实消防法规政策不到位，消防监管不力。

（4）地方国土、规划、建设部门执法监督工作不力，履行职责不到位。

（5）地方政府安全生产属地责任落实不到位。

2. 案例2：吉林省长春市宝源丰禽业有限公司"6·3"特别重大火灾爆炸事故调查报告

2013年6月3日6时10分许，位于吉林省长春市德惠市的吉林宝源丰禽业有限公司（以下简称"宝源丰公司"）主厂房发生特别重大火灾爆炸事故，共造成121人死亡、76人受伤，17234m^2主厂房及主厂房内生产设备被损毁，直接经济损失1.82亿元。

直接原因：

（1）宝源丰公司主厂房一车间女更衣室西面和毗连的二车间配电室的上部电气线路短路，引燃周围可燃物。当火势蔓延到氨设备和氨管道区域，燃烧产生的高温导致氨设备和氨管道发生物理爆炸，大量氨气泄漏，介入了燃烧。

（2）造成火势迅速蔓延的主要原因：一是主厂房内大量使用聚氨酯泡沫保温材料和聚苯乙烯夹芯板（聚氨酯泡沫燃点低、燃烧速度极快，聚苯乙烯夹芯板燃烧的滴落物具有引燃性）；二是一车间女更衣室等附属区房间内的衣柜、衣物、办公用具等可燃物较多，且与人员密集的主车间用聚苯乙烯夹芯板分隔；三是吊顶内的空间大部分连通，火灾发生后，火势由南向北迅速蔓延；四是当火势蔓延到氨设备和氨管道区域，燃烧产生的高温导致氨设备和氨管道发生物理爆炸，大量氨气泄漏，介入了燃烧。

（3）造成重大人员伤亡的主要原因：一是起火后，火势从起火部位迅速蔓延，聚氨酯泡沫塑料、聚苯乙烯泡沫塑料等材料大面积燃烧，产生高温有毒烟气，同时伴有泄漏的氨气等毒害物质；二是主厂房内逃生通道复杂，且南部主通道西侧安全出口和二车间西侧直通室外的安全出口被锁闭，火灾发生时人员无法及时逃生；三是主厂房内没有报警装置，部分人员对火灾知情晚，加之最先发现起火的人员没有来得及通知二车间等区域的人员疏散，使一些人丧失了最佳逃生时机；四是宝源丰公司未对员工进行安全培训，未组织应急疏散演练，员工缺乏逃生自救互救知识和能力。

间接原因：

（1）宝源丰公司安全生产主体责任根本不落实。

① 企业出资人即法定代表人根本没有以人为本、安全第一的意识，严重违反党的安全生产方针和安全生产法律法规，重生产、重产值、重利益，要钱不要安全，为了企业和自己的利益而无视员工生命。

② 企业厂房建设过程中，为了达到少花钱的目的，未按照原设计施工，违规将保温材料由不燃的岩棉换成易燃的聚氨酯泡沫，导致起火后火势迅速蔓延，产生大量有毒气体，造成大量人员伤亡。

③ 企业从未组织开展过安全宣传教育，从未对员工进行安全知识培训，企业管理人员、从业人员缺乏消防安全常识和扑救初期火灾的能力；虽然制订了事故应急预案，但从未组织开展过应急演练；违规将南部主通道西侧的安全出口和二车间西侧外墙设置的直通室外的安全出口锁闭，使火灾发生后大量人员无法逃生。

④ 企业没有建立健全、更没有落实安全生产责任制，虽然制定了一些内部管理制度、安全操作规程，主要是为了应付检查和档案建设需要，没有公布、执行和落实；总经理、厂长、车间班组长不知道有规章制度，更谈不上执行；管理人员招聘后仅在会议上宣布，没有文件任命，日常管理属于随机安排；投产以来没有组织开展过全厂性的安全检查。

⑤ 未逐级明确安全管理责任，没有逐级签订包括消防在内的安全责任书，企业法定代表人、总经理、综合办公室主任及车间、班组负责人都不知道自己的安全职责和责任。

⑥ 企业违规安装布设电气设备及线路，主厂房内电缆明敷，二车间的电线未使用桥架、槽盒，也未穿安全防护管，埋下重大事故隐患。

⑦ 未按照有关规定对重大危险源进行监控，未对存在的重大隐患进行排查整改消除。尤其是多起火灾事故后，没有认真吸取教训，加强消防安全工作和彻底整改存在的事故隐患。

（2）公安消防部门履行消防监督管理职责不力。

（3）建设部门在工程项目建设中监管严重缺失。

（4）安全监管部门履行安全生产综合监管职责不到位。

（5）地方政府安全生产监管职责落实不力。

3. 案例3：吉林辽源中心医院"12·15"特别重大火灾事故

2005年12月15日，吉林省辽源市中心医院发生特别重大火灾事故，造成37人死亡，95人受伤，直接财产损失822万元。

直接原因： 辽源市中心医院配电室电缆沟内电缆短路故障引燃可燃物。

主要原因：

（1）辽源市中心医院委托辽源市龙山区纺织电器安装队在进行配电室及部分电气设备改造工程中存在施工质量不合格问题并购置敷设了质量不合格的电缆；报警晚，延误了灭火时间；没有认真落实消防安全责任制和消防安全措施。

（2）辽源市龙山区公安消防科对辽源市中心医院消防安全监管不力。

（3）辽源市卫生局对市中心医院消防安全工作监督检查不到位。建筑物耐火等级低、建筑结构复杂，医院患者、医护人员及探视、陪护人员多，住院患者中有相当一部分是危重病人，疏散施救难度大，导致了火灾的迅速蔓延，增加了伤亡人数。

4. 案例4

2023年4月2日6时16分左右，宁夏回族自治区银川市兴庆区发生电动自行车着火事故，火灾过火面积61.58m^2，造成三人死亡，直接经济损失123454.63元。

起火部位及起火点的认定： 综合认定起火部位位于一层房间西北侧电动自行车停放处，起火点位于距北墙0.8m、距西墙1.5m处的电动自行车底部。

起火原因： 使用大功率充电器充电过程中电动自行车电气线路故障引发火灾（现场残留的电源充电器输出电压为（DC）73.5V以上、最大输出电流为10A以上，与该电动自行车原装电源充电器额定最大输出电压（DC）59.0V、最大输出电流2A不一致，起火电动自行车充电口至电池组线路存在改装、铰接情形）。

灾害成因：

（1）电动自行车违规入户充电：住户违规将电动自行车停放在室内，并进行充电。调查中还发现住户违规自电表前端接线入户，且未安装空气断路器等紧急电源切断保护装置，入户后使用多级插线板布线。电动自行车线路发生故障时，起火场所电气线路无法实现断路保护，线路仍处于带电状态。

（2）起火场所火灾荷载较大：住户在起火场所内堆放了大量生活物品杂物，着火后产生大量高温烟气，经楼梯快速蔓延至二层，导致火势扩大。

（3）火情发现不及时：监控视频显示，该场所6时16分出现火光，三名遇难人员未及时发现火情并报警，6时24分周边群众向银川市消防救援支队119指挥中心报警，延误了灭火救援的最佳时机。

（4）初期处置不力：火灾发生后，该小区物业公司未出动微型消防站，物业公司到场人员未及时使用公共消防设施、灭火器材控制火势。

造成人员伤亡的原因：火灾发生时，高温烟气通过楼梯向二层蔓延，居住在二层的三名人员无法通过楼梯疏散逃生。该住户在二层外窗设置铁栅栏，人员无法破窗逃生。

其他原因：

（1）宁夏住宅物业服务有限公司未落实消防安全主体责任。

（2）北安社区居民委员会消防安全责任落实不到位。

（3）兴庆区凤凰北街街道办事处消防安全责任落实不到位。

（4）兴庆区公安分局凤凰北街派出所实施消防监督检查不全面，对北安小区火灾隐患督促整改不力。

（5）兴庆区住房和城乡建设局对物业服务企业的管理工作无明确责任分工，指导、培训不到位。

（6）兴庆区消防救援大队对乡镇（街道办）、社区、派出所消防工作指导不深入。

（7）兴庆区人民政府消防工作指导不深入。

5. 案例5

2018年6月1日17时52分许，四川省达州市通川区西外镇塔沱市场好一新商贸城发生一起火灾事故，过火面积约 $5.1 \times 10^4 m^2$。火灾造成一人死亡，直接经济损失9210余万元。

直接原因： 火灾直接原因是位于塔沱市场的好一新商贸城负一楼冷库3号库内，租户自行拉接的临时照明电源线短路，引燃下方的香蕉外包装纸箱引发火灾。

（二）引发电气火灾的常见原因

（1）短路故障：发生短路故障的主要原因是电气设备绝缘老化、造成短路；短路发生时，其短路电流超过正常电流的几倍甚至几十倍，致使温度升高引发火灾。

（2）设备过载：设备本身有故障或所带负荷过大，其工作电流超过额定电流，从而使温度升高引发火灾。

（3）接触不良：导线接头连接松动，活动触头接触不良，导致接头处接触电阻加大，引起过热而发生火灾。

（4）散热不良：电气设备在使用中不能满足散热条件而导致过热故障引发火灾。

（5）设备工作温度过高：某些电热设备，如电灯、电炉等发热元件所产生的热量很大，如果放置、使用不当，则容易引发火灾。

（6）电弧与火花：开关和接触器在接通和断开时，会引发电弧和火花，如果设备使用不当，在易燃易爆环境没有采用防爆电气设备，则可能引发火灾。

这些事故警示相关人员在施工现场临时用电作业时，应当做到加强设备管理、日常维护保养与定期检修、加强重点部位防护。